普通高等教育教材

典型化工装置实训

仇 丹　胡敏杰　肖鹏飞 ◎主编

DIANXING HUAGONG ZHUANGZHI SHIXUN

化学工业出版社

·北京·

内容简介

《典型化工装置实训》全面贯彻党的教育方针，落实立德树人根本任务，有机融入党的二十大精神，结合化工企业的特点，注重理论知识与实践操作相结合。全书共分为五章，介绍了化工装置基础知识和典型化工装置工艺流程、通用单元和特定单元的相关内容并设置了相应的实训练习，旨在按照当前安全形势对化工行业从业人员的要求，着力提高从业人员的操作技能和水平。

本书可作为高等学校、职业院校等不同层次院校化工类专业的实训教材，也可作为化工企业员工的培训教材和参考书。

图书在版编目（CIP）数据

典型化工装置实训 / 仇丹，胡敏杰，肖鹏飞主编.
北京：化学工业出版社，2025. 2. --（普通高等教育教
材）. -- ISBN 978-7-122-47683-8

I. TQ05

中国国家版本馆 CIP 数据核字第 2025SJ6660 号

责任编辑：提　岩　　　　　　　　　文字编辑：孙璐璐　黄福芝
责任校对：边　涛　　　　　　　　　装帧设计：王晓宇

出版发行：化学工业出版社
　　　　　（北京市东城区青年湖南街 13 号　邮政编码 100011）
印　　装：河北延风印务有限公司
787mm×1092mm　1/16　印张 15¾　字数 373 千字
2025 年 4 月北京第 1 版第 1 次印刷

购书咨询：010-64518888　　　　　　售后服务：010-64518899
网　　址：http://www.cip.com.cn
凡购买本书，如有缺损质量问题，本社销售中心负责调换。

定　　价：48.00 元

化工产业是我国的支柱产业，也是传统优势产业。同时，我国也是世界化学品生产第一大国。"十四五"时期，我国化工行业正处于"由大变强"的升级跨越关键期，产业结构加速调整，集群化发展明显加快，低碳产业发展趋势强劲，产业"双循环"特征更加突出，炼油等石油化工产业提升，氯碱等传统化工产业整合，新型煤化工产业升级，新材料产业大力发展，氢能等新能源大量用于化工原料生产，化工园区成为推动化工行业向专业化、集约化发展的重要载体，在东部沿海形成一批世界级石化基地，一大批石油化工、新材料、现代煤化工项目加快布局，超大规模市场优势更加凸显。"十四五"化工产业结构战略性调整，新发展理念引领化工产业结构升级步伐加快，总体有利于提高产业集中度、提升本质安全水平。同时，化工行业高风险性质没有改变，长期快速发展积累的深层次问题尚未根本解决，生产、储存、运输、废弃物处置等环节传统风险处于高位，产业转移、老旧装置以及新能源（如海洋石油、氢能）等新兴领域风险凸显，风险隐患叠加并进入集中暴露期，防范化解重大安全风险任务艰巨复杂。总体来看，"十四五"时期我国危险化学品安全生产仍处于爬坡过坎、攻坚克难的关键期，既具有安全生产形势持续稳定好转的有利条件，也面临新旧风险叠加的严峻挑战。

面对新挑战、新形势、新要求，为贯彻落实党中央、国务院关于加强安全生产工作的决策部署，指导做好"十四五"期间危险化学品、油气和烟花爆竹的安全生产工作，强化重大安全风险防控，有效遏制防范重特大事故，全面提高安全生产水平，提高化工行业的从业人员操作技能显得尤为重要。

本书结合化工企业的特点，注重理论知识与实践操作相结合并融入德育元素，介绍了化工装置基础知识和典型化工装置工艺流程、通用单元和特定单元的相关内容并设置了相应的实训练习，旨在顺应时代要求，提高化工行业从业人员操作技能，以满足当前安全形势的要求。本书编写依据的实训装置由宁波工程学院化工安全实训中心提供，该实训中心是国家产教融合建设项目之一。

本书由浙大宁波理工学院仇丹、宁波工程学院胡敏杰和江苏昌辉成套设备有限公司肖鹏飞担任主编。 第1章、第2章由仇丹编写，第3章由胡敏杰编写，第4章由肖鹏飞编写，第5章由宁波工程学院杨春风、浙大宁波理工学院张艳辉、江苏昌辉成套设备有限公司芦超和赵佳伟编写。 全书由仇丹统稿，宁波工程学院王家荣主审。 高禾鑫参与了部分素材的整理工作，在此深表感谢！

由于编者水平和时间所限，书中不足之处在所难免，敬请广大读者批评指正！

编者

2024 年 10 月

目录
CONTENTS

第1章

概述

典型化工装置，指的是目前国内化工企业尤其是石化企业应用较频繁的一些工艺装置，如加氢装置、氧化装置、烷基化装置、合成氨装置等。

从安全角度来讲，这些化工装置都具有一定的危险性，国内外的化工装置事故给我们带来了警示，装置的安全性成了大家关注和研究的重要对象。为了保证化工装置的平稳运行，避免发生生产事故，要求相关从业人员的作业能力必须达到一定的水平。

应急管理部也在全国安全生产专项整治行动中要求涉及"两重点一重大"生产装置和储存设施的企业提高新入职从业人员的准入门槛。

本书以应急管理部公布的首批重点监管的危险化工工艺对应的装置为基础，以宁波工程学院化工安全实训中心（国家产教融合项目）的工艺装置为例，对装置实训内容进行讲解，以达到熟知操作、安全操作的目的。

1.1 实训装置设计理念

为达到实训效果，需要建设实际场地的实训基地，实训基地的建设设计理念遵循以下原则：

① 充分理解实训、培训及考试的多种需求，并考虑实际情况，将化工企业的重点工艺装置作业实训、危险化学品特种作业人员考核、特殊作业培训、"三项岗位"人员安全培训、应急演练培训、消防培训、危险源识别和风险评估培训、职业安全健康与环保培训等多种培训进行融合，形成一套完整的、先进的、具有鲜明特色的培训和评价体系。

② 实训装置在满足危险化学品考试培训的基础之上进行优化和创新，新增设备和工艺认知、危险源辨识、检维修及特殊作业、应急演练等培训功能，也满足本科生的化工工艺教学和实操、仪表和过程控制、EHS[环境（environment）、健康（health）、安全（safety）]等培训。

1.2 实训装置组成

实训装置由硬件设备装置、教学培训软件、中央控制系统、实训中心管理系统、在线教学系统、音视频和配套课程体系等多个部分组成，各个部分统筹结合，有机统一，全方面服务于学生教学和员工培训。其中，硬件设备装置完全按照工业规范设计建造，大量配置各种类型的机泵、阀门、仪表、设备、管道；阀门和仪表经过改造适用于仿真操作和过程数据传输；设备和管道按规范涂色处理，标记介质和流向。

教学培训软件采用仿真软件、控制系统和现场仪表阀门数据交互来实现真实操作过程。仿真软件选取特定的化工工艺背景，具有仿真真实性、实时性、普适性、安全性等性能特征。

1.3　实训装置操作模式

危险化工工艺实训装置可以实现多角色（内操、外操、安全员、班长等）协同作业，在培训软件和人员作业许可管理的设计中，可以实现单人以多种角色进行实操培训，以及多人分角色协作培训，也可以实现分角色与单角色模式的自由切换。其中，内操、外操的操作逻辑和操作模式与化工实际生产操作模式一致；安全员、班长、调度员等管理模式与化工实际生产管理模式一致。

1.4　实训装置工艺类型

实训装置整体上包含 15 种危险化工工艺，工艺类型和控制方案的选取以《首批重点监管的危险化工工艺安全控制要求、重点监控参数及推荐的控制方案》要求为准，包含典型的光气及光气化工艺、电解工艺（氯碱）、氯化工艺、硝化工艺、合成氨工艺、裂解（裂化）工艺、氟化工艺、加氢工艺、重氮化工艺、氧化工艺、过氧化工艺、胺基化工艺、磺化工艺、聚合工艺和烷基化工艺。

为了加强工艺实训培训的通用性与普适性，以上危险化工工艺以通用单元和特定单元的模式组合而成（见表 1-1），实现了学生的教学培训与危险化工特种作业考试功能的有机统一、兼容并蓄。

表 1-1　危险化工工艺与培训单元（通用单元、特定单元）对照表

工艺类型	通用单元									特定单元									
	离心泵	往复式压缩机	离心压缩机	加热炉	换热器	精馏塔	吸收解吸	分馏塔	填料塔	釜式反应器	固定床反应器	电解系统	合成气压缩机系统	合成氨反应系统	裂解系统	催化反应-再生系统	循环氢压缩系统	加氢反应系统	环管反应器
光气及光气化工艺	●		●		●	●				●									
电解工艺（氯碱）	●		●	●	●							●							
氯化工艺	●				●	●		●		●	●								
硝化工艺	●				●	●		●		●									
合成氨工艺	●	●			●		●						●	●					
裂解（裂化）工艺	●			●				●								●	●		
氟化工艺	●	●			●					●	●								
加氢工艺	●			●	●			●										●	●
重氮化工艺	●				●					●									
氧化工艺	●		●							●	●								

工艺类型	通用单元									特定单元									
	离心泵	往复式压缩机	离心压缩机	加热炉	换热器	精馏塔	吸收解吸	分馏塔	填料塔	釜式反应器	固定床反应器	电解系统	合成气压缩机系统	合成氨反应系统	裂解系统	催化反应-再生系统	循环氢压缩系统	加氢反应系统	环管反应器
过氧化工艺	●		●		●	●				●	●								
胺基化工艺	●			●	●			●		●	●								
磺化工艺	●		●		●	●				●									
聚合工艺	●		●		●	●				●									●
烷基化工艺	●			●	●			●		●	●								

第2章
化工实训装置设计

2.1 操作平台

实训设备要为实训学员创造良好的操作条件，这就需要根据操作设备的特点设置相应的操作平台。操作平台的设计，既要满足经济、安全可靠等要求，还要考虑其外形整齐和美观。

2.1.1 操作平台的类型

操作平台一般由梁、柱、铺板、栏杆及钢梯等构件组成，按照载荷承受方式可分为两类：

① 设备支撑在操作台上，称为承重式钢平台；

② 操作台不支撑设备，只用作工人操作，称为非承重式钢平台。

2.1.2 钢平台构件计算的基本原则

(1) 载荷

实训设备钢结构平台承受的载荷包括恒载荷和活载荷。

恒载荷包括设备自身重量、设备内的物料重量、设备保温层重量以及附加设备重量；活载荷包括操作人员、一般工具或设备上附件的重量。平台上的活载荷，一般取 $2000N/m^2$。

设备内部的物料重量往往占全部恒载荷的 70% 以上。对这部分荷重，要取按设备全容积计算的物料重量，尽管正常生产时不是满载。这主要是考虑到一旦发生事故，如上、下环节出现堵塞等现象，物料将会溢满。

室外平台承受的载荷除上述的恒载荷和活载荷外，还包括设备及钢架承受的风载荷和雪载荷。

对平台上某些产生扰力不大的带搅拌装置的设备，可将传动装置重量及物料重量分别乘以一个动力系数 μ，从而简化为相当的静载荷，作为恒载荷中的一部分考虑。

(2) 设计程序

按照工艺设备的尺寸和布局，综合考虑操作、检修等因素，优先拟定操作平台的外形几何尺寸以及钢梯安设的位置。

根据平台上的设备载荷及其平面布置，定出平台承受载荷的分布点及分布点载荷值后，进行梁格及柱距的布置，初步确定主梁、次梁的截面形状，并按照对应的计算公式，对梁、柱的强度、刚度及稳定性等逐一进行计算。

2.1.3　钢平台的合理布局

① 钢平台上必须留有工人操作的通道，通道净宽度一般不得小于 700mm。

② 考虑到设备操作的需要，一般钢平台的净层高（H）不得小于 2m。

③ 设备穿过钢平台搁置于平台上所需留的方孔尺寸，既要满足设备耳架能搁置得上，又要满足设备能从该方孔中安装就位。

④ 钢平台的钢梯宜沿操作平台的边布置。

⑤ 钢平台柱脚固定方式一般采用螺栓固定地脚板的形式。

⑥ 平台周边需装有踢脚板，以防台上物件跌落台下。室外平台踢脚板与台面间需留有 5mm 空隙，以防台面积水。

⑦ 室外的钢平台，应考虑到积雪和积水，宜采用箅子板或钢板网等镂空材料。

2.1.4　钢平台的附件

① 栏杆。由立柱、扶手、横档及踢脚板等构件组成。栏杆高度一般取 1.2m，一般由钢管或方管制成。

② 钢梯。钢平台的钢梯一般有直梯、斜梯及盘梯三种，其中斜梯使用最多。

2.1.5　钢平台的材质

合理地选用钢材不仅是一个经济问题，而且关系到结构的安全和使用寿命，选用材料时应综合考虑结构类型、载荷大小和性质、连接方法、使用环境、构件的受力性质等。实训设备钢结构平台一般选用的钢材牌号为 Q235B，Q235B 有一定的伸长率、强度，良好的韧性和铸造性，易于冲压和焊接，广泛用于一般机械零件的制造，主要用于建筑、桥梁工程上质量要求较高的焊接结构件的制造。

设备钢架所用的材料基本上是热轧型钢和钢板，热轧型钢有等边角钢、不等边角钢、槽钢、工字钢及钢管等，钢板有普通钢板、花纹钢板及再加工的钢板网。

2.1.6　钢平台的施工、安装

钢平台施工和安装主要分为以下工序：

① 切割。要求钢材切割面或剪切面无裂纹、夹渣、毛刺和分层。长、宽公差 ±3mm，边缘缺棱 1mm，型钢端部垂直度 2mm。

② 钢构件焊接。要求焊接 H 型钢的翼缘板拼接缝和腹板拼接缝错开的间距不宜小于 200mm，板拼接长度不应小于 2 倍翼缘板宽且不小于 600mm，腹板拼接宽度不应小于 300mm，长度不应小于 600mm，6mm 以上母材焊接需加坡口。

③ 表面防腐处理。要求钢材表面的锈蚀等级应符合现行国家标准《涂覆涂料前钢材表面处理表面清洁度的目视评定　第 1 部分：未涂覆过的钢材表面和全面清除原有涂层后的钢材表面的锈蚀等级和处理等级》GB/T 8923.1—2011 规定的 C 级及 C 级以上等级。钢材表

面无焊渣、焊疤、灰尘、油污、水、毛刺等。

④ 表面色号要求。护栏与楼梯护手为淡黄色，色号 Y06；平台、花纹板、楼梯、立柱等全部为蓝灰色，色号 PB08。

2.2　静设备选材

实际生产过程中，化工设备种类多，工况复杂。操作压力有真空、常压、中压（1.6～10MPa）、高压（10～100MPa）和超高压（＞100MPa）；使用的温度有极低温（－269℃）、常温（－20～150℃）、中温（150～500℃）以及高温（＞500℃）；处理的介质有气体、液体、固体以及各种混合介质，常常还带有腐蚀性、磨损性或者易燃、易爆和有毒性等。因此，在特定条件下，对化工设备以及化工设备材料有相应的特殊性能要求。

常温、常压下运行的化工设备，过程介质一般是液体、固-液混合、气-固-液混合物料，因此材料发生的问题大多集中在腐蚀、磨损和冲刷方面，所关注的材料性能包含强度、韧性、塑性以及全面腐蚀速度和局部腐蚀的发生条件等。

高温、高压下的化工设备，除了高压作用外，高温容易使材料软化、强度降低，同时高温气体与金属反应造成氧化、硫化氢腐蚀等使金属材料性能劣化，因此高温高压设备要求对应的设备材料具有一定的耐高温性。

合理的选材是化工设备安全可靠运行的保障，材料的加工以及焊接质量也是影响设备安全运行的重要因素。

化工实训设备通常有两种情况：一是常温常压下运行，过程介质一般是水、空气和乙醇；二是仿真模拟运行，运行过程采用电信号模拟，不存在运行介质。综合考虑实训设备的使用条件、设备的制造工艺以及经济合理性等因素，化工实训设备通常选用碳钢、不锈钢304、不锈钢201等作为设备制造基础材料。

① 碳钢。主要分为碳素结构钢和优质碳素结构钢：碳素结构钢主要用于各种工程构件的制造，如桥梁、船舶、建筑等的构件，也可用于化工实训设备的钢制框架、结构构件、安装支撑等的制造，可供焊接、铆接、栓接等结构件使用；优质碳素结构钢主要用于制造各种机器零件，化工实训设备的轴、齿轮、弹簧、连杆等构件。

② 不锈钢304。304钢材是一种通用性的不锈钢，它广泛地用于制作要求具有良好综合性能（耐腐蚀和成型性）的设备和机件。为了保持不锈钢所固有的耐腐蚀性，钢必须含有16％以上的铬、8％以上的镍，主要用作运行腐蚀介质的容器、反应器、换热器等化工实训设备的制造材料。

一般情况下，化工实训设备需要运行介质，为了延长设备使用寿命，一般选用不锈钢304作为化工实训设备的基础制造材料。化工仿真设备则可以根据项目类型、项目预算、客户需求等进行合理的选材。

2.3　管路系统选材

化工管路是化工生产中不可缺少的组成部分，是各类化工设备的纽带。

2.3.1　铸铁管

铸铁管是化工管路中常用的管道之一，由于脆性及连接紧密性较差，只适用于输送低压介质，不宜输送高温高压蒸汽及有毒、易爆性物质。常用于地下给水管道、煤气总管和下水管道。化工实训设备中一般不选用铸铁管。

2.3.2　有缝钢管

有缝钢管按照有无镀锌的情况分为镀锌管和黑铁管，其中镀锌管一般用于输送水、煤气、取暖蒸汽、压缩空气等压力流体，黑铁管一般用于框架和护栏的制造。

2.3.3　无缝钢管

无缝钢管的优点是质量均匀、强度较高，其材质有碳钢、合金钢、不锈钢等。无缝钢管常用于输送各种受压气体、蒸汽和液体，可耐较高温度。化工设备中优选无缝钢管。

2.3.4　铜管

铜管传热效果好，一般用于换热设备和深冷装置的管路。温度高于 250℃ 时，不宜在压力下使用。因价格较贵，一般在重要场所使用。

2.3.5　铝管

铝管常用于输送浓硫酸、醋酸、硫化氢及二氧化碳等介质，也常用于换热器。铝管不耐碱，不能用于输送碱性溶液及含氯离子的溶液。铝在低温下具有较好的力学性能，故在空气分离装置中大都采用铝及铝合金管。

2.3.6　铅管

铅管常用于输送酸性介质，化工实训设备一般不选用铅制管道。

2.3.7　塑料管

塑料管的优点是耐蚀性好、质量轻、成型方便、容易加工，缺点是强度低、耐热性差。目前最常用的塑料管有硬聚氯乙烯管、软聚氯乙烯管、聚乙烯管、聚丙烯管以及金属管表面喷涂聚乙烯、聚三氟氯乙烯等。一般用于化工实训设备的低压气源管线、给排水管道等。

2.3.8　橡胶管

橡胶管具有较好的耐腐蚀性能，质量轻，有良好的可塑性，安装、拆卸灵活方便。常用的橡胶管一般由天然橡胶或合成橡胶制成，适用于对压力要求不高的场合。一般用于化工实训设备的排水管道。

2.3.9 玻璃管

玻璃管具有耐腐蚀、透明、易于清洗、阻力小、价格低等优点，缺点是性脆、不耐压。在化工实训设备中一般用于液位检测、流体检测、透明管道观测等实验性工作场所。

2.4 仿真仪表与执行器等

化工实训装置所采用的仪表、泵、阀等检测与执行器根据使用环境分为两种情况：一是化工实际操作，二是化工仿真操作。

化工实际操作所用的阀门、仪表、机泵等均为真实的化工设备；化工仿真操作所用的化工设备在外观、操作方式上与真实设备一致，但由于化工仿真操作的特殊性，需要对仿真仪表、仿真阀门、仿真机泵进行一定的改造，可以与仿真软件、仿真系统建立通信并完成数据对接，使学员完成相应的模拟操作与控制。下面主要对仿真系统所用到的仿真设备进行介绍。

2.4.1 仿真仪表

仿真模拟智能仪表包括流量显示仪表、温度显示仪表、压力显示仪表、液位计和分析仪表等。可以实现仿真模拟运行参数的远传与显示，并可与通信模块、控制系统、现场执行机构构成完整的控制回路，实现多参数、多策略的过程控制。

流量显示仪表：采用真实流量计铝合金外壳，表面以绿色喷塑，能迅速从仪表外观上区分仪表类型。外嵌仪表基本功能参数标牌，对仪表性能作总体描述。输入类型为 $4\sim20mA$ 电流信号，采样精度 0.20%，$12\sim24V$ 直流电（DC）供电，具有反接保护，功耗 2.0W，液晶屏双行背光显示，带中文字库，显示实时发送的流量值。

压力显示仪表：采用真实压力表铝合金外壳，表面以蓝色喷塑，能迅速从仪表外观上区分仪表类型。外嵌仪表基本功能参数标牌，对仪表性能作总体描述。输入类型为 $4\sim20mA$ 电流信号，采样精度 0.20%，$12\sim24V$ DC 供电，具有反接保护，功耗 2.0W，液晶屏双行背光显示，带中文字库，显示实时发送的压力值。其中，指针式压力表，显示当前工艺参数，最大压力值为额定压力值的 2 倍。

温度显示仪表：采用真实温度计铝合金外壳，表面以红色喷塑，能迅速从仪表外观上区分仪表类型。外嵌仪表基本功能参数标牌，对仪表性能作总体描述。输入类型为 $4\sim20mA$ 电流信号，采样精度 0.20%，$12\sim24V$ DC 供电，具有反接保护，功耗 2.0W，液晶屏双行背光显示，带中文字库，显示实时发送的温度值。

液位计：采用真实磁翻柱液位计外形，模拟光柱代替磁翻柱，能迅速从仪表外观上区分仪表类型。外嵌仪表基本功能参数标牌，对仪表性能作总体描述。发光二极管（LED）光柱以百分比方式显示液位。

2.4.2 仿真执行器与阀门

装置执行机构、现场阀门可以和控制系统进行通信。执行机构与阀门的操作与实际一致，模拟采集信号多样，如开关阀、切断阀等采用开关量信号，调节阀、开度阀等采用模拟量信号；信号不同，系统参数调节的变量亦不相同，以达到真实的培训效果。

手动开关阀：安装有光电传感系统，实操人员手动操作阀门，会将开关信号反馈到上位机操作界面，输出类型为数字信号。

手动开度阀：现场闸阀安装有开度传感和转换芯片，实操人员手动操作阀门，会将开度信号反馈到控制系统并显示到人机界面，向操作员反馈信息。输出类型为 4～20mA 电流信号，采样精度 0.20%，12～24V DC 供电，具有反接保护，功耗 2.0W。

自动调节阀：自动调节阀接收控制系统输出信号，并根据信号大小、反馈类型，现场液晶屏将显示软件上此刻该阀门的相应开度。输入类型为 4～20mA 电流信号，采样精度 0.20%，12～24V DC 供电，具有反接保护，功耗 2.0W。

丝口球阀：主要用于放空阀、排尽阀等辅助阀门。要求采用丝口阀门，与工艺阀门进行区分。此类阀门基本不需操作。

2.4.3　仿真机泵

动设备的外观与真实的设备一致，现场控制时采用防爆接线盒，控制系统可以监控其运行状态。

机泵：装置中的机泵以离心泵为主，对离心泵进行改造，增加灯光指示以区分泵的启停状态，泵在启动状态下可发出振动和噪声。泵的启停在现场操作，将信号送至控制系统，并在人机界面中显示状态。

2.4.4　其他仿真实训设施

装置能通过声、光、电、烟雾等手段，形象逼真地展现事故触发时的现场状态，各种事故模拟设施隐蔽设置。

设置警戒隔离系统，用于设备警戒隔离。同样，警戒隔离系统可以用于事故模拟时的现场封锁，可以与考核系统建立通信并识别操作。

仿真设施与真实设备对照区分表见表 2-1。

表 2-1　仿真设施与真实设备对照区分表

序号	仿真设施	信号类型	对应的真实设备	信号类型
1	仿真温度变送器	AO	温度变送器	AI
2	仿真压力变送器	AO	压力变送器	AI
3	仿真流量变送器	AO	压力变送器	AI
4	仿真指针式压力表	AO	指针式压力表	—
5	仿真液位计	AO	液位变送器	AI
6	手动开关阀	DI	手动阀	—
7	手动开度阀	AI	手动阀	—
8	自动调节阀	AO	自动调节阀	AI
9	仿真机泵	DI	机泵	DI

仿真仪表与执行器等需要与仿真控制系统配套使用，内容详见仿真控制系统。

2.5 仿真控制系统

仿真控制系统是借助计算机数值模拟计算，反映系统行为或过程的仿真模拟技术，通过建立模型进行化工实训操作的多学科综合性技术。一般包含仿真硬件和仿真软件。在了解仿真控制系统之前，先来熟悉一下实际化工生产操作与控制过程，以及常见的化工生产控制系统。

2.5.1 实际化工生产操作与控制过程

化工生产过程一般包括检测、控制、联锁与保护等方面的内容。操作的一般逻辑如下：化工生产过程中，操作人员根据工艺操作理论知识和装置的操作规程，主操在控制室内与外操在装置现场进行配合操作，在生产装置内完成生产过程中的物理变化与化学变化。在操作的过程中，主要工艺和设备的检测系统，将生产关键信息输入至控制系统，并反馈至控制界面，控制人员通过观察、分析生产信息，判断装置的运行情况，从而进行生产指标的调节，使控制室和生产现场形成一个完整的操作回路，逐渐使装置达到满负荷平稳运行。

(1) 检测

利用各种检测仪表对主要工艺参数进行测量、指示或记录，称为检测。它代替了操作人员对工艺参数的不断观察与记录，因此起到人的眼睛的作用。

(2) 控制

过程控制系统指以保证生产过程的参量为被控制量使之接近给定值或保持在给定范围内的自动控制系统。表征过程的主要参量有温度、压力、流量、液位、成分、浓度等。通过对过程参量的控制，可使生产过程中产品的产量增加、质量提高和能耗减少。

在石油、化工、冶金、电力、轻工和建材等工业生产中，连续地或按一定程序周期进行的生产过程的自动控制称为生产过程自动化。生产过程自动化是保持生产稳定、降低消耗、降低成本、改善劳动条件、促进文明生产、保证生产安全和提高劳动生产率的重要手段。

化工实际控制中常见的控制系统有分布式控制系统（DCS）和可编程逻辑控制器（PLC）。

(3) 联锁与保护

生产过程中，一些偶然因素的影响，导致工艺参数超出允许的变化范围而出现不正常情况时，就有引起事故的可能。为此，常对某些关键性参数设有自动信号联锁装置。当工艺参数超过了允许范围，在事故即将发生之前，信号系统就自动地发出声光信号，告诫操作人员注意，并及时采取措施。如工况已到达危险状态时，联锁系统立即自动采取紧急措施，打开安全阀或切断某些通路，必要时紧急停车，以防止事故的发生和扩大。

2.5.2 化工仿真控制系统

化工仿真控制系统是以实际生产过程为基础，通过生产装置中各种通用和特定单元的动态特征模型以及各种设备的特征模型，模拟生产的动态过程特征，制造与真实装置非常接近的工作环境，包括操作界面的设备模型、设备布局、管道颜色、动态数据显示、设备运行动态指示、操作方式等，使学员学习相应的模拟操作与控制。

仿真控制系统包含仿真软件、通信与控制系统、现场仿真仪表与执行器。

2.5.3　仿真软件

(1) 工艺仿真内容和对象

仿真操作系统是生产实际流程的动态模拟系统。仿真软件提供仿真 DCS 操作界面、安全仪表系统（SIS）逻辑控制操作界面和仿真工厂装置现场操作的仿真界面，对化工实际生产流程中的控制面板做画面模拟。仿真现场操作的仿真界面要求类同装置的工艺及仪表流程图（PID），以便于学员对工艺 PID 的学习。

① 系统结构要求。仿真软件要配有教员站、学员站功能，以及对操作水平的评价系统。仿真软件要求在统一的局域网条件下运行，保证学员能做独立操作训练与班组协同操作的训练。

② 仿真软件的学员站界面。提供 DCS 控制系统、类同装置的 PID 图的装置模拟工厂现场操作仿真界面，以便于学员对工艺 PID 的学习。

③ 仿真软件运行逻辑。仿真软件可以仿真化工实际生产过程中的物料平衡、热量平衡、动量平衡。

(2) 仿真操作系统的主要功能

仿真系统（仿真软件）应是针对某实际运行装置开发的动态模拟系统，具备完善的该装置设计或运行数据；

仿真系统能模拟装置正常开停、正常运行、故障及非正常操作，且这些操作须符合装置的操作规程；

仿真系统能模拟多种装置的运行工况，工艺参数的动态变化及方向能与实际运行一致；

仿真系统的仿真控制系统模型模拟该装置 DCS 系统的操作界面、操作特征等；

仿真系统具备完善的培训管理功能；

仿真系统向受训人员展现正常、异常和紧急状态的现场环境；

经培训后能够使受训人熟练地掌握装置全流程的开停过程和维持正常运行的全部操作，掌握处理异常、紧急事故的技能，训练应急能力，确保装置安全运行；

仿真系统能正确反映全工艺、全工况各装置的各类参数的变化对合成效率、转动设备运行等运行性能的影响；

仿真系统控制模型要与该实际装置 DCS 系统中操作界面、操作习惯一致；

仿真系统具备操作行为记录功能，并能作为数据库的一部分随时查看操作过程；

仿真系统能模拟现场操作和现场仪器仪表的数据显示；

仿真系统具有完备的现场事故重演功能；

仿真系统中各参数调节点均应具有数据库，并可供调阅各点某一时间段内的趋势图。

2.6　电气系统

实训车间的电气系统包含设备、照明、控制、安全和消防，根据现场实际情况进行电气施工，实训车间的电气工程符合《电气装置安装工程爆炸和火灾危险环境电气装置施工及验收规范》（GB 50257—2014）、《电气装置安装工程　接地装置施工及验收规范》（GB 50169—2016）

配置和参数要求如下。

电气控制柜：内部集成空开、漏电保护、接触器、开关、指示灯、接地系统等电气设备，带照明及散热系统。为整套仿真工厂的用电系统（如仪表、泵阀、DCS 机柜、照明、事故演练系统等）提供配电。

电缆桥架及线管：电缆桥架采用喷塑碳钢桥架，在装置中隐蔽设置，桥架到仪表用镀锌管包覆电缆，隐蔽性好，美观实用。整套装置无电线裸露，接地良好，安全可靠。

电缆：多股电缆，供机泵、空冷器等动设备供电。

通信电缆：双股/三股屏蔽线，供仪表、阀门与 DCS 控制系统通信使用。

每一危化工艺装置配备独立的终端控制系统：危化工艺的实操为内操和外操协同进行，外操在装置上直接操作，内操则由装置上集成的控制终端完成。阀门动作与仪表数据动态联动，即使阀门微动，仪表也可表现出数值波动。控制终端由身份识别、数据输入输出、供电、触屏电脑、组态与监控软件、评分系统构成，具体配置如仪表供电系统，提供 24V 电源，为仿真仪表、阀门传感、泵模拟运行、读卡器等设备提供电力；提供 220V 电源，为工业触控电脑提供电力。

2.7　装置安全

装置设计充分考虑安全防护措施，比如高温报警、超压停车断电、接地、避雷等；生产设备及框架有足够强度，防止变形、脱落或解体；用电设备进行电气安全和静电防护设计；警示标语、安全通道、劳保用品配备齐全；所有动设备外露传动部分配备防护罩。

设计及施工说明：

① 工艺设备和管道的设计要求参数正确，选型合理。

② 三维设计以工艺流程图为依据，合理布局，整体美观简洁。

③ 现场安装时，根据现场情况，针对设备安装等产生的偏差可在现场适当调整管道长度。

④ 管道支吊架的安装可根据现场情况确定，位置合理，方便施工，不影响其他管道的布置以及人员通行。

⑤ 框架和平台需做除锈和防腐处理，参考标准《涂覆涂料前钢材表面处理表面清洁度的目视评定　第 1 部分：未涂覆过的钢材表面和全面清除原有涂层后的钢材表面的锈蚀等级和处理等级》（GB 8923.1—2011）。

⑥ 设备和管道的除锈和防腐处理，参考标准《涂覆涂料前钢材表面处理表面清洁度的目视评定　第 1 部分：未涂覆过的钢材表面和全面清除原有涂层后的钢材表面的锈蚀等级和处理等级》（GB 8923.1—2011）；油漆分为底漆和面漆，各涂 2 道。油漆颜色需根据管道内介质确定，可参考规范《工业管道的基本识别色、识别符号和安全标识》（GB 7231—2003）。

2.8　国内部分化工实训情况

(1) 宁波工程学院化工安全实训中心

宁波工程学院化工安全实训中心被列为国家产教融合项目，面向本科教学进行生产工艺实操培训、设备认知培训、安全作业培训等，同时结合实训中心整体规划和建筑布局要求，定制开发用于危化生产从业人员培训和考试的设备系统。根据绿色石化产业特点，打造典型化工工艺和生产流程的实操装置，实现从理论知识到实际动手操作考核的跨越。

该实训中心被授牌为宁波石化经济技术开发区化工实训基地，这也使得宁波石化经济技术开发区成为浙江省首个建成实训基地的化工园区。宁波工程学院化工安全实训中心实景图见图 2-1。

图 2-1　宁波工程学院化工安全实训中心实景图

(2) 泉州信息工程学院危化特种作业实训中心

该中心为危化领域特种作业人员培训示范基地，是福建省危险化工工艺特种作业省级专业性示范考点。

根据泉州市以及福建省危化企业的实际情况，将 15 种危化工艺特种作业作为重点实训内容。培训采取实际操作与仿真相结合的方式，按照《关于印发〈特种作业安全技术实际操作考试标准及考试点设备配备标准（试行）〉的通知》（安监总宣教〔2014〕139号）以及《关于印发〈福建省安全生产资格考试系统建设工作实施方案〉的通知》（闽安监政法〔2014〕66号）的标准进行建设。培训基地还可以根据泉州市化工等危险行业企业的需要，开展企业急需的安全技能培训。泉州信息工程学院危化特种作业实训中心实景图见图 2-2。

(3) 浙江大学衢州研究院化工单元操作实训中心

浙江大学衢州研究院化工单元操作实训中心承担衢州市危化行业从业人员技能及安全培训工作，所有装置均根据巨化集团等当地企业的生产工艺进行定制化设计，符合工艺规范及安全标准。项目建成后，经由浙江大学、当地应急管理部门和化工企业联合验收，收到专家的高度评价和一致认可，从而填补了衢州地区化工企业实训基地的空白。浙江大学衢州研究院化工单元操作实训中心实景图见图 2-3。

(4) 宁波职业技术学院新实训大楼化工安全实训中心

服务区域经济、社会发展，大力开展职业技能培训服务是学校开展中国特色高水平高职学校和专业群建设的一个重要建设项目。化工安全实训中心建设项目对标应急管理部《化工

图 2-2　泉州信息工程学院危化特种作业实训中心实景图

图 2-3　浙江大学衢州研究院化工单元操作实训中心实景图

安全技能实训基地建设指南（试行）》的建设要求，可满足化工企业从业人员安全技能实训服务的需求。宁波职业技术学院新实训大楼化工安全实训中心实景图见图 2-4。

（5）四川化工职业技术学院特种作业安全培训中心

该中心建设 6 种工艺系统，分别为硝化工艺、烷基化工艺、氧化工艺、合成氨工艺、电解工艺（氯碱）、裂解（裂化）工艺。以国家、省、市应急管理部门的最新规定和要求为验收标准，既可以满足危化从业人员的安全技术实操培训及考核，又可以满足高等职业院校学员的化工工艺教学和实操训练。四川化工职业技术学院特种作业安全培训中心实景图见图 2-5。

（6）辽宁石化职业技术学院化工安全职工培训基地

辽宁石化职业技术学院进行化工安全职工培训基地建设，旨在提供省内专业救援队伍的危化应急培训、涉化企业的应急演练与处置，并与锦州市应急管理局共建特种作业实操考试点，双方在提升危险化学品重大安全风险管控能力、提高危险化学品企业本质安全水平、提

图 2-4 宁波职业技术学院新实训大楼化工安全实训中心实景图

图 2-5 四川化工职业技术学院特种作业安全培训中心实景图

升从业人员专业素质能力、推动企业落实主体责任及强化安全监管能力建设等方面深入合作。辽宁石化职业技术学院化工安全职工培训基地见图 2-6。

（7）舟山技师学院化工实训中心

舟山技师学院新设化工设备维修维护专业，为浙江石油化工有限公司等鱼山岛化工企业提供人才供给，为企业在职员工提供技能和安全培训服务。该项目由中国化工建设总公司专家指导规划，项目主要包括机泵维修、管路维修、换热器维修、塔器维修、安全宣教体验、综合维修及特殊作业培训考核等，配套专业培训教材和教学软件。舟山技师学院化工实训中心实景图见图 2-7。

图 2-6 辽宁石化职业技术学院化工安全职工培训基地

图 2-7 舟山技师学院化工实训中心实景图

（8）贵州磷化工和新材料职业培训基地

贵州磷化工和新材料职业培训基地建设后对人员进行相关设备使用和操作的技术培训，建立培训和实训一体的数字化基地，满足安全生产要求。

贵州磷化工和新材料职业培训基地（福泉市主基地）是全省第一家化工类技能实训基地，面积 4000m²，结合福泉市磷化工及新材料企业实训工作需要，以典型化工模拟实训装置为主体，配套磷化工和新材料技能实训相关设备设施。基地通过技能培训的精准化、特色化、专业化，促进福泉市产业工人的培育，着力破解就业结构性矛盾，全力服务和保障福泉市千亿级产业园区的用工需求。

贵州磷化工和新材料职业培训基地见图 2-8。

（9）金溪化工集中区化工安全技能实训基地建设项目

金溪工业园区位于江西省抚州市金溪县城西新区，是经国家发展和改革委员会批准的省

图 2-8 贵州磷化工和新材料职业培训基地实景图

级工业园区，总规划面积 30km²。2008 年被授予"江西省香料产业基地"称号。这里聚集了以华晨香料、依思特香料、黄岩香料为代表的香料精细化工企业 40 余家。项目满足化工企业从业人员安全技能实训服务的需求，对标应急管理部《化工安全技能实训基地建设指南（试行）》的建设要求。金溪化工集中区化工安全技能实训基地实景图见图 2-9。

图 2-9 金溪化工集中区化工安全技能实训基地实景图

(10) 铜陵经开区化工园区、铜陵横港化工园区化工安全技能实训基地建设

项目建设面积 2200m²，满足化工企业从业人员安全技能实训服务的需求，对标应急管理部《化工安全技能实训基地建设指南（试行）》的建设要求，主要建设内容包括：典型化工设备操作与检维修实训设施建设、化工特殊作业安全技能实训设施建设、化工工艺安全实训设施建设（包含化工工艺单元安全技能实训和重点监管的危险化工工艺安全技能实训）、个体防护和应急处置实训设施建设（包括个体防护装备使用实训、岗位应急处置实训、医疗急救技能实训）、事故警示教育和伤害体验设施建设（包括事故警示教育、事故伤害体验、危险化学品认知）、配套培训研讨教室建设。

面向化工园区真实生产工艺的安全技能培训需求,通过资源共享、师资共培、专业共建、人才共育、课程共设的方式,实现"一人一档"终身学习制度。围绕化工从业人员基本技能水平和安全操作规程、岗位风险管控、安全隐患排查及初始应急处置能力,建设培训课程体系和考核评价标准。实操设备与虚拟仿真软件相结合的扩展性教学平台,创新地实现"虚实结合、以实为主"的现代化理论与实操实训培训学习。铜陵经开区化工园区、铜陵横港化工园区化工安全技能实训基地实景图见图2-10。

图 2-10　铜陵经开区化工园区、铜陵横港化工园区化工安全技能实训基地实景图

(11) 福州市特种作业考试示范基地

福州市安全生产教育培训考核基地建设项目,旨在建设成为福州市标准化、现代化的生产"三项岗位"人员考核中心。本项目能满足化工、煤矿、非煤矿山、烟花爆竹、金属冶炼等高危行业中高危企业在岗和新招录从业人员、"三项岗位"人员的安全技能提升培训,也可为高等院校本科生、高职和中职学校的学生提供毕业实习服务,具备考取国家职业资格证书、特种作业操作证等功能。

建成满足电工作业、焊工作业、登高作业、制冷作业、涉危工作特种作业[光气及光气化工艺、电解工艺(氯碱)、氯化工艺、硝化工艺、裂解(裂化)工艺、合成氨工艺、加氢工艺、氧化工艺、过氧化工艺、聚合工艺等]、煤气作业、烟花爆竹作业等的考核取证。福州市特种作业考试示范基地实景图见图2-11。

图 2-11　福州市特种作业考试示范基地实景图

（12）河南心连心实训中心建设项目

河南心连心化学工业集团股份有限公司实训中心主要满足应急管理部《关于印发〈2021年危险化学品安全培训网络建设工作方案〉等四个文件的通知》中附件三《化工安全技能实训基地建设指南（试行）》相关要求；主要用于公司员工安全、化工操作技能培训和技能水平分级，切实提高员工操作技能水平。河南心连心实训中心实景图见图 2-12。

图 2-12　河南心连心实训中心实景图

第3章

化工通用单元实训

3.1 离心泵单元操作

3.1.1 离心泵的基本知识

石油、石化、天然气装置中，离心泵的使用量占比为 70%～80%，了解和掌握离心泵及其管路的基本结构、工作原理和操作特性，对离心泵的长周期稳定运行十分重要。

离心泵的基本要求如下：

① 泵的进出口应设置切断阀，入口一般采用闸阀用于截断，出口一般采用截止阀用于调节；

② 泵的入口管道需要设置排净管，出口管道设置排气管，排放物质应接至合适的排放系统；

③ 泵的入口应设置泵前过滤器；

④ 泵的出口应安装止回阀；

⑤ 泵的出口应设置压力表，必要时，泵前设置真空表；

⑥ 泵的控制和调节一般指泵后压力控制和流量调节。

图 3-1 为离心泵单元操作工艺流程图。

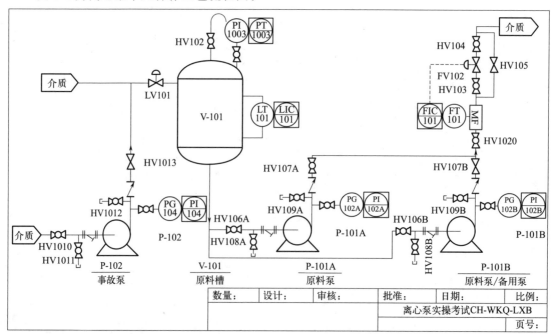

图 3-1 离心泵单元操作工艺流程图

图 3-2 为离心泵单元操作实操设备效果图。

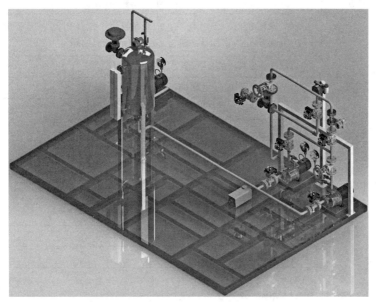

图 3-2　离心泵单元操作实操设备效果图

3.1.2　离心泵单元操作实训任务

序号	实训任务	处置原理与操作步骤
1	原料泵 P-101A 入口管线堵	现象:原料泵出口压力 PI102A 降至 0.05MPa,出料流量 FI101 降至 1m³/h,DCS 画面两处数值显示红色,闪烁
		(1)备用泵 P-101B 盘车
		(2)备用泵 P-101B 灌泵排气
		① 打开 P-101B 进口阀 HV106B
		② 打开 P-101B 排气阀 HV109B
		③ 5s 后,排气结束,关闭排气阀 HV109B
		(3)将原料槽液位调节阀 LV101 设手动,开度 0%
		(4)将出料流量控制阀 FV102 设手动,开度 100%
		(5)启动备用泵 P-101B
		(6)稍开备用泵 P-101B 出口阀 HV107B,开度 20%,观察出口压力 PI102B 升至 0.09MPa,出料流量 FI101 从 1m³/h 升至 4m³/h
		(7)关闭原料泵 P-101A 出口阀 HV107A
		(8)停止原料泵 P-101A,出口压力 PI102A 降至 0MPa
		(9)关闭原料泵 P-101A 进口阀 HV106A
		(10)继续开大备用泵 P-101B 出口阀 HV107B,开度 20%～50%,观察出口压力 PI102B 升至 0.15MPa,出料流量 FI101 升至 10m³/h
		(11)将出料流量控制阀 FV102 设自动,控制泵出口流量至正常值
		(12)将原料槽液位调节阀 LV101 设自动,控制原料槽液位在正常范围内

序号	实训任务	处置原理与操作步骤
2	原料泵 P-101A 抽空	现象：原料槽液位 LI101 降至 0%，原料泵出口压力 PI102A 降至 0MPa，FI101 流量从 10m³/h 降至 0m³/h，DCS 画面三处数值显示红色，闪烁
		(1)观察到原料槽液位空，急停原料泵 P-101A
		(2)关闭原料泵 P-101A 出口阀 HV107A
		(3)将原料槽液位调节阀 LV101 设手动，开度 100%
		(4)将出料流量控制阀 FV102 设手动，开度 100%
		(5)事故泵 P-102 盘车
		(6)事故泵 P-102 灌泵排气
		① 打开 P-102 进口阀 HV1010
		② 打开 P-102 排气阀 HV1012
		③ 5s 后，排气结束，关闭排气阀 HV1012
		(7)启动事故泵 P-102
		(8)稍开事故泵 P-102 出口阀 HV1013，开度 1%～20%，观察出口压力 PI104 升至 0.09MPa
		(9)继续开大出口阀 HV1013，开度 20%～50%，观察出口压力 PI104 升至 0.15MPa 正常值，同时原料槽液位 LI101 升至 60%
		(10)将原料槽液位调节阀 LV101 设自动，控制原料槽压力和液位在正常范围内
3	停电事故	现象：原料泵 P-101A 跳停，原料泵出口压力 PI102A 降至 0MPa，出料流量 FI101 从 10m³/h 降至 0m³/h，DCS 画面三处数值显示红色，闪烁
		(1)点击原料泵 P-101A 停止按钮(保证泵真停)
		(2)关闭原料泵 P-101A 出口阀 HV107A
		(3)将出料流量控制阀 FV102 设手动
		(4)将出料流量控制阀 FV102 开度设 0%
		(5)将液位控制阀 LV101 设手动
		(6)将液位控制阀 LV101 开度设 0%，维持系统压力在正常范围内
4	原料泵 P-101A 坏	现象：原料泵 P-101A 跳停，原料泵出口压力 PI102A 降至 0MPa，出料流量 FI101 降至 0m³/h，DCS 画面三处数值显示红色，闪烁
		(1)备用泵 P-101B 盘车
		(2)备用泵 P-101B 灌泵排气
		① 打开 P-101B 进口阀 HV106B
		② 打开 P-101B 排气阀 HV109B
		③ 5s 后，排气结束，关闭排气阀 HV109B
		(3)将原料槽液位调节阀 LV101 设手动，开度 0%
		(4)将出料流量控制阀 FV102 设手动，开度 100%
		(5)启动备用泵 P-101B
		(6)稍开备用泵 P-101B 出口阀 HV107B，开度 1%～20%，观察出口压力 PI102B 升至 0.09MPa，出料流量 FI101 升至 4m³/h

序号	实训任务	处置原理与操作步骤
4	原料泵 P-101A 坏	(7)关闭原料泵 P-101A 出口阀 HV107A
		(8)点击原料泵 P-101A 停止按钮(保证泵真停)
		(9)关闭原料泵 P-101A 进口阀 HV106A
		(10)继续开大备用泵 P-101B 出口阀 HV107B,开度 20%～50%,观察出口压力 PI102B 升至 0.15MPa,出料流量 FI101 升至 10m³/h
		(11)将出料流量控制阀 FV102 设自动,控制泵出口流量至正常值
		(12)将原料槽液位调节阀 LV101 设自动,控制原料槽液位在正常范围内
5	出料流量控制阀 FV102 阀卡	现象:原料泵出口压力 PI102A 从 0.15MPa 降至 0.1MPa,出料流量 FI101 从 10m³/h 降至 5m³/h,DCS 画面两处数值显示红色,闪烁
		(1)打开出料流量控制阀 FV102 旁路阀 HV105,开度 20%～50%,出料流量 FI101 从 5m³/h 升至 8m³/h
		(2)将出料流量控制阀 FV102 设手动,开度 0%
		(3)关闭出料流量控制阀 FV102 前阀 HV103
		(4)关闭出料流量控制阀 FV102 后阀 HV104
		(5)开大出料调节旁路阀 HV105,开度 50%～80%,出料流量 FI101 从 8m³/h 升至 10m³/h,达到正常值
6	离心泵 P-101A 机械密封泄漏 着火应急预案	现象:PI102A 压力从 0.15MPa 降至 0.1MPa,同时 FI101 流量从 10m³/h 降至 5m³/h, DCS 画面两处数值显示红色,闪烁
		(1)外操巡检发现事故,向班长汇报"发现离心泵 P-101A 机械密封泄漏着火,需紧急处置"
		(2)班长接到汇报后,启动应急响应(无顺序要求)
		① 向调度室汇报"启动应急响应"
		② 命令安全员"请组织人员到 1 号门口拉警戒绳"
		(3)安全员接到命令后,到 1 号门口拉警戒绳
		(4)班长和外操佩戴正压式空气呼吸器,携带 F 形扳手,赶往现场
		(5)班长接到汇报后,执行以下操作(无顺序要求)
		① 命令主操拨打"119 火警"电话,"执行紧急停车"
		② 命令外操"执行紧急停车"
		③ 命令安全员"到 1 号门口引导消防车"
		(6)安全员接到命令后,到 1 号门口引导消防车
		(7)外操接到命令后,执行以下操作
		① 关闭原料泵出口阀 HV107A
		② 停止原料泵 P-101A,泵出口压力 PI102A 降至 0MPa,出口流量 FI101 降至 0m³/h
		③ 关闭原料槽底现场阀(原料泵 P-101A 进口阀)HV106A
		④ 关闭出料流量控制阀 FV102 前阀 HV103
		⑤ 向主操汇报"泵已停止运转"
		⑥ 向班长汇报"现场操作完毕"

序号	实训任务	处置原理与操作步骤
6	离心泵 P-101A 机械密封泄漏着火应急预案	(8)主操接到命令后,执行以下操作
		① 拨打"119 火警"电话
		② 将进料阀(液位调节阀)LV101 设手动,开度 0%
		③ 现场已停泵,将产品送出阀(出料流量控制阀)FV102 设手动,开度 0%
		④ 向班长汇报"室内操作完毕"
		(9)外操取灭火器灭火
		(10)待火熄灭后,班长向调度室汇报"事故处理完毕"
		(11)班长广播宣布"解除事故应急状态"
7	出料流量控制阀 FV102 前法兰泄漏着火应急预案	现象:原料泵 P-101A 出口压力 PI102A 从 0.15MPa 降至 0.1MPa,出料流量 FI101 从 $10m^3/h$ 降至 $5m^3/h$,DCS 画面两处数值显示红色,闪烁
		(1)外操巡检发现事故,向班长汇报"发现出料流量控制阀 FV102 前法兰泄漏着火,需紧急处置"
		(2)班长接到汇报后,启动应急响应(无顺序要求)
		① 向调度室汇报"启动应急响应"
		② 命令安全员"请组织人员到 1 号门口拉警戒绳"
		(3)安全员接到命令后,到 1 号门口拉警戒绳
		(4)班长和外操佩戴正压式空气呼吸器,携带 F 形扳手,赶往现场
		(5)班长接到汇报后,执行以下操作(无顺序要求)
		① 命令主操拨打"119 火警"电话,"执行紧急停车"
		② 命令外操"执行紧急停车"
		③ 命令安全员"到 1 号门口引导消防车"
		(6)安全员接到命令后,到 1 号门口引导消防车
		(7)外操接到命令后,执行以下操作
		① 关闭原料泵出口阀 HV107A
		② 停止原料泵 P-101A,泵出口压力 PI102A 降至 0MPa,出口流量 FI101 降至 $0m^3/h$
		③ 关闭原料槽底现场阀(原料泵 P-101A 进口阀)HV106A
		④ 关闭出料流量控制阀 FV102 前阀 HV103
		⑤ 向主操汇报"泵已停止运转"
		⑥ 向班长汇报"现场操作完毕"
		(8)主操接到命令后,执行以下操作
		① 拨打"119 火警"电话
		② 将进料阀(液位调节阀)LV101 设手动,开度 0%
		③ 现场已停泵,将产品送出阀(出料流量控制阀)FV102 设手动,开度 0%
		④ 向班长汇报"室内操作完毕"
		(9)外操取灭火器灭火
		(10)待火熄灭后,班长向调度室汇报"事故处理完毕"
		(11)班长广播宣布"解除事故应急状态"

序号	实训任务	处置原理与操作步骤
8	离心泵 P-101A 出口法兰泄漏 有人中毒 应急预案	现象:原料泵 P-101A 出口压力 PI102A 从 0.15MPa 降至 0.1MPa,出料流量 FI101 从 $10m^3/h$ 降至 $5m^3/h$,DCS 画面两处数值显示红色,闪烁
		(1)外操巡检发现事故,向班长汇报"离心泵 P-101A 出口法兰泄漏,有人中毒"
		(2)班长接到汇报后,启动应急响应(无顺序要求)
		① 向调度室汇报"启动应急响应"
		② 命令安全员"请组织人员到 1 号门口拉警戒绳"
		(3)安全员接到命令后,到 1 号门口拉警戒绳
		(4)班长和外操佩戴正压式空气呼吸器,携带 F 形扳手,赶往现场
		(5)班长和外操将中毒人员抬放至安全位置
		(6)班长执行以下操作(无顺序要求)
		① 命令主操拨打"120 急救"电话,"监视装置生产状况"
		② 命令外操"停事故泵,启动备用泵,将事故泵倒空"
		③ 命令安全员"到 1 号门口引导救护车"
		(7)安全员接到命令后,到 1 号门口引导救护车
		(8)外操接到命令后,执行以下操作
		① 关闭原料泵 P-101A 出口阀 HV107A
		② 停止原料泵 P-101A,泵出口压力 PI102A 降至 0MPa,出口流量 FI101 降至 $0m^3/h$
		③ 备用泵 P-101B 盘车
		④ 打开备用泵 P-101B 进口阀 HV106B
		⑤ 启动备用泵 P-101B
		⑥ 打开备用泵 P-101B 出口阀 HV107B,开度 0%～50%,出口压力 PI102B 上升,出料流量上升
		⑦ 关闭原料泵 P-101A 进口阀 HV106A
		⑧ 打开原料泵 P-101A 排气阀 HV109A
		⑨ 打开原料泵 P-101A 排液阀 HV108A
		⑩ 向班长汇报"现场操作完毕"
		(9)主操接到命令后,执行以下操作
		① 拨打"120 急救"电话
		② 向班长汇报"装置运行正常"
		(10)班长向调度室汇报"事故处理完毕"
		(11)班长广播宣布"解除事故应急状态"
9	P-101A 泵出口 法兰泄漏着火 应急预案	现象:原料泵 P-101A 出口压力 PI102A 从 0.15MPa 降至 0.1MPa,出料流量 FI101 从 $10m^3/h$ 降至 $5m^3/h$,DCS 画面两处数值显示红色,闪烁
		(1)外操巡检发现事故,向班长汇报"发现事故,需紧急处置"
		(2)班长接到汇报后,启动应急响应(无顺序要求)
		① 向调度室汇报"启动应急响应"
		② 命令安全员"请组织人员到 1 号门口拉警戒绳"
		(3)安全员接到命令后,到 1 号门口拉警戒绳
		(4)班长和外操佩戴正压式空气呼吸器,携带 F 形扳手,赶往现场
		(5)班长接到汇报后,执行以下紧急操作(无顺序要求)

序号	实训任务	处置原理与操作步骤
9	P-101A 泵出口法兰泄漏着火应急预案	① 命令主操拨打"119 火警"电话,"执行紧急停车"
		② 命令外操"执行紧急停车"
		③ 命令安全员"到 1 号门口引导消防车"
		(6)安全员接到命令后,到 1 号门口引导消防车
		(7)外操接到命令后,执行以下操作
		① 停止原料泵 P-101A,泵出口压力 PI102A 降至 0MPa,出口流量 FI101 降至 0m³/h
		② 关闭原料槽底现场阀(原料泵 P-101A 进口阀)HV106A
		③ 关闭出料流量控制阀 FV102 前阀 HV103
		④ 向主操汇报"泵已停止运转"
		⑤ 向班长汇报"现场操作完毕"
		(8)主操接到命令后,执行以下操作
		① 拨打"119 火警"电话
		② 将进料阀(液位调节阀)LV101 设手动,开度 0%
		③ 现场已停泵,将产品送出阀(出料流量控制阀)FV102 设手动,开度 0%
		④ 向班长汇报"室内操作完毕"
		(9)外操取灭火器灭火
		(10)待火熄灭后,班长向调度室汇报"事故处理完毕"
		(11)班长广播宣布"解除事故应急状态"

3.2 换热器单元操作

3.2.1 换热器的基本知识

换热器在化工生产过程中起到关键作用,是重要的单元设备。据统计,换热器的吨位在化工生产中约占整个工艺设备的 20%～30%。换热器是一种用于在不同温度的两种或两种以上流体之间传递热量的设备,也称为热交换器或热交换设备。

换热器的基本要求如下:

① 关注换热器启动前的检查、开车程序、停车程序以及运行中的重点检查项目。

② 在换热器操作过程中,应注意严格控制壳程和管程的进出口的压力差,发现压力差小于规定值时,应及时查明原因并采取措施。

③ 应定期检查换热器壳程、管程出口压力表,对管壳间的泄漏而造成的压力异常及时采取措施处理。

④ 在板式换热器的操作中,需要注意启动之前检查管线连接是否符合要求,排水(污)阀门是否关闭。

⑤ 换热器操作过程中,应先缓慢打开冷介质进出口阀门后再缓慢打开热介质进出口阀门,均应缓慢升压升温。为了稳定系统操作,可同步调节两侧流体的量。

⑥ 换热器在运行过程中,压力应稳定,避免忽高忽低。仔细观察换热器的运行情况,如温度、压力、介质是否向外泄漏等。

图 3-3 为换热器单元操作工艺流程图。

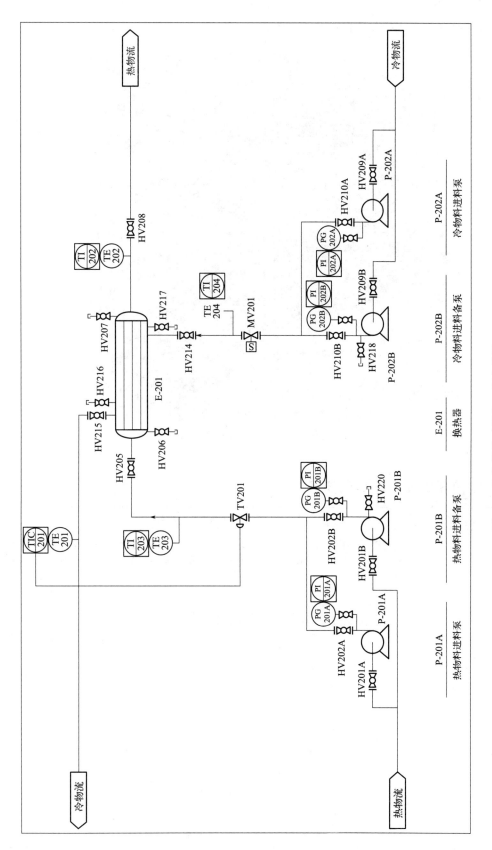

图 3-3　换热器单元操作工艺流程图

图 3-4 为换热器单元操作实操设备效果图。

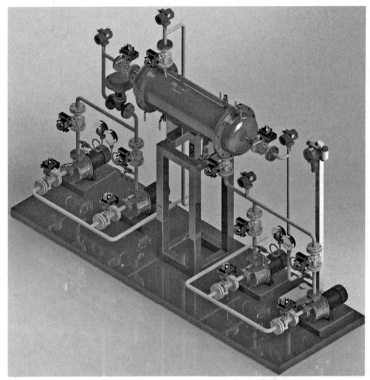

图 3-4　换热器单元操作实操设备效果图

3.2.2　换热器单元操作实训任务

序号	实训任务	处置原理与操作步骤
1	换热器结垢	现象:PI201A 压力从 0.25MPa 降至 0.15MPa,同时换热器热物料出口温度 TI202 从 60℃降至 55℃,冷物料出口温度 TI201 从 40℃降至 33℃,需停用换热器,DCS 画面三处数值显示红色,闪烁
		(1)将热物料调节阀 TV201 设为手动,开度 0%
		(2)关闭热物料进料泵 P-201A 出口阀 HV202A
		(3)停止热物料进料泵 P-201A,泵出口压力 PI201A 从 0.15MPa 降至 0.01MPa
		(4)关闭热物料进料泵 P-201A 进口阀 HV201A
		(5)关闭热物料进料阀 HV205
		(6)关闭换热器热物料出口阀 HV208
		(7)全开换热器管程排气阀 HV207
		(8)打开管程排液阀 HV206,热物料出口温度 TI202 从 55℃降至 30℃
		(9)5s 后,确认排液完成,关闭管程排液阀 HV206
		(10)5s 后,确认排液完成,关闭管程排气阀 HV207
		(11)关闭冷物料进料泵 P-202A 出口阀 HV210A
		(12)停止冷物料进料泵 P-202A,泵出口压力 PI202A 从 0.25MPa 降至 0.01MPa

序号	实训任务	处置原理与操作步骤
1	换热器结垢	(13)关闭冷物料进料泵 P-202A 进口阀 HV209A
		(14)关闭冷物料进料阀 HV214 或 MV201
		(15)关闭换热器冷物料出口阀 HV215
		(16)全开壳程排气阀 HV216
		(17)打开壳程排液阀 HV217
		(18)5s 后,确认排液完成,关闭壳程排气阀 HV216
		(19)5s 后,确认排液完成,关闭壳程排液阀 HV217
2	装置停电	现象:热物料进料泵 P-201A 停止,冷物料进料泵 P-202A 停止,PI201A 压力从 0.25MPa 降至 0MPa,同时 PI202A 压力从 0.25MPa 降至 0MPa,DCS 画面四处数值显示红色,闪烁
		(1)将热物料调节阀 TV201 设为手动,开度 0%
		(2)关闭冷物料进料泵 P-202A 出口阀 HV210A
		(3)关闭热物料进料泵 P-201A 出口阀 HV202A
3	装置冷物料中断事故	现象:PI202A 压力从 0.25MPa 降至 0.08MPa,同时换热器热物料出口温度 TI202 从 60℃升至 70℃,DCS 画面两处数值显示红色,闪烁
		(1)关闭热物料进料泵 P-201A 出口阀 HV202A
		(2)停止热物料进料泵 P-201A,泵出口压力 PI201A 从 0.25MPa 降至 0.01MPa
		(3)关闭冷物料进料泵 P-202A 出口阀 HV210A
		(4)停止冷物料进料泵 P-202A,泵出口压力 PI202A 从 0.25MPa 降至 0.01MPa
4	冷物流泵坏	现象:冷物流泵(冷物料进料泵)出口压力 PI202A 从 0.25MPa 降至 0.08MPa,同时换热器热物料出口温度 TI202 从 60℃升至 70℃,需要切换备泵,DCS 画面两处数值显示红色,闪烁
		(1)冷物料进料备泵 P-202B 盘车
		(2)打开冷物料进料备泵 P-202B 进口阀 HV209B
		(3)打开冷物料进料备泵 P-202B 排气阀 HV218
		(4)5s 后,排气结束,外操关闭排气阀 HV218
		(5)启动冷物料进料备泵 P-202B
		(6)打开冷物料进料备泵 P-202B 出口阀 HV210B,泵出口压力 PI202B 升至 0.25MPa
		(7)关闭冷物料进料泵 P-202A 出口阀 HV210A
		(8)停止冷物料进料泵 P-202A,泵出口压力 PI202A 从 0.08MPa 降至 0MPa
		(9)关闭冷物料进料泵 P-202A 进口阀 HV209A
5	热物流泵坏	现象:热物流泵(热物料进料泵)出口压力 PI201A 从 0.25MPa 降至 0.08MPa,同时换热器热物料出口温度 TI201 从 40℃降至 30℃,"经外操确认,需要切换备泵",DCS 画面两处数值显示红色,闪烁
		(1)将热物料调节阀 TV201 设为手动,开度 50%
		(2)热物料进料备泵 P-201B 盘车

序号	实训任务	处置原理与操作步骤
5	热物流泵坏	(3)打开热物料进料备泵 P-201B 进口阀 HV201B
		(4)打开热物料进料备泵 P-201B 排气阀 HV220
		(5)5s 后,排气结束,关闭排气阀 HV220
		(6)启动热物料进料备泵 P-201B
		(7)打开热物料进料备泵 P-201B 出口阀 HV202B,热物料进料备泵出口压力 PI201B 升至 0.25MPa
		(8)关闭热物料进料泵 P-201A 出口阀 HV202A
		(9)停止热物料进料泵 P-201A,泵出口压力 PI201A 从 0.08MPa 降至 0MPa
		(10)关闭热物料进料泵 P-201A 进口阀 HV201A
6	冷物料进料泵出口法兰泄漏着火事故应急预案	现象:换热器热物料出口温度 TI202 从 60℃升至 62℃,冷物料出口温度 TI201 从 40℃升至 42℃,DCS 画面两处数值显示红色,闪烁。现场可燃报警器报警
		(1)外操巡检发现事故,向班长汇报"冷物料进料泵 P-202A 出口法兰泄漏着火,需紧急处置"
		(2)班长接到汇报后,启动应急响应(无顺序要求)
		① 向调度室汇报"启动应急响应"
		② 命令安全员"请组织人员到 1 号门口拉警戒绳"
		(3)安全员接到命令后,到 1 号门口拉警戒绳
		(4)班长和外操佩戴正压式空气呼吸器,携带 F 形扳手,赶往现场
		(5)班长接到汇报后,执行以下操作(无顺序要求)
		① 命令主操拨打"119 火警"电话,"执行紧急停车""切断系统进料阀"
		② 命令外操"执行紧急停车"
		③ 命令安全员"组织人员到 1 号门口引导消防车"
		(6)安全员接到命令后,到 1 号门口引导消防车
		(7)主操接到命令后,执行以下操作
		① 拨打"119 火警"电话
		② 将热物料进料调节阀 TV201 设手动,开度 0%
		③ 关闭冷物料进料阀 MV201
		④ 向班长汇报"室内操作完毕"
		(8)外操接到命令后,执行以下操作
		① 停止冷物料进料泵 P-202A,泵出口压力 PI202A 从 0.25MPa 降至 0MPa
		② 关闭换热器冷物料出口阀 HV215
		③ 关闭热物料进料泵 P-201A 出口阀 HV202A
		④ 停止热物料进料泵 P-201A,泵出口压力 PI201A 从 0.25MPa 降至 0MPa
		⑤ 关闭换热器热物料出口阀 HV208
		⑥ 向班长汇报"现场操作完毕"
		(9)待火熄灭后,班长向调度室汇报"事故处理完毕"
		(10)班长广播宣布"解除事故应急状态"

序号	实训任务	处置原理与操作步骤
7	换热器热物料出口法兰泄漏着火事故应急预案	现象:数据没变化,现场可燃报警器报警
		(1)外操巡检发现事故,向班长汇报"换热器热物料出口法兰泄漏着火,需紧急处置"
		(2)班长接到汇报后,启动应急响应(无顺序要求)
		① 向调度室汇报"启动应急响应"
		② 命令安全员"请组织人员到1号门口拉警戒绳"
		(3)安全员接到命令后,到1号门口拉警戒绳
		(4)班长和外操佩戴正压式空气呼吸器,携带F形扳手,赶往现场
		(5)班长接到汇报后,执行以下操作(无顺序要求)
		① 命令主操拨打"119火警"电话,"执行紧急停车""切断系统进料阀"
		② 命令外操"执行紧急停车"
		③ 命令安全员"组织人员到1号门口引导消防车"
		(6)安全员接到命令后,到1号门口引导消防车
		(7)主操接到命令后,执行以下操作
		① 拨打"119火警"电话
		② 将热物料进料调节阀 TV201 设手动,开度 0%
		③ 关闭冷物料进料阀 MV201
		④ 向班长汇报"室内操作完毕"
		(8)外操接到命令后,执行以下操作
		① 关闭热物料进料泵 P-201A 出口阀 HV202A
		② 停止热物料进料泵 P-201A,泵出口压力 PI201A 从 0.25MPa 降至 0MPa
		③ 关闭换热器热物料出口阀 HV208
		④ 关闭冷物料进料泵 P-202A 出口阀 HV210A
		⑤ 停止冷物料进料泵 P-202A,泵出口压力 PI202A 从 0.25MPa 降至 0MPa
		⑥ 关闭换热器冷物料出口阀 HV215
		⑦ 向班长汇报"现场操作完毕"
		(9)待火熄灭后,班长向调度室汇报"事故处理完毕"
		(10)班长广播宣布"解除事故应急状态"
8	换热器热物料出口法兰泄漏有人中毒应急预案	现象:数据没变化,现场有毒报警器报警
		(1)外操巡检发现事故,向班长汇报"换热器热物料进料泵 P-201A 出口法兰泄漏,有一职工晕倒在地,需紧急处置"
		(2)班长接到汇报后,启动应急响应(无顺序要求)
		① 向调度室汇报"启动应急响应"
		② 命令安全员"请组织人员到1号门口拉警戒绳"
		③ 命令外操"立即去事故现场"
		(3)安全员接到命令后,到1号门口拉警戒绳
		(4)班长和外操佩戴正压式空气呼吸器,携带F形扳手,赶往现场

序号	实训任务	处置原理与操作步骤
8	换热器热物料出口法兰泄漏有人中毒应急预案	(5)班长和外操将受伤人员抬至安全位置
		(6)班长接到汇报后,执行以下操作(无顺序要求)
		① 命令主操拨打"120 急救"电话
		② 命令安全员"组织人员到 1 号门口引导救护车"
		(7)安全员接到命令后,到 1 号门口引导救护车
		(8)外操使用防爆扳手,修复泄漏点
		(9)班长执行以下操作(无顺序要求)
		① 命令主操"监视装置生产状况""执行紧急停车"
		② 命令外操"执行紧急停车"
		(10)外操接到命令后,执行以下操作
		① 关闭热物料进料泵 P-201A 出口阀 HV202A
		② 停止热物料进料泵 P-201A,泵出口压力 PI201A 从 0.25MPa 降至 0MPa
		③ 关闭换热器热物料出口阀 HV208
		④ 全开换热器管程排气阀 HV207
		⑤ 打开管程排液阀 HV206
		⑥ 5s 后,确认排液完成,关闭管程排液阀 HV206
		⑦ 5s 后,确认排液完成,关闭管程排气阀 HV207
		⑧ 关闭冷物料进料泵 P-202A 出口阀 HV210A
		⑨ 停止冷物料进料泵 P-202A,泵出口压力 PI202A 从 0.25MPa 降至 0MPa
		⑩ 关闭冷物料进料阀 HV214
		⑪ 关闭冷物料出口阀 HV215
		⑫ 全开壳程排气阀 HV216
		⑬ 打开壳程排液阀 HV217
		⑭ 5s 后,确认排液完成,关闭壳程排气阀 HV216
		⑮ 5s 后,确认排液完成,关闭壳程排液阀 HV217
		⑯ 向班长汇报"现场操作完毕"
		(11)主操接到命令后,执行以下操作
		① 拨打"120 急救"电话
		② 关闭冷物料进料阀 MV201
		③ 向班长汇报"室内操作完毕"
		(12)待所有操作完成后,班长向调度室汇报"事故处理完毕"
		(13)班长广播宣布"解除事故应急状态"

3.3　离心压缩机单元操作

3.3.1　离心压缩机的基本知识

离心压缩机是一种重要的流体机械，主要用于输送空气、各种工艺气体或混合气体，并提高其压力。在化工生产中，离心压缩机是关键设备，主要功能是将各种气体进行压缩，提高气体的压力，以满足不同领域的需求。它的工作原理是通过离心力的作用，将输入的气体加速并提高其压力。离心压缩机的结构和操作原理与离心鼓风机相似，但通常是多级式的，能使气体获得较高压强，处理量较大，效率较高。

离心压缩机操作的要求如下。

(1) 操作前的安全准备工作

在开始工作之前，应进行一系列的安全准备工作，包括但不限于以下几点。

检查冷却系统：检查冷却水池的水位和水质，确保冷却系统的正常运行。

检查压缩机本体：检查压缩机控制箱旁的压力表值，确保其在安全范围内。

检查过滤系统：打开各过滤器的排水阀排尽剩余水分和杂物后，关闭阀门。

启动辅助设备：提前半小时接通冷冻式干燥机电源，并在启动空压机前启动冷干机。

(2) 运行中的注意事项

在压缩机运行过程中，应注意以下关键事项。

压力控制：不要在压力大于压缩机铭牌上的额定值时运行压缩机。

速度控制：不要在速度超过驱动装置铭牌上的额定值时运行压缩机。

安全装置的检查：定期检查所有安全装置是否正常工作。

压缩空气的使用：不要随便使用压缩空气，避免带压空气造成人员伤害。

工具和部件的管理：一定不要将工具、抹布或松散部件留在压缩机或驱动部件内。

(3) 停车后的清理和维护

为确保设备的长期稳定运行，这些工作包括但不限于以下几点。

清洗机身和零件：维护和修理时要进行清洗，但不要使用可燃溶剂清洗机身和零件。

遮盖开口处：在部件和暴露的开口处盖上干净布或牛皮纸，防止灰尘和其他杂质进入。

安全操作规程的遵守：无防护罩、防护板及看窗，不得操作压缩机。

(4) 紧急情况的处理

在遇到紧急情况时，如压缩机剧烈振动、出现异常声响等，应立即停止压缩机，并采取相应的应急措施。此外，应定期进行巡回检查，发现隐患或超工艺指标情况及时处理或汇报，以确保安全稳定运行。

图 3-5 为离心压缩机单元操作工艺流程图。

图 3-6 为离心压缩机单元操作实操设备效果图。

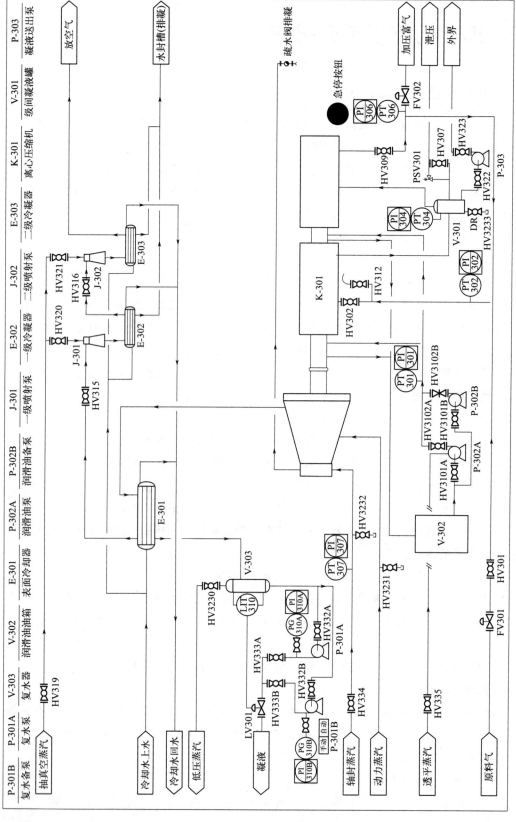

图 3-5 离心压缩机单元操作工艺流程图

图 3-6　离心压缩机单元操作实操设备效果图

3.3.2　离心压缩机单元操作实训任务

序号	实训任务	处置原理与操作步骤
1	长时间停电	显示:复水泵 P-301A 停止,复水泵出口压力 PI310A 从 0.8MPa 降至 0MPa,润滑油泵 P-302A 停止,润滑油泵出口压力 PI301 从 0.25MPa 降至 0MPa,凝液罐液位 LI310 从 60% 升至 80%,压缩机二级出口压力 PI306 从 15MPa 降至 5MPa,级间凝液罐压力 PI304 从 9MPa 降至 5MPa,DCS 画面七处数值显示红色,闪烁
		(1)按手动紧急停压缩机按钮(急停按钮)
		(2)关闭压缩机富气出口阀 HV309
		(3)关闭压缩机入口蝶阀 HV301
		(4)打开级间凝液罐顶安全阀旁路阀 HV307 进行压缩机泄压,级间凝液罐压力 PI304 从 5MPa 降至 0.05MPa
		(5)关闭汽轮机入口隔离阀 HV302
		(6)打开隔离阀前放空阀 HV312 进行放空,压缩机一级入口压力 PI302 从 5MPa 降至 0.05MPa
		(7)压缩机停下后进行机组盘车
		(8)关闭轴封蒸汽阀 HV334,汽封蒸汽压力 PI307 由 0.6MPa 降至 0MPa
		(9)关闭真空喷射泵蒸汽总阀 HV319
		(10)关闭一级喷射泵 J-301 入口阀 HV315
		(11)关闭一级喷射泵 J-301 蒸汽阀 HV320
		(12)关闭二级喷射泵 J-302 入口阀 HV316
		(13)关闭二级喷射泵 J-302 蒸汽阀 HV321
		(14)关闭复水泵 P-301A 出口阀 HV333A
		(15)关闭凝液送出泵出口阀 HV323

序号	实训任务	处置原理与操作步骤
2	冷却水中断	显示:凝液罐液位 LI310 从 60％降至 20％,DCS 画面一处数值显示红色,闪烁
		(1)按手动紧急停压缩机按钮(急停按钮)
		(2)关闭压缩机富气出口阀 HV309
		(3)关闭压缩机入口蝶阀 HV301
		(4)打开级间凝液罐顶安全阀旁路阀 HV307 进行压缩机泄压,级间凝液罐压力 PI304 从 9MPa 降至 0.05MPa
		(5)关闭汽轮机入口隔离阀 HV302
		(6)打开隔离阀前放空阀 HV312 进行放空,压缩机一级入口压力 PI302 从 5MPa 降至 0.05MPa。
		(7)压缩机停下后进行机组盘车
		(8)关闭轴封蒸汽阀 HV334,汽封蒸汽压力 PI307 由 0.6MPa 降至 0MPa
		(9)关闭真空喷射泵蒸汽总阀 HV319
		(10)关闭一级喷射泵 J-301 入口阀 HV315
		(11)关闭一级喷射泵 J-301 蒸汽阀 HV320
		(12)关闭二级喷射泵 J-302 入口阀 HV316
		(13)关闭二级喷射泵 J-302 蒸汽阀 HV321
		(14)关闭复水泵 P-301A 出口阀 HV333A
		(15)停复水泵 P-301A
3	润滑油压力低	显示:润滑油泵出口压力 PI-301 从 0.25MPa 降至 0.1MPa,润滑油辅助油泵(备泵)P-302B 自启,DCS 画面一处数值显示红色,闪烁
		(1)按手动紧急停压缩机按钮(急停按钮)
		(2)关闭压缩机富气出口阀 HV309
		(3)关闭压缩机入口蝶阀 HV301
		(4)打开级间凝液罐顶安全阀旁路阀 HV307 进行压缩机泄压,级间凝液罐压力 PI304 从 9MPa 降至 0.05MPa
		(5)关闭汽轮机入口隔离阀 HV302
		(6)打开隔离阀前放空阀 HV312 进行放空,压缩机一级入口压力 PI302 从 5MPa 降至 0.05MPa
		(7)压缩机停下后进行机组盘车
		(8)关闭轴封蒸汽阀 HV334,汽封蒸汽压力 PI307 由 0.6MPa 降至 0MPa
		(9)关闭真空喷射泵蒸汽总阀 HV319
		(10)关闭一级喷射泵 J-301 入口阀 HV315
		(11)关闭一级喷射泵 J-301 蒸汽阀 HV320
		(12)关闭二级喷射泵 J-302 入口阀 HV316
		(13)关闭二级喷射泵 J-302 蒸汽阀 HV321
		(14)关闭复水泵 P-301A 出口阀 HV333A,停复水泵 P-301A
		(15)润滑油辅助油泵(备泵)P-302B 自启,正常后,停润滑油泵 P-302A
		(16)关闭透平蒸汽阀 HV335

序号	实训任务	处置原理与操作步骤
4	复水器液位高	显示:复水器液位 LI310 从 60％升至 80％,复水备泵 P-301B 自启,DCS 画面一处数值显示红色,闪烁
		(1)将复水备泵 P-301B 置于"手动模式"
		(2)复水器液位降至正常范围,停复水备泵 P-301B
		(3)开大复水器液位调节阀 LV301,复水器液位控制在正常范围
5	压缩机出口法兰泄漏爆炸着火应急预案	显示:压缩机二级出口压力 PI306 从 15MPa 快速降至 1MPa,DCS 画面一处数值显示红色,闪烁。现场报警仪报警
		(1)外操巡检发现事故,向班长汇报"压缩机出口法兰泄漏爆炸着火,需紧急处置"
		(2)班长接到汇报后,启动应急响应(无顺序要求)
		① 向调度室汇报"启动应急响应"
		② 命令安全员"请组织人员到 1 号门口拉警戒绳"
		(3)安全员接到命令后,到 1 号门口拉警戒绳
		(4)班长和外操佩戴正压式空气呼吸器,携带 F 形扳手,赶往现场
		(5)班长命令外操"使用消防炮对压缩机进行降温"
		(6)外操使用消防炮对压缩机进行降温
		(7)班长接到汇报后,执行以下操作(无顺序要求)
		① 拨打"119 火警"电话
		② 命令主操和外操"执行紧急停车"
		③ 命令安全员"到 1 号门口引导消防车"
		(8)安全员接到通知后,在 1 号门口引导消防车
		(9)主操接到班长命令后,执行以下操作
		① 按手动紧急停压缩机按钮(急停按钮)
		② 关闭压缩机富气出口阀 HV309
		③ 关闭压缩机入口蝶阀 HV301
		④ 操作完毕,向班长汇报"主操操作完毕"
		(10)外操接到班长命令后,执行以下操作
		① 打开级间凝液罐顶安全阀旁路阀 HV307 进行压缩机泄压,级间凝液罐压力 PI304 从 9MPa 降至 0.05MPa
		② 关闭汽轮机入口隔离阀 HV302
		③ 打开隔离阀前放空阀 HV312 进行放空,压缩机一级入口压力 PI-302 从 5MPa 降至 0.05MPa
		④ 压缩机停下后进行机组盘车
		⑤ 关闭轴封蒸汽阀 HV334,汽封蒸汽压力 PI307 由 0.6MPa 降至 0MPa
		⑥ 关闭真空喷射泵蒸汽总阀 HV319
		⑦ 关闭一级喷射泵 J-301 入口阀 HV315
		⑧ 关闭一级喷射泵 J-301 蒸汽阀 HV320
		⑨ 关闭二级喷射泵 J-302 入口阀 HV316

序号	实训任务	处置原理与操作步骤
5	压缩机出口法兰泄漏爆炸着火应急预案	⑩ 关闭二级喷射泵 J-302 蒸汽阀 HV321
		⑪ 关闭复水泵 P-301A 出口阀 HV333A,停复水泵 P-301A
		⑫ 停压缩机级间凝液送出泵 P-303
		⑬ 操作完毕后,向班长汇报"现场操作完毕"
		(11)待火熄灭后,班长向调度室汇报"压缩机系统停运转,火已扑灭"
		(12)班长广播宣布"解除事故应急状态"
6	压缩机级间法兰泄漏着火应急预案	显示:级间凝液罐压力 PI304 从 9MPa 降至 5MPa,压缩机二级出口压力 PI306 从 15MPa 降至 7MPa,DCS 画面两处数值显示红色,闪烁。现场报警仪报警
		(1)外操巡检发现事故,向班长汇报"压缩机级间法兰泄漏着火,需紧急处置"
		(2)班长接到汇报后,启动应急响应(无顺序要求)
		① 向调度室汇报"启动应急响应"
		② 命令安全员"请组织人员到 1 号门口拉警戒绳"
		(3)安全员接到命令后,到 1 号门口拉警戒绳
		(4)班长和外操佩戴正压式空气呼吸器,携带 F 形扳手,赶往现场
		(5)班长命令外操"使用消防炮对压缩机进行降温"
		(6)外操使用消防炮对压缩机进行降温
		(7)班长接到汇报后,执行以下操作(无顺序要求)
		① 拨打"119 火警"电话
		② 命令主操和外操"执行紧急停车"
		③ 命令安全员"到 1 号门口引导消防车"
		(8)安全员接到通知后,在 1 号门口引导消防车
		(9)主操接到班长命令后,执行以下操作
		① 按手动紧急停压缩机按钮(急停按钮)
		② 关闭压缩机富气出口阀 HV309
		③ 关闭压缩机入口蝶阀 HV301
		④ 操作完毕,向班长汇报"主操操作完毕"
		(10)外操接到班长命令后,执行以下操作
		① 打开级间凝液罐顶安全阀旁路阀 HV307 进行压缩机泄压,级间凝液罐压力 PI304 从 5MPa 降至 0.05MPa
		② 关闭汽轮机入口隔离阀 HV302
		③ 打开隔离阀前放空阀 HV312 进行放空,压缩机一级入口压力 PI302 从 5MPa 降至 0.05MPa
		④ 压缩机停下后进行机组盘车
		⑤ 关闭轴封蒸汽阀 HV334,汽封蒸汽压力 PI307 由 0.6MPa 降至 0MPa
		⑥ 关闭真空喷射泵蒸汽总阀 HV319
		⑦ 关闭一级喷射泵 J-301 入口阀 HV315
		⑧ 关闭一级喷射泵 J-301 蒸汽阀 HV320

序号	实训任务	处置原理与操作步骤
6	压缩机级间法兰泄漏着火应急预案	⑨ 关闭二级喷射泵 J-302 入口阀 HV316
		⑩ 关闭二级喷射泵 J-302 蒸汽阀 HV321
		⑪ 关闭复水泵 P-301A 出口阀 HV333A,停复水泵 P-301A
		⑫ 关闭润滑油泵透平蒸汽阀 HV335
		⑬ 操作完毕后,向班长汇报"现场操作完毕"
		(11)待火熄灭后,班长向调度室汇报"压缩机系统停运转,火已扑灭"
		(12)班长广播宣布"解除事故应急状态"
7	压缩机动力蒸汽泄漏应急预案	显示:压缩机一级入口压力 PI302 从 5MPa 降至 2MPa,级间凝液罐压力 PI304 从 9MPa 降至 5MPa,压缩机二级出口压力 PI306 从 15MPa 降至 7MPa,DCS 画面三处数值显示红色,闪烁
		(1)外操巡检发现事故,向班长汇报"压缩机动力蒸汽泄漏,需紧急处置"
		(2)班长接到汇报后,启动应急响应(无顺序要求)
		① 向调度室汇报"启动应急响应"
		② 命令主操拨打"120 急救"电话,"执行紧急停车"
		③ 命令外操"执行紧急停车"
		(3)主操接到班长命令后,执行以下操作
		① 拨打"120 急救"电话
		② 按手动紧急停压缩机按钮(急停按钮)
		③ 关闭压缩机富气出口阀 HV309
		④ 关闭压缩机入口蝶阀 HV301
		⑤ 操作完毕,向班长汇报"主操操作完毕"
		(4)外操接到班长命令后,执行以下操作
		① 打开级间凝液罐顶安全阀旁路阀 HV307 进行压缩机泄压,级间凝液罐压力 PI304 从 5MPa 降至 0.05MPa
		② 关闭汽轮机入口隔离阀 HV302
		③ 打开隔离阀前放空阀 HV312 进行放空,压缩机一级入口压力 PI302 从 5MPa 降至 0.05MPa
		④ 压缩机停下后进行机组盘车
		⑤ 关闭轴封蒸汽阀 HV334,汽封蒸汽压力 PI307 由 0.6MPa 降至 0MPa
		⑥ 关闭真空喷射泵蒸汽总阀 HV319
		⑦ 关闭一级喷射泵 J-301 入口阀 HV315
		⑧ 关闭一级喷射泵 J-301 蒸汽阀 HV320
		⑨ 关闭二级喷射泵 J-302 入口阀 HV316
		⑩ 关闭二级喷射泵 J-302 蒸汽阀 HV321
		⑪ 关闭复水泵 P-301A 出口阀 HV333A,停复水泵 P-301A
		⑫ 操作完毕后,向班长汇报"现场操作完毕"
		(5)处理完毕后,班长向调度室汇报"压缩机系统停运转,润滑油运转"
		(6)班长广播宣布"解除事故应急状态"

3.4 往复式压缩机单元操作

3.4.1 往复式压缩机的基本知识

往复式压缩机是一种常见的气体压缩设备，其工作原理是通过活塞在气缸内的往复运动来实现气体的压缩。在往复式压缩机中，气缸中心线与地面平行或垂直，气缸内布置有一个或多个活塞。根据活塞的运动方式，往复式压缩机可分为单作用压缩机和双作用压缩机。往复式压缩机广泛应用于各个领域，如石油、化工、冶金、电力、机械等行业的气体输送和压缩。

往复式压缩机操作的要求如下。

(1) 开机前的准备工作

在开机前为了确保压缩机能够正常运行，需进行以下准备工作。

检查连接螺栓和螺母：确保所有连接部位都牢固，没有松动现象。

检查皮带松紧：皮带的松紧程度应该适中，以保证压缩机的正常运转。

检查润滑油油位：润滑油油位应该在规定的位置之间，以保证润滑系统的正常工作。

检查电源电压和电线：确认电源电压在规定范围内，并且电线及电气开关符合规定，接线正确。

盘动压缩机皮带轮：用手盘动压缩机皮带轮转动数圈，确定无碰卡现象。

排除储气罐内的冷凝水和油污：保证压缩机的进气管道清洁，避免杂质进入压缩机。

(2) 启动过程

启动过程需要注意以下几点。

空载启动：在启动时，应先将空气出口开关打开，使空压机在无负荷状况下启动。

确认电机转向：启动前应确认电机的转向是否正确，如果不正确，则需要调整电机的接线。

空转检查：在压缩机启动后，应让压缩机在正常工作前先空转 5min 以上，观察其是否运行正常平稳。

(3) 正常运行中的维护和调节

在压缩机的正常运行阶段，需要注意以下操作要点。

监控运行参数：应密切关注压缩机的运行参数，如压力、温度、电流等，确保其在正常范围内。

调节输气量：根据生产实际的需要和生产调度人员的要求，应及时调节输气量，保证整个生产过程的协调性和平衡性。

防止压缩机抽成负压：应加强与相关工段的联系，防止压缩机抽成负压。

防止气体带水带液：应加强与脱硫等工段的联系，及时排放积水及油水，以防气体带水及精炼气带液。

(4) 停车过程

在压缩机的停车过程中，需要注意以下操作要点。

控制出口阀：在压缩机停车过程中，当出口阀尚未完全关闭时，需注意出口管回路阀的开启度，防止气、液倒回压缩机或出口压力超指标。

平稳调节气量：加减量操作时，减量应速减，加量则应缓加，以利于各有关工段的稳定生产。

图 3-7 为往复式压缩机单元操作工艺流程图。

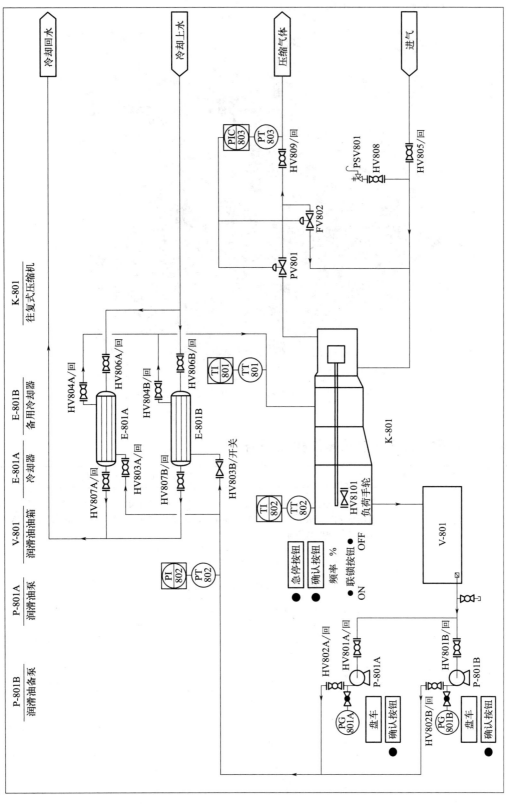

图 3-7　往复式压缩机单元操作工艺流程图

图 3-8 为往复式压缩机单元操作实操设备效果图。

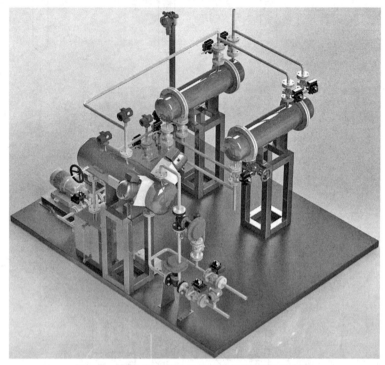

图 3-8　往复式压缩机单元操作实操设备效果图

3.4.2　往复式压缩机单元操作实训任务

序号	实训任务	处置原理与操作步骤
1	停电事故	显示:润滑油泵 P-801A 停止,润滑油泵出口压力 PI801A 从 0.3MPa 降至 0MPa,冷却前油压 PI802 从 0.25MPa 降至 0MPa,压缩机出口压力 PI803 从 10MPa 降至 2MPa,DCS 画面四处数值显示红色,闪烁
		(1)将压缩机负荷手轮 HV8101 开度关到 0%
		(2)将压缩机出口压力控制阀 PV801 设手动,开度 0%
		(3)点击压缩机停车按钮(保证压缩机真停)
2	停水事故	显示:冷却后油温 TI801 从 45℃升至 55℃,轴承温度 TI802 从 80℃升至 90℃,DCS 画面两处数值显示红色,闪烁
		(1)将压缩机负荷手轮 HV8101 开度关到 0%,压缩机出口压力 PI803 下降至 2MPa
		(2)将压缩机出口压力控制阀 PV801 设手动,开度 0%
3	润滑油冷却器结垢	显示:冷却后油温 TI801 从 45℃升至 50℃,轴承温度 TI802 从 80℃升至 85℃,DCS 画面两处数值显示红色,闪烁
		(1)打开备用冷却器 E-801B 冷却水出口阀 HV807B
		(2)打开备用冷却器 E-801B 冷却水入口阀 HV806B
		(3)打开备用冷却器 E-801B 油路入口阀 HV803B,开度 5%

续表

序号	实训任务	处置原理与操作步骤
3	润滑油冷却器结垢	(4)5s后,开大油路入口阀 HV803B,开度 10%
		(5)5s后,开大油路入口阀 HV803B,开度 20%
		(6)打开备用冷却器 E-801B 油路出口阀 HV804B,冷却后油温 TI801 降至 45℃,轴承温度 TI802 降至 80℃
		(7)关闭冷却器 E-801A 油路入口阀 HV803A
		(8)关闭冷却器 E-801A 油路出口阀 HV804A
		(9)关闭冷却器 E-801A 冷却水入口阀 HV806A
		(10)关闭冷却器 E-801A 冷却水出口阀 HV807A
4	轴承温度高	显示:轴承温度 TI802 从 80℃升至 85℃,冷却后油温 TI801 从 45℃升至 50℃,DCS 画面两处数值显示红色,闪烁
		(1)打开备用冷却器 E-801B 冷却水出口阀 HV807B
		(2)打开备用冷却器 E-801B 冷却水入口阀 HV806B
		(3)打开备用冷却器 E-801B 油路入口阀 HV803B,开度 5%
		(4)5s后,开大油路入口阀 HV803B,开度 10%
		(5)5s后,开大油路入口阀 HV803B,开度 20%
		(6)打开备用冷却器 E-801B 油路出口阀 HV804B,冷却后油温 TI801 降至 45℃,轴承温度 TI802 降至 80℃
		(7)关闭冷却器 E-801A 油路入口阀 HV803A
		(8)关闭冷却器 E-801A 油路出口阀 HV804A
		(9)关闭冷却器 E-801A 冷却水入口阀 HV806A
		(10)关闭冷却器 E-801A 冷却水出口阀 HV807A
5	润滑油压力下降	显示:润滑油泵出口压力 PI801A 从 0.3MPa 降至 0.1MPa,冷却前油压 PI802 从 0.25MPa 降至 0.08MPa,判断润滑油泵坏,DCS 画面两处数值显示红色,闪烁
		(1)启动润滑油备泵 P-801B,润滑油泵出口压力恢复正常
		(2)关闭事故润滑油泵 P-801A 出口阀 HV802A
		(3)停止事故润滑油泵 P-801A,润滑油泵出口压力 PI801A 降至 0MPa
		(4)关闭事故润滑油泵 P-801A 入口阀 HV801A
6	往复式压缩机出口法兰泄漏着火事故应急预案	现象:现场报警器报警
		(1)外操巡检时发现事故,向班长汇报"往复式压缩机出口法兰泄漏,火势无法控制"
		(2)班长接到汇报后,启动应急响应(无顺序要求)
		① 向调度室汇报"启动应急响应"
		② 命令安全员"请组织人员到1号门口拉警戒绳"
		(3)安全员接到命令后,到1号门口拉警戒绳
		(4)班长和外操佩戴正压式空气呼吸器,携带 F 形扳手,赶往现场

序号	实训任务	处置原理与操作步骤
6	往复式压缩机出口法兰泄漏着火事故应急预案	(5)班长接到汇报后,执行以下操作(无顺序要求)
		① 命令主操拨打"119 火警"电话,"执行紧急停车"
		② 命令外操"执行紧急停车"
		③ 命令安全员"到 1 号门口引导消防车"
		(6)安全员接到命令后,到 1 号门口引导消防车
		(7)主操接到班长命令后,执行以下操作
		① 拨打"119 火警"电话
		② 急停压缩机,压缩机出口压力 PI803 下降至 2MPa
		③ 将联锁按钮"ON"打到"OFF"
		④ 向班长汇报"室内操作完毕"
		(8)外操接到班长命令后,执行以下操作
		① 将负荷手轮 HV8101 开度关到 0%
		② 关闭压缩机前阀 HV805
		③ 关闭压缩机后阀 HV809
		④ 向班长汇报"现场操作完毕"
		(9)班长向调度室汇报"事故处理完毕"
		(10)班长广播宣布"解除事故应急状态"
7	往复式压缩机出口法兰泄漏有人中毒应急预案	现象:现场报警器报警
		(1)外操巡检时发现事故现场有人中毒,向班长汇报"物料泄漏,有人中毒"
		(2)班长接到汇报后,启动应急响应(无顺序要求)
		① 向调度室汇报"启动应急响应"
		② 命令安全员"请组织人员到 1 号门口拉警戒绳"
		(3)安全员接到命令后,到 1 号门口拉警戒绳
		(4)班长和外操佩戴正压式空气呼吸器,携带 F 形扳手,赶往现场
		(5)班长和外操将中毒人员挪至安全位置
		(6)班长接到汇报后,执行以下操作(无顺序要求)
		① 命令主操拨打"120 急救"电话,"执行紧急停车"
		② 命令外操"执行紧急停车"
		③ 命令安全员"到 1 号门口引导救护车"
		(7)安全员接到命令后,到 1 号门口引导救护车

序号	实训任务	处置原理与操作步骤
7	往复式压缩机出口法兰泄漏有人中毒应急预案	(8)主操接到班长命令后,执行以下操作
		① 拨打"120急救"电话
		② 急停压缩机,压缩机出口压力 PI803 下降至 2MPa
		③ 将联锁按钮"ON"打到"OFF"
		④ 向班长汇报"室内操作完毕"
		(9)外操接到班长命令后,执行以下操作
		① 将负荷手轮 HV8101,开度关到 0%
		② 关闭压缩机前阀 HV805
		③ 关闭压缩机后阀 HV809
		④ 向班长汇报"现场操作完毕"
		(10)班长向调度室汇报"事故处理完毕"
		(11)班长广播宣布"解除事故应急状态"
8	往复式压缩机出口压力控制阀后阀泄漏有人中毒应急预案	**现象:现场报警器报警**
		(1)外操巡检时发现事故现场有人中毒,向班长汇报"物料泄漏,有人中毒"
		(2)班长接到汇报后,启动应急响应
		① 向调度室汇报"启动应急响应"
		② 命令安全员"请组织人员到1号门口拉警戒绳"
		(3)安全员接到命令后,到1号门口拉警戒绳
		(4)班长和外操佩戴正压式空气呼吸器,携带 F 形扳手,赶往现场
		(5)班长和外操将中毒人员挪至安全位置
		(6)班长接到汇报后,执行以下操作
		① 命令主操拨打"120急救"电话,"执行紧急停车"
		② 命令外操"执行紧急停车"
		③ 命令安全员"到1号门口引导救护车"
		(7)安全员接到命令后,到1号门口引导救护车
		(8)主操接到班长命令后,执行以下操作
		① 拨打"120急救"电话
		② 急停压缩机,压缩机出口压力 PI803 下降至 2MPa
		③ 将联锁按钮"ON"打到"OFF"
		④ 将返回线调节阀 FV802 设手动,开度 0%

序号	实训任务	处置原理与操作步骤
8	往复式压缩机出口压力控制阀后阀泄漏有人中毒应急预案	⑤ 向班长汇报"室内操作完毕"
		(9)外操接到班长命令后,执行以下操作
		① 将负荷手轮 HV8101 开度关到 0%
		② 关闭压缩机前阀 HV805
		③ 关闭压缩机后阀 HV809
		④ 向班长汇报"现场操作完毕"
		(10)班长向调度室汇报"事故处理完毕"
		(11)班长广播宣布"解除事故应急状态"

3.5　加热炉单元操作

3.5.1　加热炉的基本知识

加热炉是一种在冶金工业中广泛使用的设备,主要用于将物料或工件(通常是金属)加热到适合轧制或锻造的温度。加热炉的应用遍及石油、化工、冶金、机械、热处理、表面处理、建材、电子、材料、轻工、日化、制药等诸多行业领域。

加热炉操作的要求如下。

(1)启动前的准备工作

在启动加热炉之前,需要进行一系列的准备工作,包括检查设备、管道连接是否良好,天然气或煤气的压力是否正常,燃烧器喷嘴是否清洁,以及炉膛是否干燥等。

(2)点火操作

点火操作是加热炉操作中的一个重要环节,需要严格按照操作规程进行。例如,应先打开所有炉门和烟道闸阀,使炉内保持负压,并启动风机,送风至烧嘴前风阀处,打开各仪表阀门。然后,启动点火器开始点火,并迅速打开天然气阀门,天然气点燃后根据需要调节风燃比使燃烧稳定。

(3)正常运行中的维护和调节

在加热炉的正常运行过程中,需要严格控制炉子加热温度,不允许烧嘴存在回火、离焰和熄火的情况。当炉子增加热负荷时,应先增加天然气量,后增加空气量。当炉子减少热负荷时,则应先减少空气量,然后减少天然气量。此外,还需要经常观察天然气燃烧情况,及时调整空气量,使空气过剩系数小且能保证天然气充分燃烧。

(4)停炉操作

停炉操作也需要严格按照操作规程进行。一般来说,应先通知煤气发生炉操作工,做好停炉准备工作,降低风机频率。然后,关闭发生炉煤气(按有关规程停炉),向煤气管道内通入蒸汽吹扫。吹扫约 30min 后,打开热风放散阀门,并适当减小风量。停炉后,鼓风机要继续运转,以防泄漏煤气窜入空气通道。

图 3-9 为加热炉单元操作工艺流程图。

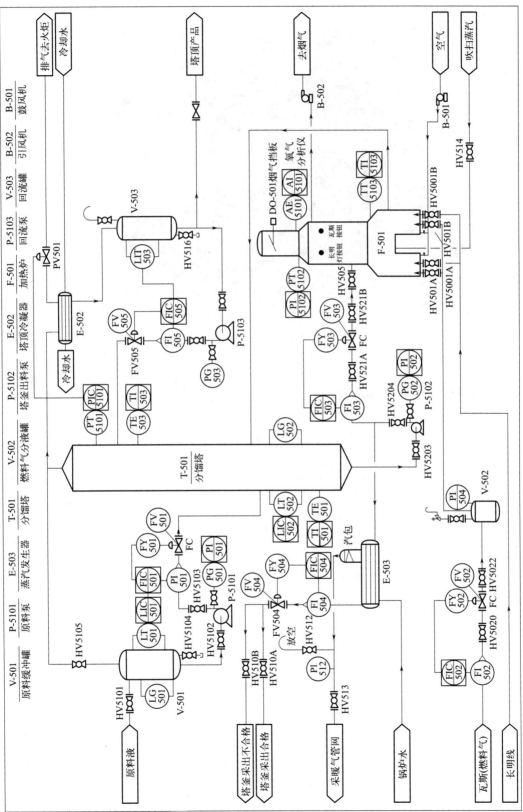

图 3-9　加热炉单元操作工艺流程图

图 3-10 为加热炉单元操作实操设备效果图。

图 3-10　加热炉单元操作实操设备效果图

3.5.2　加热炉单元操作实训任务

序号	实训任务	处置原理与操作步骤
1	原料中断	显示:原料流量 FI501 从 120kg/h 降至 0kg/h,原料缓冲罐液位 LI501 从 60％ 降至 30％,DCS 画面两处数值显示红色,闪烁
		(1)按急停主瓦斯按钮,主瓦斯流量 FI502 从 50m³/h(标准状况)降至 0m³/h(标准状况)
		(2)将燃料气(主瓦斯)进料调节阀 FV502 设手动,开度 0％
		(3)关闭燃料气进加热炉根部阀 HV501A 和 HV501B
		(4)关闭原料缓冲罐进料阀:关闭 HV5101;将分馏塔进料阀 FV501 设手动,开度 0％
		(5)停止原料泵 P-5101
		(6)停止塔釜出料泵 P-5102
		(7)采暖气由并网改放空:打开采暖气放空阀 HV512,关闭并网阀 HV513
2	燃料中断	显示:主瓦斯流量 FI502 从 50m³/h(标准状况)降至 0m³/h(标准状况),炉膛温度 TI5103 从 800℃ 降至 200℃,DCS 画面两处数值显示红色,闪烁
		(1)按急停主瓦斯按钮,按急停长明灯按钮
		(2)关闭燃料气进加热炉根部阀 HV501A 和 HV501B
		(3)将燃料气(主瓦斯)进料调节阀 FV502 设手动,开度 0％
		(4)关闭长明线进加热炉根部阀 HV5001A 和 HV5001B
		(5)停止原料泵 P-5101

序号	实训任务	处置原理与操作步骤
2	燃料中断	(6)关闭原料缓冲罐进料阀 HV5101
		(7)停止塔釜出料泵 P-5102
		(8)采暖气由并网改放空:打开采暖气放空阀 HV512,关闭并网阀 HV513
3	鼓风机 B501 停	显示:鼓风机 B-501 停止,炉膛负压 PI5102 从－35Pa 降至－80Pa,主瓦斯流量 FI502 从 50m³/h(标准状况)降至 0m³/h(标准状况),炉膛温度 TI5103 从 800℃降至 200℃,氧气分析仪浓度 AI5101 从 2.7％升至 15％,DCS 画面五处数值显示红色,闪烁
		(1)按急停主瓦斯按钮,按急停长明灯按钮
		(2)打开烟气挡板 DO-501,开度 0％～30％,自然通风,炉膛负压 PI5102 从－80Pa 升至－50Pa
		(3)停止引风机 B-502
		(4)继续打开烟气挡板 DO-501,开度 30％～60％,炉膛负压 PI5102 从－50Pa 升至－30Pa,达到正常范围
		(5)降低原料进料量:关小加热炉进料调节阀 FV503 开度,炉膛负压在正常范围
4	原料泵 P-5101 出口法兰泄漏着火应急预案	现象:现场可燃报警器报警
		(1)外操巡检发现事故,向班长汇报"发现事故,需紧急处置"
		(2)班长接到汇报后,启动应急响应(无顺序要求)
		① 向调度室汇报"启动应急响应"
		② 命令安全员"请组织人员到 1 号门口拉警戒绳"
		(3)安全员接到命令后,到 1 号门口拉警戒绳
		(4)班长和外操佩戴正压式空气呼吸器,携带 F 形扳手,赶往现场
		(5)班长接到汇报后,执行以下操作(无顺序要求)
		① 拨打"119 火警"电话
		② 命令安全员"到 1 号门口引导消防车"
		③ 命令主操和外操"执行紧急停车"
		(6)安全员接到命令后,到 1 号门口引导消防车
		(7)外操接到班长命令后,执行以下操作
		① 关闭燃料气进加热炉根部阀 HV501A 和 HV501B
		② 停止原料泵 P-5101
		③ 关闭原料泵 P-5101 入口阀 HV5102
		④ 关闭四路炉管进料阀前阀 HV521A
		⑤ 打开塔釜不合格产品线阀 HV510B
		⑥ 关闭塔釜产品出装置隔离阀 HV510A
		⑦ 停采暖气:打开采暖气放空阀 HV512,关闭并网阀 HV513
		⑧ 关闭长明线进加热炉根部阀 HV5001A 和 HV5001B
		⑨ 停止鼓风机 B-501
		⑩ 打开自然通风:打开烟气挡板 DO-501
		⑪ 停止引风机 B-502

序号	实训任务	处置原理与操作步骤
4	原料泵 P-5101 出口法兰泄漏着火应急预案	⑫ 打开炉膛蒸汽吹扫阀 HV514
		⑬ 将各罐内液体倒空：打开缓冲罐排污阀 HV5104，打开回流罐排污阀 HV516
		⑭ 观察到分馏塔液位已倒空，通知主操"可以泄压"
		⑮ 打开去火炬阀 HV5105
		⑯ 操作完毕向班长汇报"现场操作完毕"
		(8)主操接到班长命令后，执行以下操作
		① 按紧急停炉按钮，主瓦斯流量 FI502 从 50m³/h(标准状况)降至 0m³/h(标准状况)
		② 将分馏塔原料进料阀 FV501 设手动，开度 0%，原料流量 FI501 从 120kg/h 降至 0kg/h
		③ 将塔底产品采出调节阀 FV504 设手动，开度 0%，出料流量 FI504 从 110kg/h 降至 0kg/h
		④ 接外操通知，打开进料罐和分馏塔排气调节阀 PV501 进行系统泄压，分馏塔压力 PI5101 从 0.25MPa 降至 0.04MPa
		⑤ 当压力 PI5101 降到 0.05MPa 以下时，关闭排气调节阀 PV501
		⑥ 操作完毕后向班长汇报"主操操作完毕"
		(9)外操取灭火器灭火
		(10)待火熄灭后，班长向调度室汇报"事故处理完毕"
		(11)班长广播宣布"解除事故应急状态"
5	加热炉炉管破裂应急预案	显示：炉膛温度 TI5103 从 800℃升至 1000℃，氧气分析仪浓度 AI5101 从 2.7%降至 0.5%，炉膛负压 PI5102 从 −35Pa 升至 5Pa，DCS 画面三处数值显示红色，闪烁
		(1)主操发现事故，向班长汇报"发现事故，需紧急处置"
		(2)班长接到汇报后，启动应急响应：向调度室汇报"启动应急响应"
		(3)班长和外操携带 F 形扳手，赶往现场
		(4)班长接到汇报后，执行以下操作：命令主操和外操"执行紧急停车"
		(5)外操接到班长命令后，执行以下操作
		① 关闭燃料气进料调节阀 FV502 后阀 HV5022
		② 关闭长明线进加热炉根部阀 HV5001A 和 HV5001B
		③ 停止原料泵 P-5101
		④ 打开塔釜不合格产品线阀 HV510B
		⑤ 关闭塔釜产品出装置隔离阀 HV510A
		⑥ 打开炉膛蒸汽吹扫阀 HV514
		⑦ 关闭四路炉管进料截止阀 HV505
		⑧ 关闭四路炉管进料控制阀 FV503 前后阀 HV521A 和 HV521B
		⑨ 操作完毕后向班长汇报"现场操作完毕"
		(6)主操接到班长命令后，执行以下操作
		① 按紧急停炉按钮，主瓦斯流量 FI502 从 50m³/h(标准状况)降至 0m³/h(标准状况)

续表

序号	实训任务	处置原理与操作步骤
5	加热炉炉管破裂 应急预案	② 将分馏塔原料进料阀 FV501 设手动,开度 0%,原料流量 FI501 从 120kg/h 降至 0kg/h
		③ 将四路炉管进料控制阀 FV503 设手动,开度 0%,加热炉进料流量 FI503 从 50kg/h 降至 0kg/h
		④ 打开烟气挡板 DO-501,开度 0%～100%
		⑤ 将燃料气进料调节阀 FV502 设手动,开度 0%
		⑥ 操作完毕后向班长汇报"主操操作完毕"
		(7)班长向调度室汇报"事故处理完毕"
		(8)班长广播宣布"解除事故应急状态"
6	燃料气分液罐 安全阀法兰泄漏 着火应急处置	显示:炉膛温度 TI5103 从 800℃升至 1000℃,氧气分析仪浓度 AI5101 从 2.7%降至 0.5%,炉膛负压 PI5102 从－35Pa 升至 5Pa,DCS 画面三处数值显示红色,闪烁
		(1)外操巡检发现事故,向班长汇报"发现安全阀法兰处泄漏着火,需紧急处置"
		(2)班长接到汇报后,启动应急响应(无顺序要求)
		① 向调度室汇报"启动应急响应"
		② 命令安全员"请组织人员到 1 号门口拉警戒绳"
		③ 命令主操拨打"119 火警"电话
		(3)安全员接到命令后,到 1 号门口拉警戒绳
		(4)班长和外操佩戴正压式空气呼吸器,携带 F 形扳手,赶往现场
		(5)班长接到汇报后,执行以下操作(无顺序要求)
		① 命令安全员"到 1 号门口引导消防车"
		② 命令主操和外操"执行紧急停车"
		(6)安全员接到命令后,到 1 号门口引导消防车
		(7)外操接到班长命令后,执行以下操作
		① 关闭燃料气进料调节阀 FV502 前阀 HV5020
		② 关闭原料泵 P-5101 出口阀 HV5103
		③ 停止原料泵 P-5101
		④ 打开塔釜不合格产品线阀 HV510B
		⑤ 关闭塔釜产品出装置隔离阀 HV510A
		⑥ 采暖气由并网改为放空:打开采暖气放空阀 HV512,关闭并网阀 HV513
		⑦ 停止塔釜出料泵 P-5102
		⑧ 打开炉膛蒸汽吹扫阀 HV-514
		(8)主操接到班长命令后,执行以下操作
		① 将燃料气进料调节阀 FV502 设手动,开度 0%
		② 待燃料气分液罐压力降至 0.05MPa 后,按紧急停炉按钮
		③ 将四路炉管进料控制阀 FV503 设手动,开度 0%,加热炉进料流量 FI503 从 50kg/h 降至 0kg/h
		④ 塔进行排液泄压操作:打开回流罐排污阀 HV516
		⑤ 当回流罐液位 LI503 降到 20%以下时,命令外操"停回流泵 P-5103"
		(9)外操停止回流泵 P-5103

序号	实训任务	处置原理与操作步骤
6	燃料气分液罐安全阀法兰泄漏着火应急处置	(10)主操将回流控制阀 FV505 设手动,开度 0%
		(11)当塔釜液位 LI502 降到 20% 以下时,主操命令外操"停塔釜出料泵 P-5102"
		(12)主操将塔釜采出阀 FV504 设手动,开度 0%
		(13)主操打开进料罐和分馏塔排气调节阀 PV501 进行系统泄压,分馏塔压力 PI5101 从 0.25MPa 降至 0.04MPa
		(14)当压力 PI5101 降到 0.05MPa 以下时,关闭排气调节阀 PV501
		(15)主操操作完毕后,向班长汇报"主操操作完毕"
		(16)班长向调度室汇报"事故处理完毕"
		(17)班长广播宣布"解除事故应急状态"

3.6 分馏塔单元操作

3.6.1 分馏塔的基本知识

分馏塔是一种用于分离混合液体中各组分的化工设备,广泛应用于多个领域如化工、石油化工、冶金、轻工、纺织、制碱、制药、农药、电镀、电子等。

分馏塔的主要作用是利用不同液体在沸点上的差异进行液体分离,从而达到提纯效果。其工作原理涉及加热、蒸发、冷凝、分离和收集等多个步骤。

分馏塔操作的要求如下。

(1) 分馏塔启动前的准备工作

检查设备:检查塔的结构是否符合设计要求,塔内是否有固体杂物或堵塞现象,以及氧含量和水分含量是否符合规定。

机泵和仪表调试:确保所有的机泵和仪表都已经调试正常。

安全措施调整:确保所有的安全措施已经调整好,以防止事故的发生。

(2) 加热和冷却过程

在启动过程中,需要对塔进行加热和冷却,使其接近操作温度。这涉及开启塔顶冷凝器、再沸器以及各种加热器和冷却器的热源或冷源。

(3) 物料的加入和控制

在启动过程中,需要在适当的时候开启进料阀,向塔内连续给料。同时,需要时刻注意塔釜与塔顶的温度,以保证温度在操作或设计范围内。

(4) 安全操作

在蒸馏塔的操作中,需要注意以下安全事项:

对于易燃液体的蒸馏,应避免采用明火作为热源,一般采用蒸汽或过热水蒸气加热;

对于腐蚀液体的蒸馏,应选择防腐耐温高强度材料,以防止塔壁、塔盘腐蚀泄漏;

对于自燃点很低的液体蒸馏,应注意蒸馏系统的密闭,以防止液体因高温泄漏遇空气自燃;

对于高温的蒸馏系统,应防止因设备损坏使冷却水进塔,导致塔内压力突然增高,将物料冲出或发生爆炸;

冷凝器中的冷却水或冷冻盐水不能中断;

应注意防止凝固点较高的物质凝结,堵塞管道。

图 3-11 为分馏塔单元操作工艺流程图。

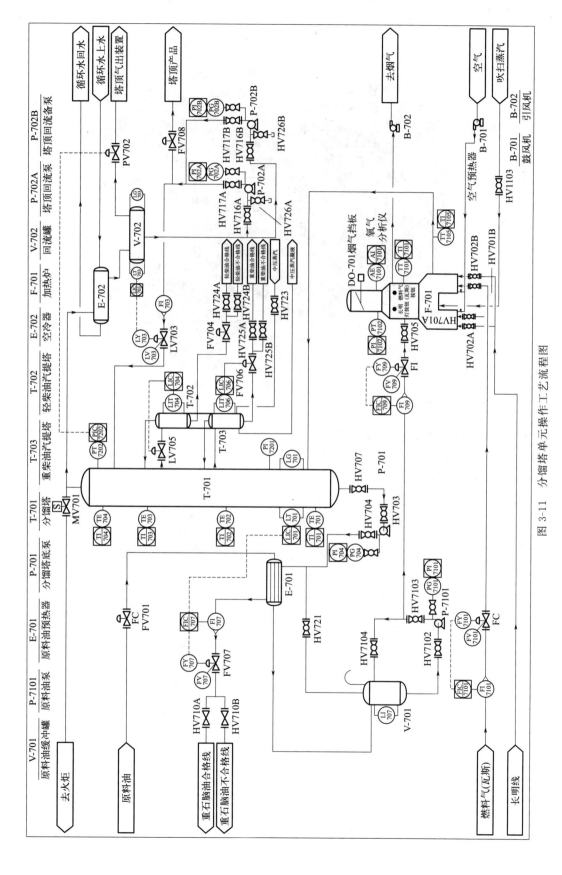

图 3-11 分馏塔单元操作工艺流程图

图 3-12 为分馏塔单元操作实操设备效果图。

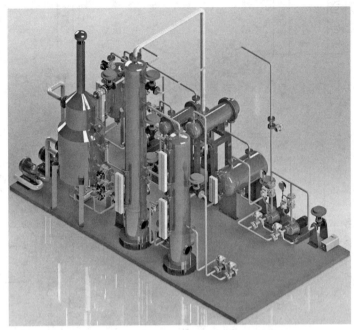

图 3-12　分馏塔单元操作实操设备效果图

3.6.2　分馏塔单元操作实训任务

序号	实训任务	处置原理与操作步骤
1	长时间停电	显示：分馏塔底泵 P-701 跳停,泵出口压力 PI704 从 0.8MPa 降至 0MPa,塔顶回流泵 P-702A 跳停,泵出口压力 PI702A 从 0.4MPa 降至 0MPa,原料油泵 P-7101 跳停,泵出口压力 PI7101 从 0.8MPa 降至 0MPa,原料油缓冲罐液位 LI707 从 60% 升至 80%,塔顶回流流量 FI703 从 2t/h 降至 0t/h,塔釜产品出料流量 FI707 从 3t/h 降至 0t/h,原料油进加热炉流量 FI709 从 9t/h 降至 0t/h,DCS 画面十处数值显示红色,闪烁
		(1)按急停燃料气按钮,燃料气流量 FI7101 从 500m^3/h(标准状况)降至 0m^3/h(标准状况)
		(2)关闭中压蒸汽加热阀 HV723,分馏塔塔顶压力 PI7202 从 0.15MPa 降至 0.1MPa
		(3)将原料油缓冲罐进料调节阀 FV701 设为手动,开度 0%
		(4)分馏塔保压操作:关闭 HV707,HV724A,HV724B,HV705,FV708,PV702
		(5)关闭所有机泵出口阀;关闭分馏塔底泵 P-701 出口阀 HV704;关闭原料油泵 P-7101 出口阀 HV7103;关闭塔顶回流泵 P-702A 出口阀 HV717A
		(6)关闭原料油缓冲罐返回流量控制阀 HV7104
		(7)将回流罐水包液位控制阀 LV703 设手动,开度 0%
		(8)将轻柴油出装置流量控制阀 FV704 设手动,开度 0%
		(9)将汽提塔液位控制阀 LV705 设手动,开度 0%
		(10)将重柴油出装置流量控制阀 FV706 设手动,开度 0%
		(11)关闭分馏塔底产品循环阀 HV721

序号	实训任务	处置原理与操作步骤
2	停原料事故	显示:原料油缓冲罐液位 LI707 从 60% 降至 40%,DCS 画面一处数值显示红色,闪烁
		(1)分馏塔建立循环,将分馏塔底出装置阀 FV707 设手动,开度 0%
		(2)打开分馏塔底产品循环阀 HV721
		(3)关闭中压蒸汽加热阀 HV723
		(4)将原料油缓冲罐进料调节阀 FV701 设手动,开度 0%
		(5)将轻柴油出装置流量控制阀 FV704 设手动,开度 0%
		(6)将重柴油出装置流量控制阀 FV706 设手动,开度 0%
		(7)关闭重石脑油出装置阀门 HV710A
		(8)减少燃料气的进量:关小燃料气调节阀 FV7101,加热炉炉温 TI7101 从 1200℃ 降至 500℃
		(9)将汽提塔液位控制阀 LV705 设手动,开度 0%
3	停燃料气事故	显示:燃料气流量 FI7101 从 500m³/h(标准状况)降至 0m³/h(标准状况),加热炉炉温 TI7101 从 1200℃ 降至 200℃,DCS 画面两处数值显示红色,闪烁(FV7101 开度自动从 50% 升至 100%)
		(1)按急停瓦斯(燃料气)按钮
		(2)按急停长明灯按钮
		(3)分馏塔建立循环,将分馏塔底出装置阀 FV707 设手动,开度 0%
		(4)打开分馏塔底产品循环阀 HV721
		(5)关闭中压蒸汽加热阀 HV723
		(6)将原料油缓冲罐进料调节阀 FV701 设手动,开度 0%
		(7)将轻柴油出装置流量控制阀 FV704 设手动,开度 0%
		(8)将重柴油出装置流量控制阀 FV706 设手动,开度 0%
		(9)关闭重石脑油出装置阀门 HV710A
4	加热炉出口法兰泄漏着火应急预案	现象:数据没变化,现场报警器报警
		(1)外操巡检发现事故,向班长汇报"加热炉出口法兰泄漏着火,需紧急处置"
		(2)班长接到汇报后,启动应急响应(无顺序要求)
		① 命令安全员"请组织人员到 1 号门口拉警戒绳"
		② 向调度室汇报"启动应急响应"
		(3)安全员接到命令后,到 1 号门口拉警戒绳
		(4)班长和外操佩戴正压式空气呼吸器,携带 F 形扳手,赶往现场
		(5)班长接到汇报后,执行以下操作(无顺序要求)
		① 拨打"119 火警"电话
		② 通知安全员"到 1 号门口引导消防车"

序号	实训任务	处置原理与操作步骤
4	加热炉出口法兰泄漏着火应急预案	③ 通知主操和外操"执行紧急停车"
		(6)安全员接到通知后,到1号门口引导消防车
		(7)外操接到班长命令后,执行以下操作
		① 关闭燃料气进炉根部阀 HV701A 和 HV701B
		② 关闭长明线进炉根部阀 HV702A 和 HV702B
		③ 关闭泵出口阀 HV7103,停原料油缓冲罐底泵(原料油泵)P-7101
		④ 关闭四路炉管进料后手阀 HV705
		⑤ 轻柴油出装置改走不合格线:关闭轻柴油出装置阀 HV724A;打开不合格线阀 HV724B
		⑥ 重柴油出装置改走不合格线:关闭重柴油出装置阀 HV725A;打开不合格线阀 HV725B
		⑦ 重石脑油出装置改走不合格线:关闭重石脑油出装置阀 HV710A;打开不合格线阀 HV710B
		⑧ 根据主操命令,停其他所有泵:停分馏塔底泵 P-701;停塔顶回流泵 P-702A
		⑨ 停所有的空冷器
		⑩ 操作完毕向班长汇报
		(8)主操接到班长命令后,执行以下操作
		① 停止加热炉燃料:关闭燃料气调节阀 FV7101
		② 关闭原料油进缓冲罐温度控制阀 FV707;关闭原料油缓冲罐进料调节阀 FV701
		③ 关闭四路炉管进料阀 FV709;关闭中压蒸汽加热阀 HV723
		④ 重柴油全量送出后,关闭重柴油返塔流量控制阀 FV706
		⑤ 轻柴油全量送出后,重石脑油全量送出,关闭分馏塔顶回流控制阀 LV703
		⑥ 当回流罐、汽提塔和分馏塔釜没有液位后,通知外操"停其他泵"
		⑦ 打开塔顶去火炬阀 MV701
		⑧ 接到外操各容器液体已倒空的通知后,打开分馏塔排气调节阀 PV702 进行系统泄压,泄完后关闭
		⑨ 操作完毕向班长汇报
		(9)外操取灭火器灭火
		(10)待火熄灭后,班长向调度室汇报"事故处理完毕"
		(11)班长广播宣布"解除事故应急状态"
5	分馏塔底泵出口法兰泄漏着火应急预案	现象:数据没变化,现场报警器报警
		(1)外操巡检发现事故,向班长汇报"分馏塔底泵出口法兰泄漏着火,需紧急处置"
		(2)班长接到汇报后,启动应急响应;向调度室汇报"启动应急响应"

序号	实训任务	处置原理与操作步骤
5	分馏塔底泵 出口法兰 泄漏着火 应急预案	(3)班长和外操佩戴正压式空气呼吸器,携带 F 形扳手,赶往现场
		(4)外操接到班长命令后,执行以下操作
		① 关闭燃料气进炉根部阀 HV701A 和 HV701B
		② 停分馏塔底泵 P-701
		③ 停原料油缓冲罐底泵(原料油泵)P-7101
		④ 关闭分馏塔至塔底泵的总阀 HV707
		⑤ 根据主操命令,停其他所有泵:停塔顶回流泵 P-702A
		⑥ 操作完毕向班长汇报
		(5)主操接到班长命令后,执行以下操作
		①停止加热炉燃料:关闭燃料气调节阀 FV7101
		② 关闭中压蒸汽加热阀 HV723
		③ 关闭原料油进缓冲罐温度控制阀 FV707;关闭原料油缓冲罐进料调节阀 FV701
		④ 关闭分馏塔底产品循环阀 HV721
		⑤ 关闭分馏塔底轻柴油出装置流量控制阀 FV704
		⑥ 关闭汽提塔液位控制阀 LV705
		⑦ 操作完毕向班长汇报
		(6)外操取灭火器灭火
		(7)待火熄灭后,班长向调度室汇报"事故处理完毕"
		(8)班长广播宣布"解除事故应急状态"
6	分馏塔顶回流泵 出口法兰 泄漏伤人 应急预案	现象:数据没变化,现场报警器报警
		(1)外操巡检发现事故,向班长汇报"塔顶回流泵出口法兰泄漏,有人受伤"
		(2)班长接到汇报后,启动应急响应(无顺序要求)
		① 命令安全员"请组织人员到 1 号门口拉警戒绳"
		② 向调度室汇报"启动应急响应"
		③ 命令主操拨打"120 急救"电话
		(3)安全员接到命令后,到 1 号门口拉警戒绳
		(4)班长和外操佩戴正压式空气呼吸器,携带 F 形扳手,赶往现场
		(5)班长和外操将受伤人员挪至安全位置
		(6)班长命令安全员"到 1 号门口引导救护车"
		(7)安全员接到命令后,到 1 号门口引导救护车
		(8)外操接到班长命令后,执行以下操作
		① 启动分馏塔顶泵(塔顶回流备泵)P-702B

序号	实训任务	处置原理与操作步骤
6	分馏塔顶回流泵出口法兰泄漏伤人应急预案	② 打开备泵出口阀 HV717B,泵运转正常
		③ 停分馏塔顶泵(塔顶回流泵)P-702A;关闭泵的进出口阀 HV716A 和 HV717A
		④ 分馏塔顶回流泵 P-702A 倒空置换:打开 HV726A
		⑤ 操作完毕向班长汇报
		(9)班长命令主操"注意 DCS 监控"
		(10)班长向调度室汇报"事故处理完毕"
		(11)班长广播宣布"解除事故应急状态"

3.7 精馏塔单元操作

3.7.1 精馏塔的基本知识

精馏塔是进行精馏的一种塔式气液接触装置。利用混合物中各组分具有不同的挥发度，即在同一温度下各组分的蒸气压不同这一性质，使液相中的轻组分（低沸物）转移到气相中，而气相中的重组分（高沸物）转移到液相中，从而实现分离的目的。

精馏塔通过连续多次的蒸馏过程，将混合物中的各种组分进行分离，实现不同组分的逐一提取，完成对混合物的逐级净化和分离。

精馏塔操作的要求如下。

精馏塔操作是一项复杂的任务，需要考虑多个方面的因素。以下是精馏塔操作的要点。

（1）物料平衡和能量平衡

物料平衡和能量平衡是精馏塔操作的基础。精馏过程需要保持物料的总进料量等于总出料量，同时也要注意组分物料平衡。能量平衡则是指保持塔内热分布的均衡稳定，以保证塔内组分的分布和产品精度的需求。

（2）温度控制

精馏塔至少需要设三个测温点——塔顶、塔中和塔釜，以确保各段温度的控制。温度控制是精馏操作的关键，因为它直接影响到产品的质量和产量。

（3）回流量控制

回流量的控制也是精馏塔操作中的重要环节。适当的回流量可以提高塔顶产品的纯度，并且有助于维持塔内的稳定状态。

（4）注意液泛和淹塔现象

液泛和淹塔是精馏塔操作中可能会遇到的问题。液泛是指液相堆积超过其所处空间范围。淹塔则是指液体逐渐积累，以至充满部分塔段，使上升气体受阻的现象。这两种现象都会对精馏塔的操作产生严重的影响，需要及时进行处理。

图 3-13 为精馏塔单元操作工艺流程图。

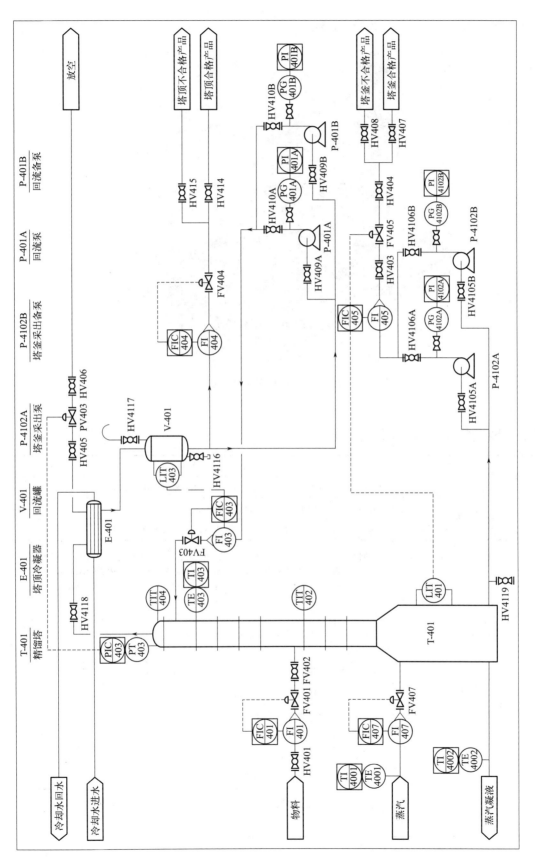

图 3-13 精馏塔单元操作工艺流程图

图 3-14 为精馏塔单元操作实操设备效果图。

图 3-14　精馏塔单元操作实操设备效果图

3.7.2　精馏塔单元操作实训任务

序号	实训任务	处置原理与操作步骤
1	冷却水供应 不足事故	显示：回流罐液位 LI403 从 60％降至 30％，DCS 画面一处数值显示红色，闪烁
		（1）关小进料调节阀 FV401，降低精馏塔进料
		（2）降低塔釜蒸汽量：关小蒸汽调节阀 FV407，维持塔低负荷运转
2	长时间停电	显示：回流泵 P-401A 跳停，泵出口压力 PI401A 从 0.4MPa 降至 0MPa，回流流量 FI403 从 2t/h 降至 0t/h，塔釜采出泵 P-4102A 跳停，泵出口压力 PI4102A 从 0.4MPa 降至 0MPa，塔釜出料流量 FI405 从 0.4t/h 降至 0t/h，DCS 画面六处数值显示红色，闪烁
		（1）关闭蒸汽调节阀 FV407，蒸汽流量 FI407 从 80m³/h（标准状况）降至 0m³/h（标准状况）
		（2）关闭进料调节阀 FV401，停止精馏塔进料，进料流量 FI401 从 2t/h 降至 0t/h
		（3）打开塔釜不合格产品出装置阀 HV408
		（4）关闭塔釜合格产品出装置阀 HV407
		（5）打开塔顶不合格产品出装置阀 HV415
		（6）关闭塔顶合格产品出装置阀 HV414
		（7）将塔釜出料调节阀 FV405 设手动，开度 0％
		（8）塔顶压力控制在合理范围：关闭精馏塔放空调节阀 PV403，进行精馏塔保压操作

序号	实训任务	处置原理与操作步骤
3	原料中断事故	显示:进料流量 FI401 从 2t/h 降至 0t/h,DCS 画面一处数值显示红色,闪烁
		(1)降低塔釜加热蒸汽量:关小蒸汽调节阀 FV407,维持塔低负荷运转
		(2)打开塔釜不合格产品出装置阀 HV408
		(3)关闭塔釜合格产品出装置阀 HV407
		(4)打开塔顶不合格产品出装置阀 HV415
		(5)关闭塔顶合格产品出装置阀 HV414
		(6)将塔顶出料调节阀 FV404 设手动,开度 0%,塔顶出料流量 FI404 从 1.5t/h 降至 0t/h
		(7)将塔釜出料调节阀 FV405 设手动,开度 0%,塔釜出料流量 FI405 从 0.4t/h 降至 0t/h
		(8)塔顶压力控制在合理范围:关闭精馏塔放空调节阀 PV403,进行精馏塔保压操作
		(9)控制回流罐液位在合理范围:将回流罐调节阀 FV403 联锁值设为 40%~60%
4	停蒸汽	显示:蒸汽流量 FI407 从 80m³/h(标准状况)降至 0m³/h(标准状况),回流罐液位 LI403 从 60% 降至 30%,回流流量 FI403 从 2t/h 降至 0t/h,DCS 画面三处数值显示红色,闪烁
		(1)切断进料调节阀 FV401,进料流量 FI401 从 2t/h 降至 0t/h
		(2)塔顶产品切换至不合格线:打开 HV415,关闭 HV414
		(3)塔釜产品切换至不合格线:打开 HV408,关闭 HV407
		(4)关闭塔顶、塔釜出料调节阀:关闭 FV404,关闭 FV405
		(5)保持精馏塔和回流罐压力、液位:关闭 PV403,关闭 FV403。等待蒸汽恢复再次开车
5	回流中断	显示:回流罐液位 LI403 从 60% 升至 80%,回流流量 FI403 从 2t/h 降至 0.5t/h,回流泵 P-401A 出口压力 PI-401A 从 0.4MPa 降至 0.1MPa,判断回流泵 P-401A 坏,DCS 画面三处数值显示红色,闪烁
		(1)判断回流泵 P-401A 坏,启动备用泵 P-401B
		(2)打开备用泵出口阀 HV410B,回流流量 FI403 从 0.5t/h 升至 2t/h
		(3)维持装置平稳运行,关闭回流泵 P-401A 出口阀 HV410A
6	回流罐切水阀法兰泄漏着火应急预案	现象:数据没变化,现场报警器报警
		(1)外操巡检发现事故,向班长汇报"回流罐切水阀法兰泄漏着火,需紧急处置"
		(2)班长接到汇报后,启动应急响应(无顺序要求)
		① 命令安全员"请组织人员到 1 号门口拉警戒绳"
		② 向调度室汇报"启动应急响应"
		(3)安全员接到命令后,到 1 号门口拉警戒绳
		(4)班长和外操佩戴正压式空气呼吸器,携带 F 形扳手,赶往现场
		(5)班长接到汇报后,执行以下操作(无顺序要求)
		① 拨打"119 火警"电话
		② 命令安全员"到 1 号门口引导消防车"

序号	实训任务	处置原理与操作步骤
6	回流罐切水阀法兰泄漏着火应急预案	③ 命令外操"使用消防炮,控制回流泵温度""执行紧急停车"
		④ 命令主操"执行紧急停车"
		(6)安全员接到命令后,到1号门口引导消防车
		(7)外操接到班长命令后,执行以下操作
		① 使用"消防炮"对回流泵进行降温
		② 关闭回流泵 P-401A 出口阀 HV410A
		③ 停回流泵 P-401A
		④ 切换至塔顶产品不合格线:打开 HV415,关闭 HV414
		⑤ 切换至塔釜产品不合格线:打开 HV408,关闭 HV407
		⑥ 回流罐倒空后,关闭回流泵入口阀 HV409A
		⑦ 操作完毕向班长汇报
		(8)主操接到命令后,在 DCS 进行以下操作
		① 关闭进料调节阀 FV401 及前后阀 HV401 和 HV402
		② 关闭蒸汽调节阀 FV407
		③ 加大塔顶回流量:开大回流调节阀 FV403
		④ 加大塔顶采出量:开大塔顶出料调节阀 FV404
		⑤ 加大塔釜采出量:开大塔釜出料调节阀 FV405
		⑥ 回流罐降至微正压,将精馏塔放空调节阀 PV403 设手动,开度 0%
		⑦ 操作完毕向班长汇报
		(9)待火熄灭后,班长向调度室汇报"事故处理完毕,请派维修人员维修"
		(10)班长广播宣布"解除事故应急状态"
7	回流泵机械密封泄漏着火应急预案	现象:数据没变化,现场报警器报警
		(1)外操巡检发现事故,向班长汇报"回流泵机械密封泄漏着火,需紧急处置"
		(2)班长接到汇报后,启动应急响应(无顺序要求)
		① 命令安全员"请组织人员到1号门口拉警戒绳"
		② 向调度室汇报"启动应急响应"
		(3)安全员接到命令后,到1号门口拉警戒绳
		(4)班长和外操佩戴正压式空气呼吸器,携带 F 形扳手,赶往现场
		(5)班长接到汇报后,执行以下操作(无顺序要求)
		① 拨打"119 火警"电话
		② 命令安全员"到1号门口引导消防车"
		③ 命令外操"使用消防炮,控制回流泵温度""执行紧急停车"
		④ 命令主操"执行紧急停车"
		(6)安全员接到命令后,到1号门口引导消防车
		(7)外操接到命令后,执行以下操作
		① 使用"消防炮"对回流泵进行降温
		② 关闭回流泵 P-401A 出口阀 HV410A

序号	实训任务	处置原理与操作步骤
7	回流泵机械密封泄漏着火应急预案	③ 停回流泵 P-401A
		④ 切换至塔顶产品不合格线:打开 HV415,关闭 HV414
		⑤ 切换至塔釜产品不合格线:打开 HV408,关闭 HV407
		⑥ 关闭塔釜出料调节阀 FV405
		⑦ 操作完毕向班长汇报
		(8)主操接到命令后,在 DCS 进行以下操作
		① 关闭进料调节阀 FV401 及前后阀 HV401 和 HV402
		② 关闭蒸汽调节阀 FV407
		③ 关闭塔顶出料调节阀 FV404
		④ 操作完毕向班长汇报
		(9)外操向班长汇报"停车完毕"
		(10)待火熄灭后,班长向调度室汇报"事故处理完毕,请派维修人员维修"
		(11)班长广播宣布"解除事故应急状态"
8	塔釜出口法兰泄漏应急预案	现象:现场报警器报警
		(1)外操巡检时发现事故,向班长汇报"塔釜出口法兰泄漏,需紧急处置"
		(2)班长接到汇报后,启动应急响应(无顺序要求)
		① 命令安全员"请组织人员到 1 号门口拉警戒绳"
		② 向调度室汇报"启动应急响应"
		(3)安全员接到命令后,到 1 号门口拉警戒绳
		(4)班长和外操佩戴正压式空气呼吸器,携带 F 形扳手,赶往现场
		(5)班长接到汇报后,执行以下操作(无顺序要求)
		① 拨打"119 火警"电话
		② 命令安全员"到 1 号门口引导消防车"
		③ 命令外操"使用消防炮,控制回流泵温度""执行紧急停车"
		④ 命令主操"执行紧急停车"
		(6)安全员接到命令后,到 1 号门口引导消防车
		(7)外操接到命令后,执行以下操作
		① 使用"消防炮"对回流泵进行降温
		② 停回流泵 P-401A
		③ 打开塔顶不合格产品出装置阀 HV415
		④ 打开塔釜去不合格产品出装置阀 HV408
		⑤ 关闭塔顶出料调节阀 FV404
		⑥ 塔液位排空,关闭塔釜出料调节阀 FV405 的前后阀 HV403、HV404,保证塔顶不超温
		⑦ 停塔釜采出泵 P-4102A
		⑧ 关闭换热器进口阀 HV4118
		⑨ 关闭放空调节阀 PV403 前后阀 HV405、HV406

续表

序号	实训任务	处置原理与操作步骤
8	塔釜出口法兰泄漏应急预案	⑩ 操作完毕向班长汇报
		(8)主操接到命令后,执行以下操作
		① 关闭进料调节阀 FV401
		② 打开放火炬阀 HV4117
		③ 关闭蒸汽调节阀 FV407
		④ 开大塔釜出料调节阀 FV405,排空后关闭,塔压力降至微正压
		⑤ 操作完毕向班长汇报
		(9)外操向班长汇报"停车完毕"
		(10)待火熄灭后,班长向调度室汇报"事故处理完毕,请派维修人员维修"
		(11)班长广播宣布"解除事故应急状态"

3.8 吸收解吸单元操作

3.8.1 吸收解吸的基本知识

吸收解吸是一种化工过程,主要用于分离提取混合气体中的组分。这一过程的工作原理是基于气体混合物中各组分在液体吸收剂中的溶解度差异。

吸收解吸是化工生产过程中用于分离提取混合气体组分的单元操作,属于气-液两相操作,目的是分离气体混合物。在这个过程中,含有溶质的吸收剂与气体混合物相接触,气相中的溶质便向液相转移,直至液相中溶质达到饱和浓度不再增加,这种状态称为相平衡。

吸收与解吸是相反的过程,它们所依据的原理一样。吸收是根据气体混合物中各组分在选定液体吸收剂中物理溶解度或化学反应活性的不同而实现气体组分分离的传质单元操作过程。而解吸则是吸收的逆过程,又称气提或汽提,是将吸收的气体与吸收剂分开的操作。解吸的作用是回收溶质,同时再生吸收剂(恢复其吸收溶质的能力),是构成完整吸收操作的重要环节。

吸收解吸操作的要求如下。

(1) 吸收与解吸的操作

准备阶段:选择合适的吸收剂和操作条件,如压力和温度。

吸收阶段:将气体混合物与吸收剂相接触,使易溶组分进入溶液中。

解吸阶段:将吸收了溶质的吸收剂与溶质分开,使溶质重新变为气相。

产品分离阶段:将分离出的溶质进一步加工,如冷凝、精馏等,得到高纯度的产品。

(2) 吸收解吸的操作注意事项

压力和温度的控制:这两个参数直接影响到吸收和解吸的效果。

吸收剂的选择:选择合适的吸收剂对于吸收和解吸过程的成功至关重要。

产品纯度的保证:为了确保产品的质量,需要对吸收解吸过程进行严格的监控。

图 3-15、图 3-16 分别为吸收工段与解吸工段工艺流程图。

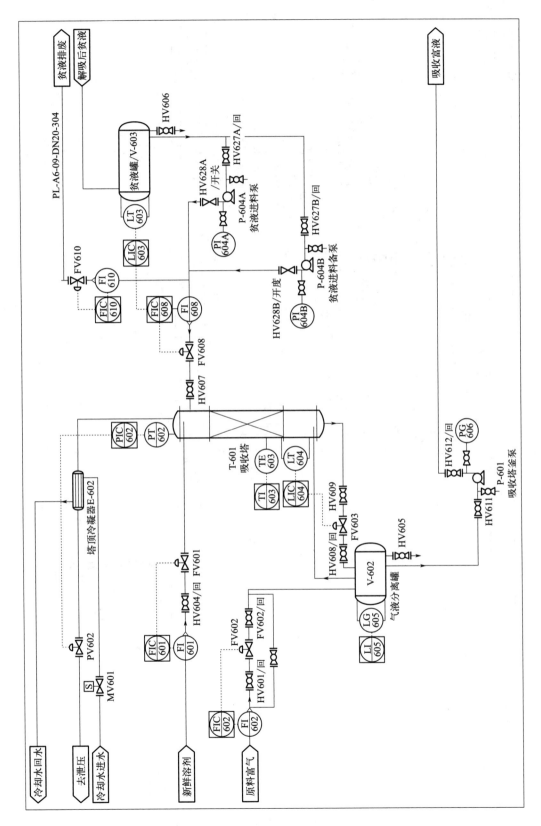

图 3-15　吸收工段工艺流程图

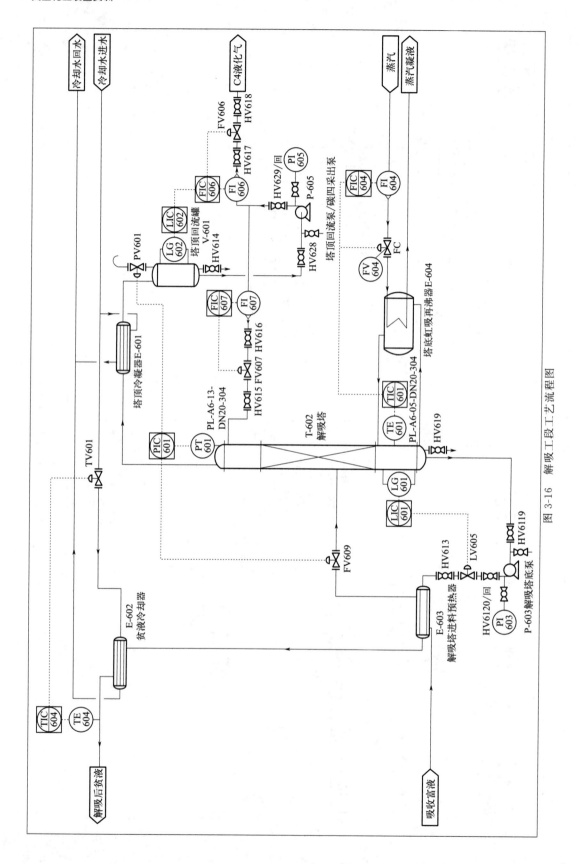

图 3-16 解吸工段工艺流程图

图 3-17 为吸收解吸单元操作实操设备效果图。

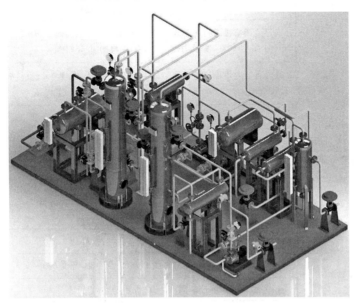

图 3-17　吸收解吸实验设备效果图

3.8.2　吸收解吸单元操作实训任务

序号	实训任务	处置原理与操作步骤
1	装置停冷却水事故	现象:冷却后贫液温度 TI604 从 30℃升至 50℃,吸收塔釜温度 TI603 从 35℃升至 50℃,塔顶回流罐液位 LI602 从 60%降至 10%,塔顶采出流量 FI606 从 2m³/h 降至 0m³/h,解吸塔顶压力 PI601 从 0.5MPa 升至 0.6MPa,DCS 画面五处数值显示红色,闪烁
		(1)关闭解吸塔再沸器蒸汽调节阀 FV604,蒸汽流量 FI604 降至 0,解吸塔釜温度 TI601 降至 50℃,解吸塔顶压力 PI601 降至 0.45MPa
		(2)关闭吸收塔原料进料调节阀 FV602,原料富气流量 FI602 降至 0,吸收塔顶压力 PI602 降至 0.4MPa
		(3)将解吸塔塔顶回流罐液体采出阀 FV606 设手动,开度 0%
		(4)关闭解吸塔塔顶回流泵 P-605 出口阀 HV629
		(5)停解吸塔塔顶回流泵 P-605
		(6)将解吸塔顶回流调节阀 FV607 设手动,开度 0%;回流量 FI607 降至 0m³/h
2	装置停电事故	现象:吸收塔釜泵 P-601 停止,贫液进料泵 P-604A 停止,解吸塔底泵 P-603 停止,解吸塔塔顶回流泵 P-605 停止,吸收塔顶压力 PI602 从 0.5MPa 升至 0.55MPa,解吸塔顶压力 PI601 从 0.5MPa 升至 0.6MPa,塔顶回流罐液位 LI602 从 60%降至 10%,贫液进吸收塔流量 FI608 从 5m³/h 降至 0m³/h,排废流量 FI610 从 0.1m³/h 降至 0m³/h,塔顶采出流量 FI606 从 2m³/h 降至 0m³/h,吸收塔釜泵出口压力 PI606 从 0.8MPa 降至 0MPa,贫液进料泵出口压力 PI604A 从 0.8MPa 降至 0MPa,解吸塔底泵出口压力 PI603 从 0.8MPa 降至 0MPa,塔顶回流泵出口压力 PI605 从 0.8MPa 降至 0MPa,DCS 画面十四处数值显示红色,闪烁

序号	实训任务	处置原理与操作步骤
2	装置停电事故	(1)关闭解吸塔再沸器蒸汽调节阀 FV604,蒸汽流量 FI604 降至 0,解吸塔釜温度 TI601 降至 50℃,解吸塔顶压力 PI601 降至 0.45MPa
		(2)将吸收塔原料进料调节阀 FV602 设手动,开度 0%;原料富气流量 FI602 降至 0,吸收塔顶压力 PI602 降至 0.4MPa
		(3)将解吸塔塔顶回流罐液体采出阀 FV606 设手动,开度 0%
		(4)关闭吸收塔贫液进料泵 P-604A 出口阀 HV628A
		(5)关闭解吸塔塔顶回流泵 P-605 出口阀 HV629
		(6)将吸收塔贫液进料阀 FV608 设手动,开度 0%
		(7)将解吸塔塔顶回流调节阀 FV607 设手动,开度 0%
		(8)将吸收塔塔底采出阀 FV603 设手动,开度 0%
		(9)将解吸塔塔釜液位控制阀 LV605 设手动,开度 0%
		(10)将贫液温度控制阀 TV601 设手动,开度 0%
3	装置加热蒸汽中断事故	现象:蒸汽流量 FI604 从 600kg/h 降至 0kg/h,解吸塔釜温度 TI601 从 55℃降至 50℃,解吸塔顶压力 PI601 从 0.5MPa 降至 0.45MPa,回流罐液位 LI602 从 60%降至 10%,DCS 画面四处数值显示红色,闪烁
		(1)关闭解吸塔再沸器蒸汽调节阀 FV604
		(2)关闭吸收塔碳四(原料富气)进料调节阀 FV602
		(3)关闭解吸塔塔顶回流罐液体采出阀 FV606
		(4)关闭碳四采出泵 P-605 的出口阀 HV629
		(5)停碳四采出泵 P-605
		(6)关闭解吸塔回流调节阀 FV607
4	贫液进吸收塔泵坏	现象:贫液进料泵出口压力 PI604A 从 0.8MPa 降至 0.1MPa,同时贫液流量 FI608 从 5m³/h 降至 0.5m³/h,贫液罐液位 LI603 从 60%升至 80%,分离器液位 LI605 从 60%降至 30%,DCS 画面四处数值显示红色,闪烁
		(1)迅速启动贫液进料备泵 P-604B
		(2)打开泵出口阀 HV628B,维持各项指标正常
5	解吸塔塔底再沸器结垢严重	现象:蒸汽流量 FI604 从 600kg/h 降至 400kg/h,解吸塔釜温度 TI601 从 55℃降至 45℃,解吸塔顶压力 PI601 从 0.5MPa 降至 0.4MPa,回流罐液位 LI602 从 60%降至 30%,DCS 画面四处数值显示红色,闪烁
		(1)关闭富气进料调节阀 FV602,原料富气流量 FI602 下降至 0,吸收塔顶压力 PI602 降至 0.4MPa
		(2)关闭解吸塔塔顶回流罐液体采出阀 FV606 及前后阀 HV617、HV618
		(3)关闭新鲜溶剂补充阀 FV601,新鲜溶剂流量 FI601 降至 0
		(4)关闭贫液进料泵 P-604A 出口阀 HV628A,并停 P-604A 泵

序号	实训任务	处置原理与操作步骤
5	解吸塔塔底再沸器结垢严重	(5)吸收塔塔釜液体排净后,关闭吸收塔塔釜采出阀 FV603 前后阀 HV609、HV608
		(6)气液分离罐进行排凝:打开 HV605
		(7)关闭吸收塔塔顶冷凝器冷却水进水阀 MV601
		(8)吸收塔泄压:开大吸收塔压力控制阀 PV602 进行泄压,吸收塔压力 PI602 降至 0.05MPa,关闭
		(9)解吸塔中物料倒入贫液罐后,打开现场阀 HV606,排空贫液罐,排净后关闭
		(10)停用解吸塔塔釜再沸器:关闭 FV604
		(11)关闭解吸塔塔顶回流泵出口阀 HV629,并停塔顶回流泵 P-605
		(12)关闭解吸塔回流调节阀 FV607 及其前后阀 HV616、HV615
		(13)打开解吸塔顶回流罐现场泄液阀 HV614,排完后,关闭
		(14)当解吸塔塔釜液位降至 10% 后,关闭解吸塔塔釜液位控制阀 LV605 及其前后阀 HV6120、HV613
		(15)停贫液冷却器:关闭 TV601
		(16)打开解吸塔现场泄液阀 HV619,排完后,关闭
		(17)解吸塔泄压:打开 PV601
		(18)当解吸塔压力接近常压时,关闭解吸塔压力控制阀 PV601
6	吸收剂泄漏着火事故应急预案	现象:现场报警器报警
		(1)外操巡检发现事故,向班长汇报"发现事故,需紧急处置"
		(2)班长接到汇报后,启动应急响应(无顺序要求)
		① 向调度室汇报"启动应急响应"
		② 命令安全员"请组织人员到 1 号门口拉警戒绳"
		(3)安全员接到命令后,到 1 号门口拉警戒绳
		(4)班长和外操佩戴正压式空气呼吸器,携带 F 形扳手,赶往现场
		(5)外操向班长汇报"尝试灭火,但火没有灭掉",并使用消防炮给吸收塔降温
		(6)班长接到汇报后,执行以下操作(无顺序要求)
		① 命令主操拨打"119 火警"电话,并执行紧急停车
		② 命令安全员"到 1 号门口引导消防车"
		③ 命令外操"执行紧急停车"
		(7)安全员接到命令后,到 1 号门口引导消防车
		(8)外操接到命令后,执行以下操作
		① 关闭贫液进料泵 P-604A 出口阀 HV628A
		② 停止贫液进料泵 P-604A

序号	实训任务	处置原理与操作步骤
6	吸收剂泄漏着火事故应急预案	③ 关闭吸收塔原料进料调节阀 FV602 的前后阀 HV601 和 HV602
		④ 吸收塔排净后,关闭吸收塔塔釜液位控制后阀 HV608
		⑤ 关闭新鲜溶剂补充阀 FV601
		⑥ 向班长汇报"现场按紧急停车处理完毕"
		(9)主操接到命令后,执行以下操作
		① 拨打"119 火警"电话
		② 将吸收塔原料进料调节阀 FV602 设手动,开度 0%;原料富气流量 FI602 降至 0
		③ 开大吸收塔压力控制阀 PV602,进行泄压
		④ 当吸收塔排净后,关闭吸收塔塔釜液位控制阀 FV603
		⑤ 停用解吸塔塔釜再沸器;关闭 FV604
		⑥ 向班长汇报"室内按紧急停车处理完毕"
		(10)灭火后,班长通知维修工"对泄漏着火点进行检修"
		(11)班长向调度室汇报"事故处理完毕"
		(12)班长广播宣布"解除事故应急状态"
7	原料进吸收塔法兰泄漏着火应急预案	现象:现场报警器报警
		(1)外操巡检发现事故,向班长汇报"发现事故,需紧急处置"
		(2)班长接到汇报后,启动应急响应(无顺序要求)
		① 向调度室汇报"启动应急响应"
		② 命令安全员"请组织人员到 1 号门口拉警戒绳"
		(3)安全员接到命令后,到 1 号门口拉警戒绳
		(4)班长和外操佩戴正压式空气呼吸器,携带 F 形扳手,赶往现场
		(5)外操使用消防炮给吸收塔喷淋,并向班长汇报"尝试灭火,但火没有灭掉"
		(6)班长接到汇报后,执行以下操作(无顺序要求)
		① 命令主操拨打"119 火警"电话,并执行紧急停车
		② 命令安全员"到 1 号门口引导消防车"
		③ 命令外操"执行紧急停车"
		(7)安全员接到命令后,到 1 号门口引导消防车
		(8)外操接到命令后,执行以下操作
		① 关闭贫液进料调节阀 FV608 后阀 HV607
		② 关闭贫液进料泵 P-604A 出口阀 HV628A
		③ 停止贫液进料泵 P-604A

序号	实训任务	处置原理与操作步骤
7	原料进吸收塔法兰泄漏着火应急预案	④ 关闭吸收塔原料进料调节阀 FV602 的前后阀 HV601 和 HV602
		⑤ 吸收塔排净后,关闭吸收塔塔釜液位控制后阀 HV608
		⑥ 关闭新鲜溶剂补充阀 FV601
		⑦ 向班长汇报"现场按紧急停车处理完毕"
		(9)主操接到命令后,执行以下操作
		① 拨打"119 火警"电话
		② 将吸收塔原料进料调节阀 FV602 设手动,开度 0%;原料富气流量 FI602 降至 0
		③ 开大吸收塔压力控制阀 PV602,进行泄压
		④ 当吸收塔排净后,关闭吸收塔塔釜液位控制阀 FV603
		⑤ 停用解吸塔塔釜再沸器:关闭 FV604
		⑥ 向班长汇报"室内按紧急停车处理完毕"
		(10)灭火后,班长通知维修工"对泄漏着火点进行检修"
		(11)班长向调度室汇报"事故处理完毕"
		(12)班长广播宣布"解除事故应急状态"
8	原料进吸收塔法兰泄漏,有人中毒晕倒应急预案	现象:现场报警器报警
		(1)外操巡检发现原料进吸收塔法兰泄漏,有人中毒昏倒,向班长汇报"物料泄漏,有人中毒"
		(2)班长接到汇报后,启动应急响应(无顺序要求)
		① 向调度室汇报"启动应急响应"
		② 命令安全员"请组织人员到 1 号门口拉警戒绳"
		③ 命令主操拨打"120 急救"电话,请求派救护车
		(3)安全员接到命令后,到 1 号门口拉警戒绳
		(4)班长和外操佩戴正压式空气呼吸器,携带 F 形扳手,赶往现场
		(5)班长接到汇报后,执行以下操作(无顺序要求)
		① 命令主操"执行紧急停车"
		② 命令安全员"到 1 号门口引导救护车"
		③ 命令外操"立即去事故现场""使用消防炮给吸收塔喷淋""执行紧急停车"
		(6)班长和外操将中毒人员抬放至安全位置
		(7)安全员接到命令后,到 1 号门口引导救护车
		(8)外操接到命令后,执行以下操作
		① 关闭贫液进料调节阀 FV608 后阀 HV607
		② 关闭贫液进料泵 P-604A 出口阀 HV628A

序号	实训任务	处置原理与操作步骤
8	原料进吸收塔法兰泄漏,有人中毒晕倒应急预案	③ 停止贫液进料泵 P-604A
		④ 关闭吸收塔原料进料调节阀 FV602 的前后阀 HV601 和 HV602
		⑤ 吸收塔排净后,关闭吸收塔塔釜液位控制后阀 HV608
		⑥ 关闭新鲜溶剂补充阀 FV601
		⑦ 向班长汇报"现场按紧急停车处理完毕"
		(9)主操接到命令后,执行以下操作
		① 拨打"120 急救"电话
		② 将吸收塔原料进料调节阀 FV602 设手动,开度 0%;原料富气流量 FI602 降至 0
		③ 开大吸收塔压力控制阀 PV602,进行泄压
		④ 当吸收塔排净后,关闭吸收塔塔釜液位控制阀 FV603
		⑤ 停用解吸塔塔釜再沸器;关闭 FV604
		⑥ 向班长汇报"室内按紧急停车处理完毕"
		(10)班长通知维修工"对泄漏着火点进行检修"
		(11)班长向调度室汇报"事故处理完毕"
		(12)班长广播宣布"解除事故应急状态"

3.9 填料塔单元操作

3.9.1 填料塔的基本知识

填料塔是一种常见的气液传质设备,在化工、石油、制药等领域被广泛应用,可用于气体吸收、气体洗涤、液体萃取、精馏等多种过程。

填料塔以塔内的填料作为气液两相接触构件,主要是利用填料表面的润湿、分散和接触,实现气液两相之间的传质过程。液体从塔顶进入,沿着填料表面向下流动,与上升的气体在填料表面发生接触,进行传质。

填料塔塔内装置及操作控制参数如下。

(1)塔内装置

液体分布装置:均匀分布液体,以避免发生沟流现象。

气体分布装置:分布气体,确保气液两相在填料层中的均匀分布。

液体收集再分布及进出料装置:收集上层填料流下的液体,并进行再分布,以减少壁流现象。

除沫装置:在液体分布器的上方设置除沫装置,主要用于除去出口气流中的液滴。

(2)操作控制参数

流量参数:包括进料量、塔顶和塔釜产品流量、冷凝量、蒸发量和回流量等,这些参数决定了填料塔的处理能力和分离效率。

压力和液位控制:通过维持恒定的压力和液位,可以防止气体和液体的累积,从而实现稳态操作。

图 3-18 为填料塔单元操作工艺流程图。

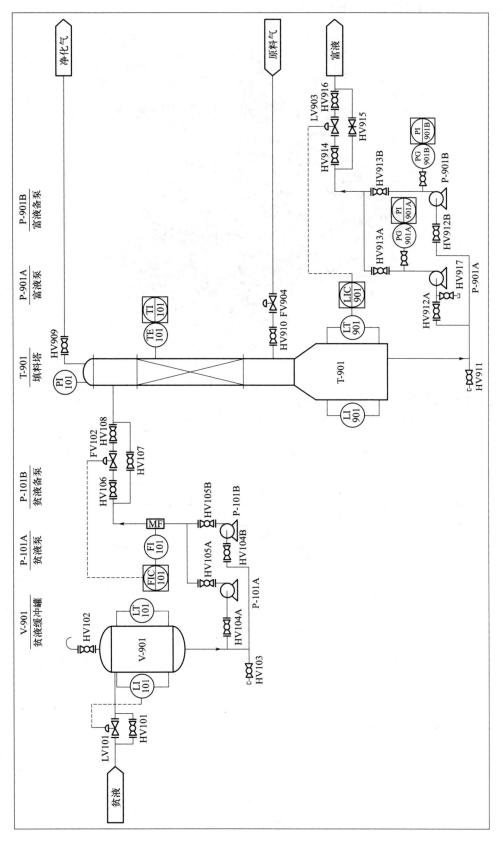

图 3-18 填料塔单元操作工艺流程图

图 3-19 为填料塔单元操作实操设备效果图。

图 3-19　填料塔单元操作实操设备效果图

3.9.2　填料塔单元操作实训任务

序号	实训任务	处置原理与操作步骤
1	原料（贫液）中断	显示:填料塔进料流量 FI101 从 10m³/h 降至 0m³/h,DCS 画面一处数值显示红色,闪烁
		(1)贫液备泵 P-101B 盘车
		(2)将填料塔进料调节阀 FV102 设为手动
		(3)打开贫液备泵进口阀 HV104B
		(4)启动贫液备泵 P-101B
		(5)打开贫液备泵出口阀 HV105B,填料塔进料流量 FI101 升至 10m³/h,液位和温度维持正常范围
		(6)将填料塔进料调节阀 FV102 设为自动,联锁值为 10m³/h
2	长时间停电	显示:贫液泵 P-101A 停止,富液泵 P-901A 停止,泵出口压力 PI901A 从 0.4MPa 降至 0MPa,填料塔进料流量 FI101 从 10m³/h 降至 0m³/h,DCS 画面四处数值显示红色,闪烁
		(1)将原料气进口阀 FV904 设手动,开度 0%,停止填料塔进原料气(关闭 HV910,也得分)
		(2)将贫液进口阀 LV101 设手动,开度 0%,停止向缓冲罐进贫液
		(3)关闭贫液泵和富液泵出口阀 HV105A 和 HV913A,缓冲罐和填料塔液位维持不动
		(4)点击贫液泵 P-101A 停止按钮(保证泵真停)
		(5)点击富液泵 P-901A 停止按钮(保证泵真停)

序号	实训任务	处置原理与操作步骤
3	填料塔进料调节阀 FV102 阀卡	显示:填料塔液位 LI901 从 60% 升至 80%,DCS 画面一处数值显示红色,闪烁
		(1)打开填料塔进料调节阀 FV102 旁路阀 HV107,填料塔液位 LIC901 降至 70%
		(2)关闭填料塔进料调节阀 FV102 前阀 HV106
		(3)关闭填料塔进料调节阀 FV102 后阀 HV108,维持液位和温度正常范围
4	填料塔原料气入口法兰泄漏着火事故应急预案	现象:填料塔顶压力 PI101 从 0.3MPa 降至 0.2MPa,现场报警器报警
		(1)外操巡检发现事故,向班长汇报"填料塔原料气入口法兰泄漏着火,需紧急处置"
		(2)班长接到汇报后,启动应急响应(无顺序要求)
		① 命令安全员"请组织人员到 1 号门口拉警戒绳"
		② 向调度室汇报"启动应急响应"
		(3)安全员接到命令后,到 1 号门口拉警戒绳
		(4)班长和外操佩戴正压式空气呼吸器,携带 F 形扳手,赶往现场
		(5)班长观察现场"气体着火,无法灭火",执行以下操作(无顺序要求)
		① 命令主操拨打"119 火警"电话,"执行紧急停车"
		② 命令外操"执行紧急停车"
		③ 命令安全员"到 1 号门口引导消防车"
		(6)安全员接到通知后,到 1 号门口引导消防车
		(7)主操接到命令后,执行以下操作
		① 拨打"119 火警"电话
		② 将原料气进料阀 FV904 设手动,开度 0%
		(8)外操接到命令后,执行以下操作
		① 关闭填料塔塔顶净化气出口阀 HV909
		② 关闭贫液泵出口阀 HV105A,停止贫液泵 P-101A
		(9)主操将贫液进缓冲罐控制阀 LV101 设手动,开度 0%
		(10)外操关闭贫液进料阀 HV106
		(11)主操开大富液出口控制阀 LV903,填料塔液位 LI901 开始下降
		(12)关闭富液泵出口阀 HV913A,外操停止富液泵 P-901A
		(13)外操打开填料塔排液阀 HV911,观察填料塔液位 LI901 降至 0 后,关闭排液阀 HV911
		(14)外操向班长汇报"现场操作完毕"
		(15)主操向班长汇报"主操操作完毕"
		(16)待操作完毕后,班长向调度室汇报"事故处理完毕"
		(17)班长广播宣布"解除事故应急状态"

序号	实训任务	处置原理与操作步骤
5	原料气出口法兰泄漏有人中毒应急预案	现象:现场有毒气体报警器报警
		(1)外操巡检发现事故,向班长汇报"原料气出口法兰泄漏,有人中毒"
		(2)班长接到汇报后,启动应急响应(无顺序要求)
		① 命令安全员"请组织人员到1号门口拉警戒绳"
		② 向调度室汇报"启动应急响应"
		(3)安全员接到命令后,到1号门口拉警戒绳
		(4)班长和外操佩戴正压式空气呼吸器,携带F形扳手,赶往现场
		(5)班长和外操将中毒人员抬到安全的地方
		(6)班长拨打"120急救"电话
		(7)班长命令安全员"到1号门口引导救护车"
		(8)安全员接到通知后,到1号门口引导救护车
		(9)外操使用防爆扳手紧固泄漏点螺栓,仍有较严重泄漏现象
		(10)班长执行以下操作(无顺序要求)
		① 命令主操"监视DCS数据""执行紧急停车"
		② 命令外操"执行紧急停车"
		(11)主操接到命令后,将原料气进料阀FV904设手动,开度0%
		(12)外操接到命令后,执行以下操作
		① 关闭填料塔塔顶净化气出口阀HV909
		② 关闭贫液泵出口阀HV105A,停止贫液泵P-101A
		(13)主操将贫液进缓冲罐控制阀LV101设手动,开度0%
		(14)外操关闭贫液进料阀HV106
		(15)主操开大富液出口控制阀LV903,填料塔液位LI901开始下降
		(16)关闭富液泵出口阀HV913A,外操停止富液泵P-901A
		(17)外操打开填料塔排液阀HV911,观察填料塔液位LI901降至0后,关闭排液阀HV911
		(18)外操向班长汇报"现场操作完毕"
		(19)主操向班长汇报"主操操作完毕"
		(20)待操作完毕后,班长向调度室汇报"事故处理完毕"
		(21)班长广播宣布"解除事故应急状态"
6	富液泵机械密封泄漏事故应急预案	现象:现场报警器报警
		(1)外操巡检发现事故,向班长汇报"富液泵机械密封泄漏,需紧急处置"
		(2)班长接到汇报后,启动应急响应(无顺序要求)
		① 命令安全员"请组织人员到1号门口拉警戒绳"
		② 向调度室汇报"启动应急响应"
		(3)安全员接到命令后,到1号门口拉警戒绳

序号	实训任务	处置原理与操作步骤
6	富液泵机械密封泄漏事故应急预案	(4)班长和外操携带 F 形扳手,赶往现场
		(5)班长命令外操"富液泵切换备泵"
		(6)班长命令主操"加强监控"
		(7)外操接到命令后,启动富液备泵 P-901B
		(8)班长停止富液泵 P-901A
		(9)外操倒空事故泵:关闭富液泵 P-901A 出口阀 HV913A,关闭富液泵入口阀 HV912A,打开富液泵排液阀 HV917,将富液泵排空
		(10)外操向班长汇报"现场操作完毕"
		(11)主操向班长汇报"主操操作完毕"
		(12)待操作完毕后,班长向调度室汇报"事故处理完毕"
		(13)班长广播宣布"解除事故应急状态"

第4章

化工特定单元实训

4.1 釜式反应器单元操作

4.1.1 釜式反应器的基本知识

反应釜是一种广泛应用于化工、石油、橡胶、农药、染料、医药、食品等领域的压力容器，用于完成硫化、硝化、氢化、烃化、聚合、缩合等工艺过程。反应釜的广义理解是承载物理或化学反应的容器，通过对容器的结构设计与参数配置，实现工艺要求的加热、蒸发、冷却及低高速的混配功能。

反应釜的结构主要包括釜体、釜盖、夹套、搅拌器、传动装置、轴封装置、支承座等。釜壁外设置夹套，或在器内设置换热面，也可通过外循环进行换热。支承座有支承式或耳式支座等。

釜式反应器操作的要求如下。

(1) 开车前的准备

操作人员的准备：操作者必须经过安全及岗位培训，熟悉设备的结构、性能，并熟练掌握设备、工艺操作规程。

设备检查：检查反应釜内的清洁情况，如搅拌器、转动部分以及附属设备、指示仪表、安全阀、管路及阀门是否符合安全要求。

物料准备：检查管道阀门开关状态是否符合工艺物料输送方向要求，确保加热、冷却和搅拌速度符合要求。

(2) 操作过程中的注意事项

安全第一：反应釜工作过程中，应保证通风良好，避免因通风不良引发安全隐患。

监控设备状态：随时检查设备运行情况，发现异常情况应及时停车检查。

严格控制温度和压力：严禁超温、超压、超负荷运行，一旦出现异常情况，应立即采取相应处理措施。

谨慎操作：操作时应防止硬物掉入釜内，避免使用铁棒、铁铲在设备内搅拌，如确实需要可用木棒、竹条进行操作。

(3) 停车后的处理

安全泄压：反应釜若发生超压现象，立即打开排空阀，紧急泄压。

清理残留物：每次操作完毕，应清除反应釜釜体、磁力反应釜釜盖上的残留物。

保持设备清洁：主密封口应经常清洗，并保持干净，不允许用硬物或表面粗糙物擦拭反应釜。

图 4-1 为釜式反应器单元操作工艺流程图。

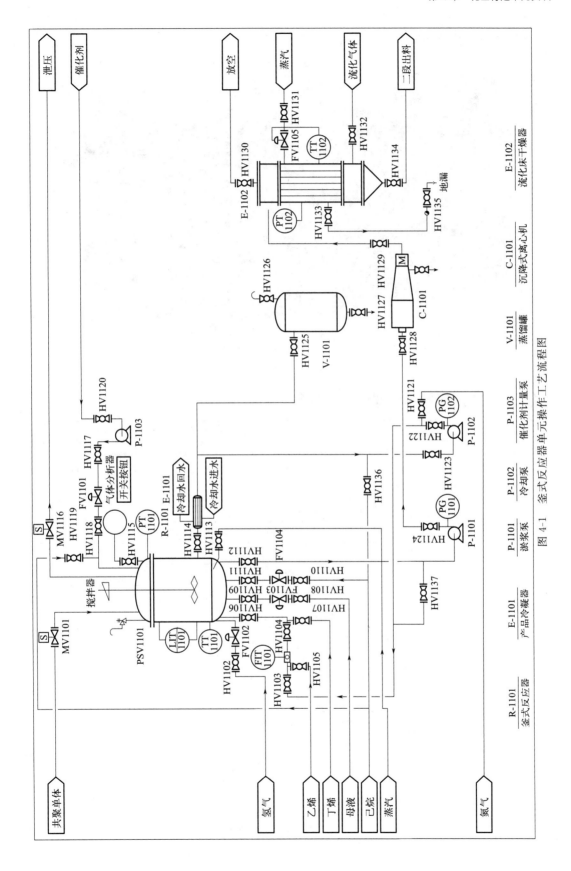

图 4-1 釜式反应器单元操作工艺流程图

图 4-2 为釜式反应器单元操作实操设备效果图。

图 4-2 釜式反应器单元操作实操设备效果图

4.1.2 釜式反应器单元操作实训任务

序号	实训任务	处置原理与操作步骤
1	长时间停电	现象:釜式反应器压力 PT1101 降至 0.4MPa;淤浆泵 P-1101 跳停,出口压力 PG1101 降至 0;冷却泵 P-1102 跳停,出口压力 PG1102 降至 0;乙烯进料流量 FIT1101 降至 0;DCS 画面数值显示红色,闪烁
		(1)关闭共聚单体进料阀 MV1101
		(2)关闭丁烯入乙烯进料线的手动入口阀 HV1107
		(3)关闭气体分析器
		(4)关闭气体分析阀 HV1115
		(5)将氢气调节阀 FV1102 设手动,开度 0%
		(6)关闭氢气进料线上阀 HV1102
		(7)关闭反应器底部乙烯进料阀 HV1106
		(8)关闭反应器底部母液阀 HV1109 和纯己烷进料阀 HV1111
		(9)将母液调节阀 FV1103 设手动,开度 0%
		(10)将纯己烷调节阀 FV1104 设手动,开度 0%
		(11)打开泄压阀 MV1116,将反应器泄压至 0.1MPa,关闭
		(12)关闭外循环入口阀 HV1114
		(13)建立反应器悬浮液外部冷却器循环泵出口管线氮气吹扫流程:关闭冷却泵出口阀 HV1122 和乙烯流量计前阀 HV1105,打开乙烯进料阀 HV1106、冷却液阀 HV1103 和氮气吹扫阀 HV1121
		(14)确认外循环中物料已全部压入反应器中,关闭乙烯进料阀 HV1106、冷却液阀 HV1103 和氮气吹扫阀 HV1121

序号	实训任务	处置原理与操作步骤
1	长时间停电	(15)建立反应器悬浮液外部冷却器循环泵入口至蒸馏罐流程:打开冷却泵出口阀 HV1122、冷却泵进口阀 HV1123 和蒸馏罐进料阀 HV1125
		(16)确认反应器悬浮液外部冷却器循环泵前物料已全部压入蒸馏罐中,关闭冷却泵出口阀 HV1122、冷却泵进口阀 HV1123 和蒸馏罐进料阀 HV1125
		(17)建立反应器底部至沉降式离心机倒料流程:打开釜式反应器出料阀 HV1112、淤浆泵出口阀 HV1124 和沉降式离心机进料阀 HV1128
		(18)确认反应器中物料已全部倒入沉降式离心机中,打开泄压阀 MV1116,将反应器泄压至 0.1MPa
		(19)关闭所有冷却循环流程切断阀:关闭釜式反应器出料阀 HV1112、淤浆泵出口阀 HV1124 和沉降式离心机进料阀 HV1128
2	原料中断	现象:乙烯进料流量 FIT1101 降至 0,釜式反应器压力 PT1101 降至 0.4MPa,DCS 画面两处数值显示红色,闪烁
		聚合反应系统处置: (1)关闭氢气切断阀(即氢气进料线上阀)HV1102 和丁烯切断阀(即丁烯乙烯进料线手动入口阀)HV1107
		(2)关闭反应器底部乙烯进料阀 HV1106,避免聚乙烯(PES)回流入乙烯管线
		(3)关闭乙烯流量计前阀 HV1105
		(4)启动第二反应器悬浮液外部冷却泵:打开己烷冲洗阀 HV1136 和冷却泵进口阀 HV1123,启动泵 P-1102
		(5)建立第二反应器悬浮液外部冷却泵至乙烯管线己烷冲洗流程:打开冷却泵出口阀 HV1122
		(6)打开反应器底部乙烯进料阀 HV1106,5min 后冲洗完毕(考试 5s),关闭
		(7)关闭第二反应器悬浮液外部冷却泵至乙烯管线己烷冲洗流程所有阀门:关闭冷却泵出口阀 HV1122
		(8)停止第二反应器悬浮液外部冷却泵 P-1102
		(9)15min 后(考试 5s),停止催化剂计量泵 P-1103
		(10)将催化剂调节阀 FV1101、高压己烷调节阀 FV1104 和母液进料流量调节阀 FV1103 设手动,开度 0%
		(11)建立催化剂管线己烷冲洗流程:打开高压己烷支路阀 HV1119
		(12)10min 后(考试 5s),关闭催化剂管线己烷冲洗流程所有阀门:关闭高压己烷支路阀 HV1119
		(13)关闭催化剂调节阀前切断阀 HV1117 和后切断阀 HV1118、高压己烷调节前切断阀 HV1110 和后切断阀(即纯己烷进料阀)HV1111、母液调节阀前切断阀 HV1108 和后切断阀(即反应器底部母液阀)HV1109
		(14)确认淤浆泵和搅拌器运行正常,启动第二反应器悬浮液外部冷却泵 P-1102
		(15)建立第二反应器悬浮液外部冷却泵至第一、第二反应器出料管线己烷冲洗流程,确保排料管线畅通,防止堵塞:打开出料管冲洗阀 HV1137 和冷却泵出口阀 HV1122
		(16)确认第一反应器、第二反应器至后反应器排料管线畅通:关闭出料管冲洗阀 HV1137 和冷却泵出口阀 HV1122,停止第二反应器悬浮液外部冷却泵 P-1102
		(17)建立第一、第二反应器清洗加热器中压蒸汽加热流程:打开蒸汽阀 HV1113,确认第一、第二反应器温度 TT1101 保持 80℃,确认反应器压力 PT1101 保持 0.4MPa

序号	实训任务	处置原理与操作步骤
2	原料中断	粉料处理系统处置: (18)停止流化床干燥器内换热器的低压蒸汽供应:关闭干燥蒸汽阀 HV1131
		(19)打开疏水器前排地漏倒淋阀 HV1135,确认流化床干燥器内置换热器压力 PT1102 降至 0
		(20)打开干燥器第二段出口的产品出料阀 HV1134,确认流化床干燥器倒空
		(21)将温度调节阀 FV1105 设手动,开度 0%
		(22)关闭放空阀 HV1130,确认流化床干燥系统保持微正压
3	进料阀法兰泄漏着火应急预案	现象:现场报警器报警
		(1)外操巡检发现事故并向班长汇报"进料阀法兰泄漏着火,需紧急处置"
		(2)班长接到汇报后,启动应急响应(无顺序要求)
		① 向调度室汇报"启动应急响应"
		② 命令安全员"请组织人员到 1 号门口拉警戒绳"
		(3)安全员接到命令后,到 1 号门口拉警戒绳
		(4)班长和外操佩戴正压式空气呼吸器,携带 F 形扳手,赶往现场
		(5)班长接到汇报后,执行以下操作(无顺序要求)
		① 命令主操"拨打 119 火警电话""执行紧急停车"
		② 命令外操"执行紧急停车"
		③ 命令安全员"到 1 号门口引导消防车"
		(6)安全员接到命令后,到 1 号门口引导消防车
		(7)外操接到命令后,执行以下操作
		①关闭氢气切断阀 HV1102 和丁烯切断阀(即丁烯入乙烯进料线手动入口阀)HV1107
		② 关闭反应器底部乙烯进料阀 HV1106
		③ 关闭反应器底部母液阀 HV1109 和纯己烷进料阀 HV1111
		④ 关闭所有冷却循环流程切断阀:关闭外循环入口阀 HV1114、冷却泵出口阀 HV1122、冷却泵进口阀 HV1123、冷却液阀 HV1103、乙烯流量计后阀 HV1104 和乙烯流量计前阀 HV1105
		⑤ 停止悬浮液外部冷却泵 P-1102
		⑥ 向班长汇报"外操操作完毕"
		(8)主操接到命令后,执行以下操作
		① 拨打"119 火警"电话
		② 将氢气调节阀 FV1102 设手动,开度 0%

续表

序号	实训任务	处置原理与操作步骤
3	进料阀法兰泄漏着火应急预案	③ 关闭共聚单体进料阀 MV1101
		④ 将母液调节阀 FV1103 设手动,开度 0%
		⑤ 将纯己烷调节阀 FV1104 设手动,开度 0%
		⑥ 打开泄压阀 MV1116,确认反应器泄压至 0.1MPa
		⑦ 向班长汇报"主操操作完毕"
		(9)外操取灭火器灭火
		(10)待火熄灭后,班长向调试室汇报"事故处理完毕"
		(11)班长广播宣布"解除事故应急状态"
4	己烷进料泵机械密封泄漏着火应急预案	现象:现场报警器报警
		(1)外操巡检发现事故并向班长汇报"己烷进料泵机械密封泄漏着火,需紧急处置"
		(2)班长接到汇报后,启动应急响应(无顺序要求)
		① 向调度室汇报"启动应急响应"
		② 命令安全员"请组织人员到 1 号门口拉警戒绳"
		(3)安全员接到命令后,到 1 号门口拉警戒绳
		(4)班长和外操佩戴正压式空气呼吸器,携带 F 形扳手,赶往现场
		(5)班长接到汇报后,执行以下操作(无顺序要求)
		① 命令主操"拨打 119 火警电话""执行紧急停车"
		② 命令外操"执行紧急停车"
		③ 命令安全员"到 1 号门口引导消防车"
		(6)安全员接到命令后,到 1 号门口引导消防车
		(7)外操接到命令后,执行以下操作
		① 关闭氢气切断阀 HV1102 和丁烯切断阀(即丁烯入乙烯进料线手动入口阀)HV1107
		② 关闭反应器底部乙烯进料阀 HV1106
		③ 关闭反应器底部母液阀 HV1109 和纯己烷进料阀 HV1111
		④ 关闭所有冷却循环流程切断阀:关闭外循环入口阀 HV1114、冷却泵出口阀 HV1122、冷却泵进口阀 HV1123、冷却液阀 HV1103、乙烯流量计后阀 HV1104 和乙烯流量计前阀 HV1105
		⑤ 停止悬浮液外部冷却泵 P-1102
		⑥ 向班长汇报"外操操作完毕"

序号	实训任务	处置原理与操作步骤
4	己烷进料泵机械密封泄漏着火应急预案	(8)主操接到命令后,执行以下操作
		① 拨打"119 火警"电话
		② 将氢气调节阀 FV1102 设手动,开度 0%
		③ 关闭共聚单体进料阀 MV1101
		④ 将母液调节阀 FV1103 设手动,开度 0%
		⑤ 将纯己烷调节阀 FV1104 设手动,开度 0%
		⑥ 打开泄压阀 MV1116,确认反应器泄压至 0.1MPa
		⑦ 向班长汇报"主操操作完毕"
		(9)外操取灭火器灭火
		(10)待火熄灭后,班长向调试室汇报"事故处理完毕"
		(11)班长广播宣布"解除事故应急状态"
5	第一反应器乙烯进料调节阀法兰泄漏有人中毒应急预案	现象:现场报警器报警
		(1)外操巡检发现事故并向班长汇报"第一反应器乙烯进料调节阀法兰泄漏,有人中毒"
		(2)班长接到汇报后,启动应急响应(无顺序要求)
		① 向调度室汇报"启动应急响应"
		② 命令安全员"请组织人员到 1 号门口拉警戒绳"
		(3)安全员接到命令后,到 1 号门口拉警戒绳
		(4)班长和外操佩戴正压式空气呼吸器,携带 F 形扳手,赶往现场
		(5)班长和外操将中毒昏倒人员抬放至安全位置
		(6)班长命令主操"拨打 120 急救电话""加强 DCS 监控"
		(7)主操拨打"120 急救"电话
		(8)班长和外操紧固泄漏点,乙烯泄漏有所减少,但不能消除
		(9)班长命令主操和外操"执行紧急停车"
		(10)班长命令安全员"到 1 号门口引导救护车"
		(11)安全员接到命令后,到 1 号门口引导救护车
		(12)外操接到命令后,执行以下操作
		① 关闭氢气切断阀 HV1102 和丁烯切断阀(即丁烯入乙烯进料线手动入口阀)HV1107
		② 关闭反应器底部乙烯进料阀 HV1106
		③ 关闭反应器底部母液阀 HV1109 和纯己烷进料阀 HV1111
		④ 关闭所有冷却循环流程切断阀:关闭外循环入口阀 HV1114、冷却泵出口阀 HV1122、冷却泵进口阀 HV1123、冷却液阀 HV1103、乙烯流量计后阀 HV1104 和乙烯流量计前阀 HV1105

序号	实训任务	处置原理与操作步骤
5	第一反应器乙烯进料调节阀法兰泄漏有人中毒应急预案	⑤ 停止悬浮液外部冷却泵 P-1102
		⑥ 向班长汇报"外操操作完毕"
		(13)主操接到命令后,执行以下操作
		① 将氢气调节阀 FV1102 设手动,开度 0%
		② 关闭共聚单体进料阀 MV1101
		③ 将母液调节阀 FV1103 设手动,开度 0%
		④ 将纯己烷调节阀 FV1104 设手动,开度 0%
		⑤ 打开泄压阀 MV1116,确认反应器泄压至 0.1MPa
		⑥ 向班长汇报"主操操作完毕"
		(14)班长向调试室汇报"事故处理完毕"
		(15)班长广播宣布"解除事故应急状态"

4.2　固定床反应器单元操作

4.2.1　固定床反应器的基础知识

固定床反应器,又称填充床反应器,是一种用于实现多相反应过程的反应器。在该反应器中,固体催化剂或固体反应物被装填成具有一定高度的堆积床层,而气体或液体物料则通过固体催化剂或反应物间的空隙流过静止的床层,实现非均相反应。

需要注意的是,固定床反应器中的催化剂不仅限于颗粒状,还包括网状催化剂、蜂窝状催化剂和纤维状催化剂等。目前,固定床反应器已成为研究较为充分的一种多相反应器。

固定床反应器操作的要求如下。

（1）催化剂管理

催化剂是固定床反应器的核心部分,其管理和再生是操作要点的重要组成部分。催化剂的活性会随着操作时间的延长而下降,这种现象称为失活。因此,操作人员需要重点监控催化剂的失活情况,确保催化剂有足够的反应活性。

（2）流速控制

流速控制是固定床反应器操作中的一个重要环节。流速过高可能会导致床层的压降增大,而流速过低则可能会影响传质和传热的效率。因此,操作人员可通过监控床层压降情况对流速进行控制。

（3）压降控制

床层压降的计算和控制也是固定床反应器操作中的一个重要环节。压降产生的原因包括流体与颗粒表面间的摩擦阻力,以及流体在通道内的收缩、扩大与撞击颗粒、变向分流等引起的局部阻力。操作人员可以通过流速控制来对床层压降情况进行调节。

图 4-3 为固定床反应器单元操作工艺流程图。

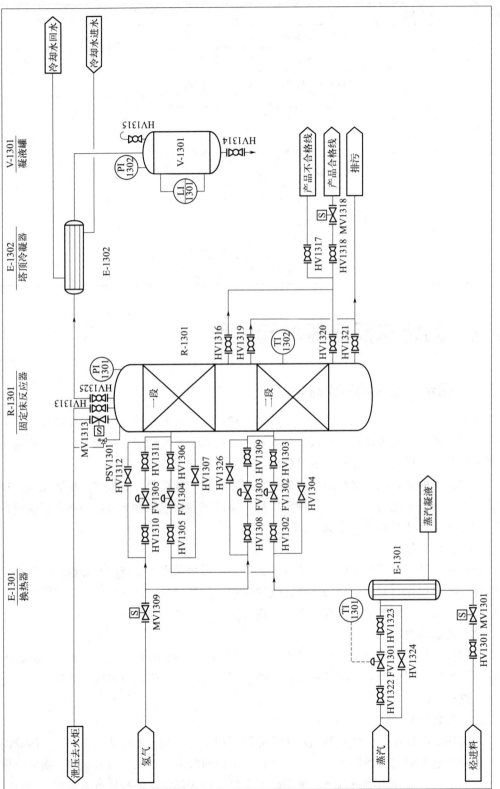

图 4-3 固定床反应器单元操作工艺流程图

图 4-4 为固定床反应器单元操作实操设备效果图。

图 4-4　固定床反应器单元操作实操设备效果图

4.2.2　固定床反应器单元操作实训任务

序号	实训任务	处置原理与操作步骤
1	反应器 氢气中断	现象:固定床反应器压力 PI1301 降至 5MPa,DCS 画面 PI1301 数值显示红色,闪烁
		(1)切断一段反应器氢气进料阀 HV1310
		(2)切断二段反应器氢气进料阀 HV1308
		(3)关闭蒸汽进料阀 HV1322
		(4)切断烃进料阀(烃入口阀)HV1301
		(5)关闭氢气进料切断阀 MV1309
		(6)打开产品不合格线阀 HV1317
		(7)关闭产品出装置切断阀 MV1318
		(8)打开一段反应器排污阀 HV1319
		(9)打开二段反应器排污阀 HV1321
		(10)打开反应器泄压阀 HV1313
		(11)5s 后,反应器泄压完成,关闭反应器泄压阀 HV1313
		(12)打开凝液罐泄液阀 HV1314,5s 后,泄液完毕,关闭 HV1314
2	冷却水中断	现象:固定床反应器压力 PI1301 升至 5.8MPa,凝液罐压力 PI1302 从 5.5MPa 升至 5.8MPa,DCS 画面两处数值显示红色,闪烁

序号	实训任务	处置原理与操作步骤
2	冷却水中断	(1)切断一段反应器氢气进料阀 HV1310
		(2)切断二段反应器氢气进料阀 HV1308
		(3)打开产品不合格线阀 HV1317
		(4)关闭产品出料阀 HV1318
		(5)关闭烃入口阀 HV1301
		(6)打开反应器泄压阀 HV1313
3	反应器"飞温"	现象:固定床反应器温度 TI1302 升至 160℃,DCS 画面 TI1302 数值显示红色,闪烁
		(1)切断一段反应器氢气进料阀 HV1310
		(2)切断二段反应器氢气进料阀 HV1308
		(3)关闭蒸汽进料阀 HV1322
		(4)切断烃进料阀(烃入口阀)HV1301
		(5)关闭氢气进料切断阀 MV1309
		(6)打开产品不合格线阀 HV1317
		(7)关闭产品出装置切断阀 MV1318
		(8)打开一段反应器排污阀 HV1319
		(9)打开二段反应器排污阀 HV1321
		(10)打开反应器泄压阀 HV1313
		(11)5s 后,反应器泄压完成,关闭反应器泄压阀 HV1313
		(12)打开凝液罐泄液阀 HV1314,5s 后,泄液完毕,关闭 HV1314
4	反应器二段出口法兰泄漏着火有人受伤应急预案	现象:现场报警器报警
		(1)外操巡检发现事故,向班长汇报"反应器二段出口法兰泄漏着火,有人受伤"
		(2)班长接到汇报后,启动应急响应(无顺序要求)
		① 向调度室汇报"启动应急响应"
		② 命令安全员"请组织人员到 1 号门口拉警戒绳"
		(3)安全员接到命令后,到 1 号门口拉警戒绳
		(4)班长和外操佩戴正压式空气呼吸器,携带 F 形扳手,赶往现场
		(5)班长和外操将受伤人员抬放至安全位置
		(6)班长接到汇报后,执行以下操作(无顺序要求)
		① 命令主操"拨打 119 火警电话""拨打 120 急救电话""执行紧急停车"
		② 命令安全员"到 1 号门口引导消防车,救护车"
		③ 命令外操"使用消防炮对反应器进行降温控制""执行紧急停车"
		(7)安全员接到命令后,到 1 号门口引导消防车、救护车
		(8)外操接到命令后,执行以下操作
		① 使用消防炮对反应器进行降温

序号	实训任务	处置原理与操作步骤
4	反应器二段出口法兰泄漏着火有人受伤应急预案	② 关闭反应产物去出料阀 HV1318
		③ 关闭氢气去一段调节前阀 HV1310 和氢气去二段调节前阀 HV1308
		④ 关闭加热蒸汽去换热器 E-1301 的温度调节前阀 HV1322
		⑤ 关闭原料(烃)进装置调节前阀 HV1302
		⑥ 向班长汇报"外操操作完毕"
		(9)主操接到命令后,执行以下操作
		① 拨打"119 火警"电话、"120 急救"电话
		② 按动紧急停车按钮[氢气进料切断阀 MV1309 关闭,原料切断阀(烃进料阀)MV1301 和产品出装置切断阀 MV1318 关闭]
		③ 将氢气去一段和二段调节阀 FV1305、FV1303 设手动,开度 0%
		④ 打开反应器压力放火炬阀 MV1313
		⑤ 将加热蒸汽去进料换热器的温度调节阀 FV1301 设手动,开度 0%
		⑥ 向班长汇报"停车完毕"
		(10)待火熄灭后,受伤人员送医后,班长向调度室汇报"事故处理完毕"
		(11)班长广播宣布"解除事故应急状态"
5	反应器一段入口阀门泄漏着火应急预案	现象:现场报警器报警
		(1)外操巡检发现事故,向班长汇报"反应器一段入口阀门泄漏着火,需紧急处置"
		(2)班长接到汇报后,启动应急响应(无顺序要求)
		① 向调度室汇报"启动应急响应"
		② 命令安全员"请组织人员到 1 号门口拉警戒绳"
		(3)安全员接到命令后,到 1 号门口拉警戒绳
		(4)班长和外操佩戴空气呼吸器,携带 F 形扳手,赶往现场
		(5)班长接到汇报后,执行以下操作(无顺序要求)
		① 命令主操"拨打 119 火警电话""执行紧急停车"
		② 命令外操"执行紧急停车"
		③ 命令安全员"到 1 号门口引导消防车"
		(6)安全员接到命令后,到 1 号门口引导消防车
		(7)外操接到命令后,执行以下操作
		① 使用消防炮对反应器进行降温
		② 关闭反应产物去出料阀 HV1318
		③ 关闭氢气去一段调节前阀 HV1310 和氢气去二段调节前阀 HV1308

序号	实训任务	处置原理与操作步骤
5	反应器一段入口阀门泄漏着火应急预案	④ 关闭加热蒸汽去换热器 E-1301 的温度调节前阀 HV1322
		⑤ 关闭原料进装置调节前阀 HV1302
		⑥ 向班长汇报"外操操作完毕"
		(8)主操接到命令后,执行以下操作
		① 拨打"119 火警"电话、"120 急救"电话
		② 按动紧急停车按钮[氢气切断阀 MV1309 关闭,原料切断阀(烃进料阀)MV1301 和产品出装置切断阀 MV1318 关闭]
		③ 将氢气去一段和二段调节阀 FV1305、FV1303 设手动,开度 0%
		④ 打开反应器压力放火炬阀 MV1313
		⑤ 将加热蒸汽去进料换热器的温度调节阀 FV1301 设手动,开度 0%
		⑥ 向班长汇报"停车完毕"
		(9)待火熄灭后,班长向调度室汇报"事故处理完毕"
		(10)班长广播宣布"解除事故应急状态"
6	氢气一段入口调节阀前阀泄漏有人中毒应急预案	现象:现场报警器报警
		(1)外操巡检发现事故,向班长汇报"氢气一段入口调节阀前阀泄漏,有人中毒"
		(2)班长接到汇报后,启动应急响应(无顺序要求)
		① 向调度室汇报"启动应急响应"
		② 命令安全员"请组织人员到 1 号门口拉警戒绳"
		(3)安全员接到命令后,到 1 号门口拉警戒绳
		(4)班长和外操佩戴空气呼吸器,携带 F 形扳手,赶往现场
		(5)班长和外操将中毒人员抬放至安全位置
		(6)班长执行以下操作(无顺序要求)
		① 命令外操"检查泄漏点"
		② 命令主操"拨打 120 急救电话"
		③ 命令安全员"到 1 号门口引导救护车"
		(7)安全员接到命令后,到 1 号门口引导救护车
		(8)外操检查后,报告班长"发现泄漏点"
		(9)班长命令外操"切换调节阀旁路"
		(10)班长命令主操"现场切换调节阀旁路注意观察"
		(11)外操接到命令后,执行以下操作
		① 打开氢气进一段调节旁路阀 HV1312
		② 关闭氢气进一段反应器调节阀前后阀 HV1310、HV1311

序号	实训任务	处置原理与操作步骤
6	氢气一段入口调节阀前阀泄漏有人中毒应急预案	③ 向班长汇报"外操操作完毕"
		(12) 主操接到命令后,执行以下操作
		① 拨打"120急救"电话
		② 联系维修人员进行维修
		(13) 维修完毕后,班长命令外操"切换调节阀主路"
		(14) 外操接到命令后,执行以下操作
		① 汇报主操"将打开氢气进一段反应器调节阀前后阀"
		② 打开氢气进一段反应器调节阀前后阀 HV1310、HV1311
		③ 关闭氢气进一段调节旁路阀 HV1312
		④ 向班长汇报"事故处理完毕"
		(15) 主操接到命令后,监视 DCS 数据
		(16) 待操作处理完毕后,班长向调度室汇报"事故处理完毕"
		(17) 班长广播宣布"解除事故应急状态"

4.3　合成气压缩机单元操作

4.3.1　合成气压缩机的基本知识

合成气压缩机是一种用于将合成气从一个设备输送到另一个设备或将气体压力增大的设备。它通常由蒸汽透平或电机驱动,将机械能转换为气体的压力能,从而使气体的体积缩小,压力增高。合成气压缩机在石油、化工、冶金等行业中广泛应用,对于石油、化工、冶金等行业的发展具有重要意义,是生产过程中不可或缺的关键设备。

合成气压缩机操作的要求如下。

(1) 安全稳定运行的重要性

保证合成气压缩机的安全稳定运行是工作中的重中之重。在实际操作中,需要根据设备的实际情况和运行参数,适时修改各项工艺管理细则,确保工艺管理制度落到实处。

(2) 开车前的准备及试车

在合成气压缩机开车前,需要进行一系列的准备工作和试车。

这些工作包括检查各组件安装是否正确,注意检漏。当变送器、调节阀、阀门定位器及放空调节阀均校验调整好后进行假动作试验;将模拟的排气压力信号加到调节器的输入端来整定调节器的设定值 PC 值,检查观察调节系统的动作情况,以系统反应灵敏、调节动作(自动、手动)正确,以及当排气压力低于设定值时确认调节阀关闭严密作为试验合格的标志。

压缩机的单机试车完毕,检查电机等各部件运行良好等。

图 4-5 为合成气压缩机单元操作工艺流程图。

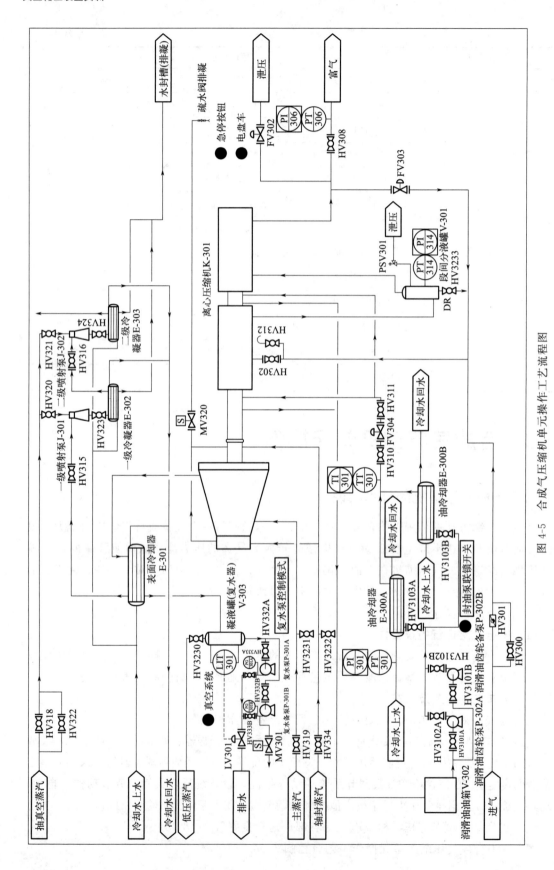

图 4-5　合成气压缩机单元操作工艺流程图

图 4-6 为合成气压缩机单元操作实操设备效果图。

图 4-6　合成气压缩机单元操作实操设备效果图

4.3.2　合成气压缩机单元操作实训任务

序号	实训任务	处置原理与操作步骤
1	紧急停车	现象:离心压缩机 K-301 急停,转速降至 0,DCS 画面数值显示红色,闪烁
		(1)打开压缩机二段出口压力控制阀 FV302,泄压
		(2)开大压缩机二段出口压力控制阀 FV302,对缸体降压
		(3)缸体压力降至 0 后,关闭密封油调节阀前后切断阀 HV310 和 HV311,将封油泵联锁开关置"M"位复位
		(4)压缩机转速降至 0 后,启动电盘车
		(5)复水器(凝液罐)及时补液,若复水泵无法启动,停真空系统
		(6)关闭轴封蒸汽阀 HV334、喷射泵入口蒸汽截止阀 HV320 和 HV321
		(7)打开各蒸汽导淋阀 HV3231、HV3232,关闭主蒸汽入口切断阀 HV319,抽真空蒸汽切断阀 HV318 及旁路阀 HV322
		(8)关闭轴封蒸汽到低压蒸汽切断阀 MV320
		(9)关闭压缩机入口蝶阀 HV301 及旁路阀 HV300
2	长时间停电	现象:离心压缩机 K-301 跳停,复水泵 P-301A 跳停,润滑油齿轮泵 P-302A 跳停,复水泵出口压力 PG301A 降至 0,DCS 画面 PI1301 数值显示红色,闪烁
		(1)打开压缩机二段出口压力控制阀 FV302,泄压
		(2)开大压缩机二段出口压力控制阀 FV302,对缸体降压
		(3)缸体压力降至 0 后,关闭密封油调节阀前后切断阀 HV310 和 HV311,将封油泵联锁开关置"M"位复位

序号	实训任务	处置原理与操作步骤
2	长时间停电	(4)复水器(凝液罐)及时补液,若复水泵无法启动,停真空系统(不用操作)
		(5)关闭轴封蒸汽阀 HV334、喷射泵入口蒸汽截止阀 HV320 和 HV321
		(6)打开各蒸汽导淋阀 HV3231、HV3232,关闭主蒸汽入口切断阀 HV319、抽真空蒸汽切断阀 HV318 及旁路阀 HV322
		(7)关闭压缩机入口蝶阀 HV301 及旁路阀 HV300
3	复水器液位高	现象:复水器(凝液罐)液位 LI301 升至 80%,液位高报警,DCS 画面 LI301 数值显示红色,闪烁
		(1)关闭凝液(复水)备泵出口阀 HV333B
		(2)复水备泵改手动控制
		(3)打开复水备泵 P-301B 排气阀 MV301,5s 后排气结束,关闭
		(4)启动复水备泵 P-301B
		(5)打开复水备泵 P-301B 出口阀 HV333B,复水器液位下降
		(6)关闭复水泵 P-301A 出口阀 HV333A
		(7)停止复水泵 P-301A
4	油冷却器出口温度高	现象:油冷却器出口温度 TI301 升至 60℃,温度高报警,DCS 画面 TI301 数值显示红色,闪烁
		切换冷却器: (1)将密封油调节阀 FV304 设手动
		(2)打开油冷却器 E-300B 进口阀 HV3103B
		(3)关闭油冷却器 E-300A 进口阀 HV3103A
5	冷却水压力低	现象:冷却水上水压力 PI301 从 0.6MPa 降至 0MPa,DCS 画面 PI301 数值显示红色,闪烁
		(1)打开压缩机二段出口压力控制阀 FV302,泄压
		(2)开大压缩机二段出口压力控制阀 FV302,对缸体降压
		(3)缸体压力降至 0 后,关闭密封油调节阀前后切断阀 HV310 和 HV311,将封油泵联锁开关置"M"位复位
		(4)压缩机转速降至 0 后,启动电盘车
		(5)关闭轴封蒸汽阀 HV334、喷射泵入口蒸汽截止阀 HV320 和 HV321
		(6)打开各蒸汽导淋阀 HV3231、HV3232,关闭主蒸汽入口切断阀 HV319、抽真空蒸汽切断阀 HV318 及旁路阀 HV322
		(7)关闭压缩机入口蝶阀 HV301 及旁路阀 HV300
6	中压蒸汽泄漏应急预案	现象:无
		(1)外操巡检发现事故向班长汇报"中压动力蒸汽泄漏,需紧急处置"
		(2)班长接到汇报后,启动应急响应(无顺序要求)
		① 向调度室汇报"启动应急响应"
		② 命令安全员"请组织人员到 1 号门口拉警戒绳"
		(3)安全员接到命令后,到 1 号门口拉警戒绳

序号	实训任务	处置原理与操作步骤
6	中压蒸汽泄漏 应急预案	(4)班长和外操携带 F 形扳手,赶往现场
		(5)班长命令主操和外操"执行紧急停车"
		(6)外操接到命令后,执行以下操作
		① 按紧急停压缩机按钮
		② 关闭压缩机合成气(富气)出口阀 HV308
		③ 关闭压缩机入口蝶阀 HV301
		(7)主操打开压缩机二段出口压力控制阀 FV302,泄压
		(8)外操接到命令后,执行以下操作
		① 关闭汽轮机(压缩机)入口隔离阀 HV302
		② 关闭一级喷射泵 J-301 入口阀 HV315
		③ 关闭一级喷射泵 J-301 出口阀 HV323
		④ 关闭一级喷射泵 J-301 蒸汽入口阀 HV320
		⑤ 关闭二级喷射泵 J-302 入口阀 HV316
		⑥ 关闭二级喷射泵 J-302 出口阀 HV324
		⑦ 关闭二级喷射泵 J-302 蒸汽入口阀 HV321
		⑧ 关闭真空系统用蒸汽总阀 HV318
		⑨ 打开各蒸汽导淋阀 HV3231、HV3232
		(9)主操在压缩机停下后,点击电盘车按钮,对机组进行盘车
		(10)外操关闭凝液泵(复水泵)P-301A 出口阀 HV333A
		(11)外操停止凝液泵(复水泵)P-301A
		(12)班长向调度室汇报"事故处理完毕"
		(13)班长广播宣布"解除事故应急状态"
7	压缩机机体泄漏 着火应急预案	现象:现场报警器报警
		(1)外操巡检发现事故向班长汇报"压缩机机体泄漏着火,需紧急处置"
		(2)班长接到汇报后,启动应急响应(无顺序要求)
		① 向调度室汇报"启动应急响应"
		② 命令安全员"请组织人员到 1 号门口拉警戒绳"
		(3)安全员接到命令后,到 1 号门口拉警戒绳
		(4)班长和外操佩戴正压式空气呼吸器,携带 F 形扳手,赶往现场
		(5)班长命令主操和外操"执行紧急停车"
		(6)班长拨打"119 火警"电话
		(7)外操接到命令后,执行以下操作
		① 按紧急停压缩机按钮
		② 关闭压缩机合成气(富气)出口阀 HV308
		③ 关闭压缩机入口蝶阀 HV301
		(8)主操打开压缩机二段出口压力控制阀 FV302,泄压
		(9)外操接到命令后,执行以下操作

序号	实训任务	处置原理与操作步骤
7	压缩机机体泄漏着火应急预案	① 关闭汽轮机(压缩机)入口隔离阀 HV302
		② 关闭一级喷射泵 J-301 入口阀 HV315
		③ 关闭一级喷射泵 J-301 出口阀 HV323
		④ 关闭一级喷射泵 J-301 蒸汽入口阀 HV320
		⑤ 关闭二级喷射泵 J-302 入口阀 HV316
		⑥ 关闭二级喷射泵 J-302 出口阀 HV324
		⑦ 关闭二级喷射泵 J-302 蒸汽入口阀 HV321
		⑧ 关闭真空系统用蒸汽总阀 HV318
		⑨ 打开各蒸汽导淋阀 HV3231、HV3232
		(10)主操在压缩机停下后,点击电盘车按钮,对机组进行盘车
		(11)外操关闭凝液泵(复水泵)P-301A 出口阀 HV333A
		(12)外操停止凝液泵(复水泵)P-301A
		(13)外操取灭火器灭火
		(14)待火熄灭后,班长向调度室汇报"事故处理完毕"
		(15)班长广播宣布"解除事故应急状态"
8	压缩机出口法兰泄漏有人中毒应急预案	现象:现场报警器报警
		(1)外操巡检发现事故向班长汇报"压缩机出口法兰泄漏,有人中毒"
		(2)班长接到汇报后,启动应急响应(无顺序要求)
		① 向调度室汇报"启动应急响应"
		② 命令安全员"请组织人员到 1 号门口拉警戒绳"
		(3)安全员接到命令后,到 1 号门口拉警戒绳
		(4)班长和外操佩戴正压式空气呼吸器,携带 F 形扳手,赶往现场
		(5)班长和外操将中毒人员抬放至安全位置
		(6)班长命令主操和外操"执行紧急停车"。
		(7)班长拨打"120 急救"电话
		(8)外操接到命令后,执行以下操作
		① 按紧急停压缩机按钮
		② 关闭压缩机合成气出口阀 HV308
		③ 关闭压缩机入口蝶阀 HV301
		(9)主操打开压缩机二段出口压力控制阀 FV302,泄压
		(10)外操关闭汽轮机(压缩机)入口隔离阀 HV302
		(11)主操在压缩机停下后,点击盘车按钮,对机组进行盘车
		(12)外操接到命令后,执行以下操作
		① 关闭一级喷射泵 J-301 入口阀 HV315
		② 关闭一级喷射泵 J-301 出口阀 HV323
		③ 关闭一级喷射泵 J-301 蒸汽入口阀 HV320
		④ 关闭二级喷射泵 J-302 入口阀 HV316

续表

序号	实训任务	处置原理与操作步骤
8	压缩机出口法兰泄漏有人中毒应急预案	⑤ 关闭二级喷射泵 J-302 出口阀 HV324
		⑥ 关闭二级喷射泵 J-302 蒸汽入口阀 HV321
		⑦ 关闭真空系统用蒸汽总阀 HV318
		⑧ 打开各蒸汽导淋阀 HV3231、HV3232
		⑨ 关闭凝液泵(复水泵)P-301A 出口阀 HV333A
		⑩ 停止凝液泵(复水泵)P-301A
		(13)班长向调度室汇报"事故处理完毕"
		(14)班长广播宣布"解除事故应急状态"

4.4　循环氢压缩机单元操作

4.4.1　循环氢压缩机的基本知识

循环氢压缩机是石油炼制和化工行业中常用的一种设备，主要用于将循环氢气增压输送至反应器，以促进化学反应的进行。循环氢压缩机是重整装置的重要组成部分，被誉为装置的"心脏"。其作用在于使氢气在系统中得以循环，维持正常的氢烃比，防止催化剂结焦，延长催化剂的使用寿命。

循环氢压缩机的主要技术参数包括压缩比、流量、功率等。其总体结构和布置、主要零部件及辅助设备在使用前需要详细了解。在安装、调试、运行过程中，应遵循相应的操作步骤和注意事项，确保设备的正常运转。对于可能出现的问题，应及时处理，并做好设备的维护保养工作。

循环氢压缩机的特点与操作要求如下。

(1) 循环氢压缩机特点

循环氢压缩机通常采用离心式压缩机，具有以下特点。

流量大：离心式压缩机是连续运转的，汽缸流通截面的面积较大，叶轮转速很高，因此气体流量很大。

转速高：由于离心式压缩机转子只做旋转运动，转动惯量较小，运动件与静止件保持一定的间隙，因而转速较高。

结构紧凑：机组重量和占地面积比同一流量的往复式压缩机小得多。

运行可靠：离心式压缩机运转平稳，一般可连续运行一至三年不需停机检修，亦可不用备机。

(2) 操作要求

循环氢压缩机的启动条件包括最低启机压力、氮气置换合格、排凝完成、入口和出口电动阀全开、流程畅通（无反转、无反窜），以及无联锁停机信号等。

图 4-7 为循环氢压缩机单元操作工艺流程图。

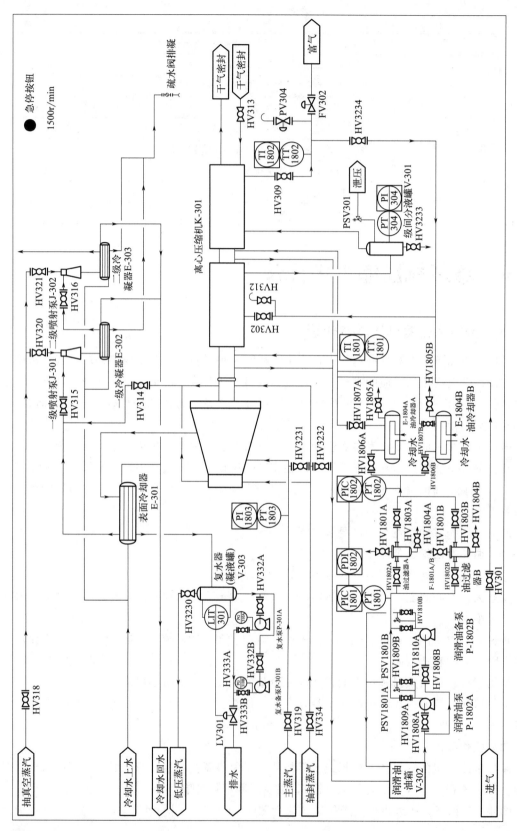

图 4-7　循环氢压缩机单元操作工艺流程图

图 4-8 为循环氢压缩机单元操作实操设备效果图。

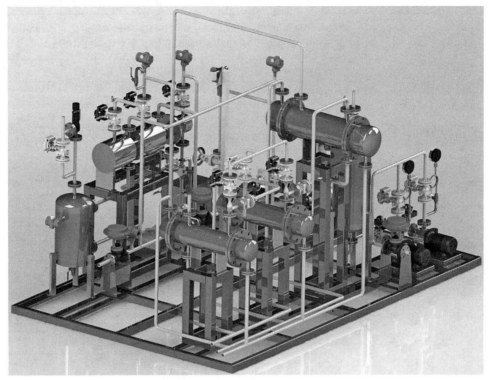

图 4-8　循环氢压缩机单元操作实操设备效果图

4.4.2　循环氢压缩机单元操作实训任务

序号	实训任务	处置原理与操作步骤
1	循环氢压差高	现象:润滑油泵出口压力 PI1801 显示 0.3MPa,润滑油压力 PI1802 显示 0.1MPa,润滑油压差 PDI1802 显示 0.2MPa,偏高,DCS 画面 PDI1802 数值显示红色,闪烁
		(1)稍开油过滤器 B 排气阀 HV1801B
		(2)缓慢打开油过滤器 B 充油阀 HV1802B,5s 后排气口观察到稳定的润滑油流出
		(3)关闭油过滤器 B 排气阀 HV1801B
		(4)移动切换阀杆:打开油过滤器 B 出油阀 HV1803B,润滑油压差 PDI1802 显示 0.02MPa
		(5)切换后,关闭油过滤器 A 充油阀 HV1802A
2	润滑油温度高	现象:润滑油温度 TI1801 升至 80℃,偏高,报警,DCS 画面 TI1801 数值显示红色,闪烁
		(1)稍开油冷却器 B(E-1804B)排气阀 HV1805B
		(2)缓慢打开油冷却器 B 充油阀 HV1806B,5s 后排气口观察到稳定的润滑油流出
		(3)关闭油冷却器 B 排气阀 HV1805B
		(4)移动切换阀杆:打开油冷却器 B 出油阀 HV1807B,润滑油温度降至 60℃
		(5)切换后,关闭油冷却器 A 充油阀 HV1806A

序号	实训任务	处置原理与操作步骤
3	润滑油压力低（泵出口）	现象：润滑油泵出口压力 PI1801 显示 0.15MPa，润滑油压力显示 0.13MPa，润滑油压差 PDI1802 显示为 0.02MPa，DCS 画面 PI1801 数值显示红色，闪烁
		(1)将润滑油备泵 B(P-1802B)状态从自动改为手动
		(2)打开润滑油备泵 B 进口阀 HV1808B
		(3)启动润滑油备泵 B
		(4)打开润滑油备泵 B 出口阀 HV1809B
		(5)打开润滑油泵 A(P-1802A)后安全阀旁路阀 HV1810A
		(6)停止润滑油泵 A(P-1802A)
		(7)关闭润滑油泵 A 后安全阀旁路阀 HV1810A
		(8)关闭润滑油泵 A 前阀 HV1808A
		(9)关闭润滑油泵 A 后阀 HV1809A
4	复水器液位高	现象：复水器(凝液罐)液位 LI301 升至 80%，液位高报警，DCS 画面 LI301 数值显示红色，闪烁
		(1)复水备泵 B(P-301B)自启，将排水调节阀 LV301 设手动，调整复水器至正常液位
		(2)在 DCS 画面上，将复水备泵 B 状态从自动改设手动
		(3)关闭复水泵 A 出口阀 HV333A
		(4)在 DCS 画面上，将复水泵 A(P-301A)状态从手动改设停止，并确认
		(5)关闭复水泵 A 进口阀 HV332A
5	动力蒸汽泄漏伤人事故应急预案	现象：压缩机动力蒸汽压力 PI1803 降至 1.0MPa，DCS 画面 PI1803 数值显示红色，闪烁，现场报警器报警
		(1)主操监视 DCS 操作画面，发现压缩机动力蒸汽压力降低，立即向班长汇报"动力蒸汽压力异常，需紧急处置"
		(2)外操在现场巡检，忽然听到蒸汽泄漏的撕裂声，发现压缩机蒸汽入口法兰疵裂，现场有人烫伤，立即向班长汇报"动力蒸汽泄漏，有人受伤"
		(3)班长接到汇报后，启动应急响应(无顺序要求)
		① 使用广播启动车间紧急停车应急预案
		② 向调度室汇报"启动应急响应"
		③ 命令外操"立即去现场"
		(4)班长和外操携带 F 形扳手，赶往现场
		(5)班长执行以下操作(无顺序要求)
		① 命令主操"拨打 120 急救电话""执行紧急停车"
		② 命令外操"执行紧急停车"
		(6)主操接到命令后，执行以下操作
		① 拨打"120 急救"电话
		② 启动室内岗位停车处理方案：按紧急停压缩机按钮

序号	实训任务	处置原理与操作步骤
5	动力蒸汽泄漏伤人事故应急预案	(7)外操接到命令后,执行以下操作
		① 关闭进气阀 HV301
		② 关闭汽轮机蒸汽入口阀 HV319
		③ 打开机体排凝阀 HV3231 和 HV3232
		④ 打开凝汽器真空阀 HV318
		⑤ 关闭一级喷射泵蒸汽阀 HV315
		⑥ 关闭二级喷射泵蒸汽阀 HV316
		⑦ 关闭汽轮机前后轴封蒸汽阀 HV334 和 HV314
		⑧ 关闭喷射泵蒸汽入口阀 HV320 和 HV321
		⑨ 将受伤人员救护至安全位置(该步不做扣 50 分)
		⑩ 关闭复水泵 A 出口阀 HV333A
		⑪ 停止复水泵 A(P-301A),关闭复水泵 A 进口阀 HV332A
		⑫ 关闭干气密封入口总阀 HV313
		(8)班长用面对面对话方式,命令外操"打开消防通道引导救护车,将人救走"
		(9)主操向班长汇报"主操操作完毕"
		(10)外操向班长汇报"停车完毕"
		(11)班长向调试室汇报"解除应急状态"
6	压缩机入口法兰泄漏有人中毒事故应急预案	现象:泄漏检测报警器报警
		(1)主操监视 DCS 操作画面,发现泄漏检测异常报警;立即向班长报告"泄漏检测异常,需紧急处置"
		(2)外操在现场巡检,听见压缩机入口法兰有泄漏撕裂声,发现大量循环氢泄漏,现场有人中毒,立即向班长汇报"物料泄漏,有人中毒"
		(3)班长接到汇报后,启动应急响应(无顺序要求)
		① 使用广播启动车间紧急停车应急预案
		② 向调度室汇报"启动应急响应"
		③ 命令外操"立即去现场"
		(4)班长和外操佩戴正压式空气呼吸器,携带 F 形扳手,赶往现场
		(5)班长和外操将中毒人员抬放至安全位置
		(6)班长命令执行以下操作(无顺序要求)
		① 命令主操"拨打 120 急救电话""执行紧急停车"
		② 命令外操"执行紧急停车"
		(7)主操接到命令后,执行以下操作
		① 拨打"120 急救"电话
		② 按紧急停压缩机按钮
		(8)外操接到命令后,执行以下操作

序号	实训任务	处置原理与操作步骤
6	压缩机入口法兰泄漏有人中毒事故应急预案	① 关闭进气阀 HV301
		② 关闭汽轮机蒸汽入口阀 HV319
		③ 打开机体排凝阀 HV3231 和 HV3232
		④ 打开凝汽器真空阀 HV318
		⑤ 关闭一级喷射泵蒸汽阀 HV315
		⑥ 关闭二级喷射泵蒸汽阀 HV316
		⑦ 关闭汽轮机前后轴封蒸汽阀 HV334 和 HV314
		⑧ 关闭喷射泵蒸汽阀 HV320 和 HV321
		⑨ 关闭复水泵 A 出口阀 HV333A
		⑩ 停止复水泵 A(P-301A),关闭复水泵 A 进口阀 HV332A
		⑪ 关闭干气密封入口总阀 HV313
		(9)班长用面对面对话方式,命令外操"打开消防通道引导救护车,将人救走"
		(10)主操向班长汇报"主操操作完毕"
		(11)外操向班长汇报"停车完毕"
		(12)班长向调试室汇报"解除应急状态"
7	压缩机出口法兰泄漏着火事故应急预案	现象:现场报警器报警
		(1)外操现场巡检,突然听到爆炸声,走到事故现场附近,看到大火在压缩机出口燃烧,向班长汇报"压缩机出口燃起大火,需紧急处置"
		(2)班长接到汇报后,启动应急响应(无顺序要求)
		① 使用广播启动车间紧急停车应急预案:车间泄漏、爆炸、着火应急预案
		② 命令安全员"请组织人员到 1 号门口拉警戒绳"
		③ 向调度室汇报"启动应急响应"
		④ 拨打"119 火警"电话
		(3)班长、外操和安全员佩戴正压式空气呼吸器,携带 F 形扳手,赶往现场
		(4)安全员接到命令佩戴完毕后,到 1 号门口拉警戒绳
		(5)班长接到汇报后,命令主操和外操"执行紧急停车"
		(6)主操接到命令后,启动室内岗位停车处理方案:按紧急停压缩机按钮
		(7)外操接到命令后,执行以下操作
		① 关闭进气阀 HV301
		② 关闭汽轮机蒸汽入口阀 HV319
		③ 打开机体排凝阀 HV3231 和 HV3232
		④ 打开凝汽器真空阀 HV318

序号	实训任务	处置原理与操作步骤
7	压缩机出口法兰泄漏着火事故应急预案	⑤ 关闭一级喷射泵蒸汽阀 HV315
		⑥ 关闭二级喷射泵蒸汽阀 HV316
		⑦ 关闭汽轮机前后轴封蒸汽阀 HV334 和 HV314
		⑧ 关闭喷射泵蒸汽阀 HV320 和 HV321
		⑨ 将受伤人员救护至安全位置
		⑩ 关闭复水泵 A 出口阀 HV333A
		⑪ 停止复水泵 A(P-301A),关闭复水泵 A 进出口阀 HV332A
		⑫ 关闭干气密封入口总阀 HV313
		⑬ 停止润滑油泵 A(P-1802A)
		(8)安全员引导消防车进行救火
		(9)操作完毕,主操向班长汇报"主操操作完毕"
		(10)操作完毕,外操向班长汇报"停车完毕"
		(11)火扑灭后,班长向调试室汇报"解除应急状态"

4.5　电解单元操作

4.5.1　电解的基本知识

电流通过电解质溶液或熔融电解质时,在两个电极上所引起的化学变化称为电解反应。涉及电解反应的工艺过程为电解工艺。许多基本化学工业产品(氢气、氧气、氯气、烧碱、过氧化氢等)的制备,都是通过电解工艺来实现的。

电解单元的操作要求如下。

(1)重点监控工艺参数

电解槽内液位;电解槽内电流和电压;电解槽进、出物料流量;可燃和有毒气体浓度;电解槽的温度和压力;原料中铵含量;氯气杂质(水、氢气、氧气、三氯化氮等)含量;等等。

(2)安全控制措施

电解槽温度、压力、液位、流量报警和联锁;电解供电整流装置与电解槽供电的报警和联锁;紧急联锁切断装置;事故状态下氯气吸收中和系统;可燃和有毒气体检测报警装置;等等。

(3)宜采用的控制方式

将电解槽内压力、槽电压等形成联锁关系,系统设立联锁停车系统。除此之外,还需要配备一系列安全设施,包括安全阀、高压阀、紧急排放阀、液位计、单向阀及紧急切断装置等。

图 4-9 为电解单元操作工艺流程图。

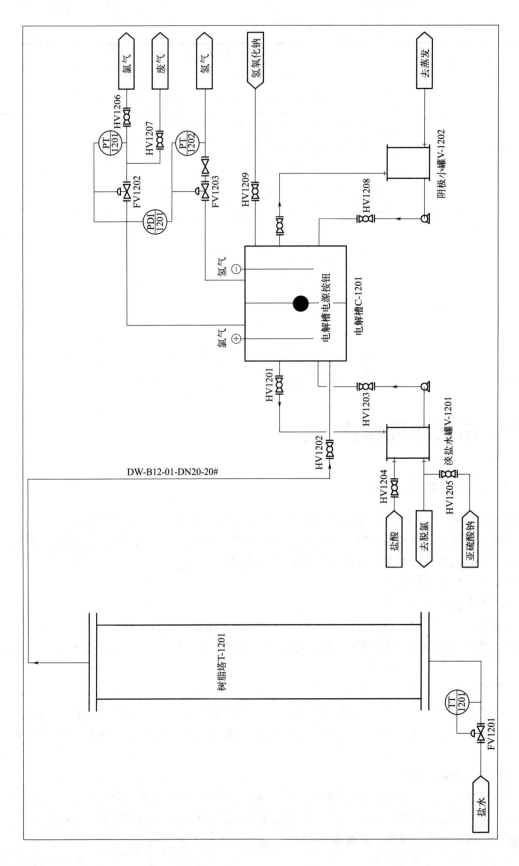

图 4-9　电解单元操作工艺流程图

图 4-10 为电解单元操作实操设备效果图。

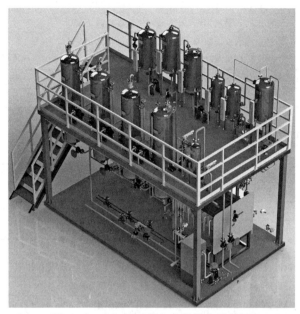

图 4-10　电解单元操作实操设备效果图

4.5.2　电解单元操作实训任务

序号	实训任务	处置原理与操作步骤
1	树脂塔进塔温度高报警	现象:粗盐水温度 TT1201 升至 70℃,温度偏高,影响树脂,DCS 画面数值显示红色,闪烁
		手动关小离子交换树脂塔入口盐水温度控制阀 FV1201 降低温度,调整温度正常
2	氯气总管压力高报警	现象:氯气总管压力 PT1201 升至 40kPa,DCS 画面数值显示红色,闪烁
		(1)手动开大氯气总管压力控制阀 FV1202
		(2)手动开大氯气总管与氢气总管压差控制阀 FV1203,控制氯氢压力正常,避免联锁停车
3	电解槽单元槽间电解液泄漏应急预案	现象:现场报警器报警
		(1)外操巡检发现事故,向班长汇报"发现事故,需紧急处置"
		(2)班长接到报警后,启动应急响应(无顺序要求)
		① 向调度室汇报"启动应急响应"
		② 命令安全员"请组织人员到 1 号门口拉警戒绳"
		(3)安全员接到命令后,到 1 号门口拉警戒绳
		(4)班长和外操佩戴正压式空气呼吸器,携带 F 形扳手,赶往现场
		(5)班长命令主操和外操"执行紧急停车"
		(6)外操接到命令后,执行以下操作
		① 电解槽停电
		② 将氯气管线从产品管线切换至废气吸收管线:打开废气阀 HV1207,关闭氯气出料阀 HV1206
		③ 关闭盐水进口阀 HV1202 和盐水出口阀 HV1201
		④ 缓慢地关闭电解槽阴、阳极液的进口循环阀 HV1203 和 HV1208
		⑤ 停止加入盐酸:关闭盐酸进料阀 HV1204

序号	实训任务	处置原理与操作步骤
3	电解槽单元槽间电解液泄漏应急预案	⑥ 停止加入氢氧化钠:关闭氢氧化钠进料阀 HV1209
		⑦ 停止加入亚硫酸钠:关闭亚硫酸钠进料阀 HV1205
		⑧ 向班长汇报"现场操作完毕"
		(7)班长向调度室汇报"事故处理完毕"
		(8)班长广播宣布"解除事故应急状态"
4	电解槽阳极出料泄漏有人中毒应急预案	现象:现场报警器报警
		(1)外操巡检发现事故,现场有人中毒,并向班长汇报"物料泄漏,有人中毒"
		(2)班长接到汇报后,启动应急响应(无顺序要求)
		① 向调度室汇报"启动应急响应"
		② 命令主操"拨打 120 急救电话"
		③ 命令安全员"请组织人员到 1 号门口拉警戒绳"
		(3)主操拨打"120 急救"电话
		(4)安全员接到命令后,到 1 号门口拉警戒绳
		(5)班长和外操佩戴正压式空气呼吸器,携带 F 形扳手,赶往现场
		(6)班长接到汇报后,命令安全员"到一号门口引导救护车"
		(7)安全员接到命令后,到一号门口引导救护车
		(8)班长和外操将中毒人员挪至安全位置
		(9)班长命令主操和外操"执行紧急停车"
		(10)外操接到命令后,执行以下操作
		① 电解槽停电
		② 将氯气管线从产品管线切换至废气吸收管线:打开废气阀 HV1207,关闭氯气出料阀 HV1206
		③ 关闭盐水进口阀 HV1202 和盐水出口阀 HV1201
		④ 缓慢地关闭电解槽阴、阳极液的进口循环阀 HV1203 和 HV1208
		⑤ 停止加入盐酸:关闭盐酸进料阀 HV1204
		⑥ 停止加入氢氧化钠:关闭氢氧化钠进料阀 HV1209
		⑦ 停止加入亚硫酸钠:关闭亚硫酸钠进料阀 HV1205
		⑧ 向班长汇报"现场操作完毕"
		(11)班长向调度室汇报"事故处理完毕"
		(12)班长广播宣布"解除事故应急状态"
5	阴极出料到阴极小罐截止阀泄漏着火应急预案	现象:现场报警器报警
		(1)外操巡检发现事故,向班长汇报"发现事故,需紧急处置"
		(2)班长接到汇报后,启动应急响应(无顺序要求)
		① 向调度室汇报"启动应急响应"
		② 命令安全员"请组织人员到 1 号门口拉警戒绳"
		(3)安全员接到命令后,到 1 号门口拉警戒绳
		(4)班长和外操佩戴正压式空气呼吸器,携带 F 形扳手,赶往现场
		(5)班长到现场后,执行以下操作(无顺序要求)
		① 向调度室汇报"火势无法控制"
		② 命令主操"拨打 119 火警电话""执行紧急停车"
		③ 命令外操"执行紧急停车"
		④ 命令安全员"到一号门口引导消防车"

序号	实训任务	处置原理与操作步骤
5	阴极出料到阴极小罐截止阀泄漏着火应急预案	(6)安全员接到命令后,到一号门口引导消防车
		(7)主操拨打"119火警"电话
		(8)外操接到命令后,执行以下操作
		① 电解槽停电
		② 将氯气管线从产品管线切换至废气吸收管线:打开废气阀 HV1207,关闭氯气出料阀 HV1206
		③ 关闭盐水进口阀 HV1202 和盐水出口阀 HV1201
		④ 缓慢地关闭电解槽阴、阳极液的进口循环阀 HV1203 和 HV1208
		⑤ 停止加入盐酸:关闭盐酸进料阀 HV1204
		⑥ 停止加入氢氧化钠:关闭氢氧化钠进料阀 HV1209
		⑦ 停止加入亚硫酸钠:关闭亚硫酸钠进料阀 HV1205
		⑧ 向班长汇报"现场操作完毕"
		(9)班长向调度室汇报"事故处理完毕"
		(10)班长广播宣布"解除事故应急状态"

4.6 合成氨反应系统单元操作

4.6.1 合成氨反应系统的基本知识

合成氨反应是氮和氢两种组分按一定比例(1:3)组成的气体(合成气),在高温、高压(一般为 400～450℃,15～30MPa)下经催化反应生成氨的工艺过程。一般为吸热反应。重点监控单元包含合成塔、压缩机、氨储存系统。

合成氨操作的要求如下。

(1) 重点监控工艺参数

合成塔、压缩机、氨储存系统的运行基本控制参数,包括温度、压力、液位、物料流量及比例等。

(2) 安全控制措施

合成氨装置温度、压力报警和联锁;物料比例控制和联锁;压缩机的温度、入口分离器液位、压力报警联锁;紧急冷却系统;紧急切断系统;安全泄放系统;可燃、有毒气体检测报警装置。

(3) 宜采用的控制方式

将合成氨装置内温度、压力与物料流量、冷却系统形成联锁关系;将压缩机温度、压力、入口分离器液位与供电系统形成联锁关系;设立紧急停车系统。

合成单元自动控制还需要设置以下几个控制回路:①氨分、冷交液位;②废锅液位;③循环量控制;④废锅蒸汽流量;⑤废锅蒸汽压力。

此外,还需要配备一系列安全设施,包括安全阀、爆破片、紧急放空阀、液位计、单向阀及紧急切断装置等。

图 4-11 为合成氨反应系统单元操作工艺流程图。

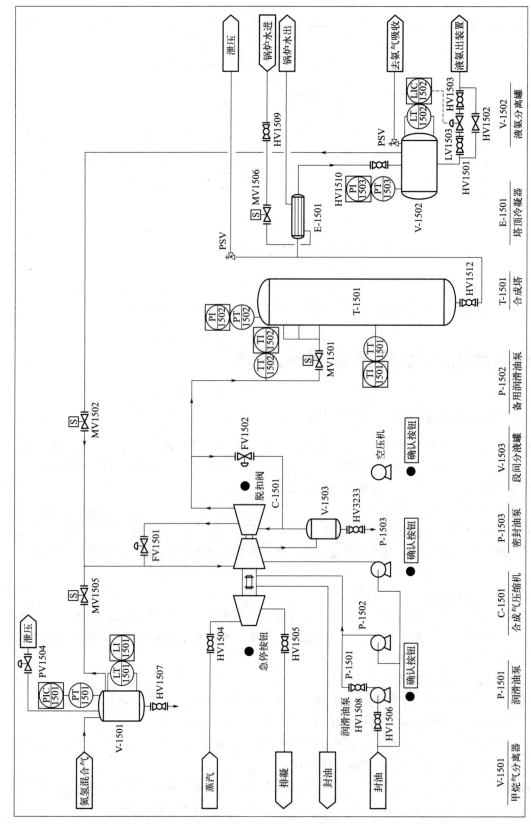

图 4-11 合成氨反应系统单元操作工艺流程图

图 4-12 为合成氨反应系统单元操作实操设备效果图。

图 4-12　合成氨反应系统单元操作实操设备效果图

4.6.2　合成氨反应系统单元操作实训任务

序号	实训任务	处置原理与操作步骤
1	甲烷气分离器高液位 (LI1501) 联锁	现象:甲烷气分离器液位 LI1501 高至 60%,DCS 画面数值显示红色,闪烁
		(1)关闭合成气压缩机去合成塔电磁阀 MV1501
		(2)关闭液氨分离罐返回压缩机电磁阀 MV1502
		(3)将液氨产品出装置阀 LV1503 设手动,开度 0%
		(4)合成封塔,关闭合成塔所有进出口阀:关闭合成塔进口阀 MV1501
		(5)将甲烷气分离器压力调节阀 PV1504 设手动,开度大于 0%,系统泄压
2	晃电	现象:电控部门通知有晃电现象发生,要求检查各用电机泵,DCS 画面数值显示红色,闪烁
		(1)确认仪表风压力是否下降,注意空压机是否运行正常(点击空压机"确认按钮"),若空压机停,则按规程迅速启动空压机
		(2)根据停车范围,按相关的第一事故操作票进行操作:确认压缩机备用润滑油泵、密封油泵是否自动启动(点击备用润滑油泵、密封油泵"确认按钮"),若未自启立即启动润滑油泵
		(3)跳车的机组按第一事故预案处理:停车时间较长,各机组跳车后迅速全关各脱扣阀,减少转子的惰走时间。来电后马上启动油泵,给各轴承过油

序号	实训任务	处置原理与操作步骤
3	液氨分离罐液位(LI1502)指示失灵	现象:液氨分离罐液位 LI1502 指示失灵,DCS 画面数值显示红色,闪烁
		(1)将液氨分离罐液氨产品出装置阀 LV1503 设手动,开度 0%
		(2)调整液位控制副线阀 HV1502 开度,控制液氨分离罐液位稳定,系统压力正常。观察维持甲烷气分离器液位和段间分离器液位正常范围内
		(3)关闭液氨分离罐液位控制前后阀 HV1501 和 HV1503
4	合成塔塔顶换热器热水出口法兰泄漏事故应急预案	现象:无
		(1)外操巡检发现事故,向班长汇报"合成塔塔顶换热器热水出口法兰泄漏,需紧急处置"
		(2)班长接到汇报后,启动应急响应(无顺序要求)
		① 向调度室汇报"启动应急响应"
		② 命令安全员"请组织人员到 1 号门口拉警戒绳"
		(3)安全员接到命令后,到 1 号门口拉警戒绳
		(4)外操携带 F 形扳手,赶往现场
		(5)班长命令主操和外操"执行紧急停车"
		(6)主操接到命令后,执行以下操作
		① 按紧急停车按钮
		② 将甲烷气分离器压力调节阀 PV1504 设自动,联锁正常值 5.0MPa
		③ 将合成气压缩机一级返回线阀流量控制阀 FV1501 设手动,开度 100%
		④ 将合成气压缩机二级返回线阀流量控制阀 FV1502 设手动,开度 100%
		⑤ 切断原料气进料电磁阀 MV1505
		⑥ 切断合成气压缩机出口去合成塔进料电磁阀 MV1501
		⑦ 将液氨产品出装置阀 LV1503 设手动,开度 0%
		⑧ 关闭锅炉水进合成塔塔顶换热器电磁阀 MV1506
		⑨ 关闭合成气从液氨分离罐返回合成气压缩机电磁阀 MV1502,即关闭合成塔所有进口阀
		(7)外操接到命令后,执行以下操作
		① 打开甲烷气分离器排液阀 HV1507,5s 后排空,关闭
		② 打开合成气压缩机段间分液罐排液阀 HV3233,5s 后排空,关闭
		③ 打开液氨分离罐排液阀 HV1502,5s 后排空,关闭
		④ 向主操汇报"各槽液位已排空"
		(8)主操接到外操汇报后,执行以下操作
		① 将甲烷气分离器压力调节阀 PV1504 设手动,泄压;5s 后泄压完毕,关闭
		② 向班长汇报"室内操作完毕"
		(9)外操接到汇报后,执行以下操作
		① 关闭液氨分离罐液位控制前后阀 HV1501 和 HV1503
		② 关闭锅炉水进水阀 HV1509
		③ 向班长汇报"现场操作完毕"

序号	实训任务	处置原理与操作步骤
4	合成塔塔顶换热器热水出口法兰泄漏事故应急预案	(10)班长向调度室汇报"事故处理完毕"
		(11)班长广播宣布"解除事故应急状态"
5	合成气压缩机入口法兰泄漏有人中毒事故应急预案	现象:现场报警器报警
		(1)主操监视 DCS 画面,发现泄漏报警,向班长汇报"合成气压缩机有泄漏,需紧急处置"
		(2)班长命令外操赶往现场查看
		(3)外操确认事故向班长汇报"合成气压缩机入口法兰泄漏,有人中毒倒地"
		(4)班长接到汇报后,启动应急响应(无顺序要求)
		① 向调度室汇报"启动应急响应"
		② 命令安全员"请组织人员到 1 号门口拉警戒绳"
		(5)安全员接到命令后,到 1 号门口拉警戒绳
		(6)班长和外操佩戴正压式空气呼吸器,携带 F 形扳手,赶往现场
		(7)班长和外操将中毒人员抬放至安全位置
		(8)班长接到汇报后,执行以下操作(无顺序要求)
		① 命令主操"拨打 120 急救电话""执行紧急停车"
		② 命令外操"执行紧急停车"
		③ 命令安全员"到 1 号门口引导救护车"
		(9)安全员接到命令后,到 1 号门口引导救护车
		(10)主操接到命令后,执行以下操作
		① 拨打"120 急救"电话
		② 按紧急停车按钮
		③ 将甲烷气分离器压力调节阀 PV1504 设自动,联锁正常值 5.0MPa
		④ 将合成气压缩机一级返回线阀流量控制阀 FV1501 设手动,开度 100%
		⑤ 将合成气压缩机二级返回线阀流量控制阀 FV1502 设手动,开度 100%
		⑥ 切断原料气进料电磁阀 MV1505
		⑦ 切断合成气压缩机出口去合成塔进料电磁阀 MV1501
		⑧ 将液氨产品出装置阀 LV1503 设手动,开度 0%
		⑨ 待受伤人员被救走后,关闭锅炉水进合成塔塔顶换热器电磁阀 MV1506
		⑩ 关闭合成气从液氨分离罐返回合成气压缩机电磁阀 MV1502,即关闭合成塔所有进口阀
		(11)外操接到班长命令后,执行以下操作
		① 打开甲烷气分离器排液阀 HV1507,5s 后排空,关闭
		② 打开合成气压缩机段间分液罐排液阀 HV3233,5s 后排空,关闭
		③ 打开液氨分离罐排液阀 HV1502,5s 后排空,关闭
		④ 向主操汇报"各槽液位已排空"

序号	实训任务	处置原理与操作步骤
5	合成气压缩机入口法兰泄漏有人中毒事故应急预案	(12)主操接到外操汇报后,执行以下操作
		① 将甲烷气分离器压力调节阀 PV1504 设手动,泄压;5s 后泄压完毕,关闭
		② 向班长汇报"室内操作完毕"
		(13)外操接到汇报后,执行以下操作
		① 关闭液氨分离罐液位控制前后阀 HV1501 和 HV1503
		② 关闭锅炉水进水阀 HV1509
		③ 向班长汇报"现场操作完毕"
		(14)班长向调度室汇报"事故处理完毕"
		(15)班长广播宣布"解除事故应急状态"
6	合成气压缩机出口法兰泄漏着火事故应急预案	现象:现场报警器报警
		(1)外操巡检发现事故,向班长汇报"合成气压缩机出口法兰泄漏着火,需紧急处置"
		(2)班长接到汇报后,启动应急响应(无顺序要求)
		① 向调度室汇报"启动应急响应"
		② 命令安全员"请组织人员到 1 号门口拉警戒绳"
		(3)安全员接到命令后,到 1 号门口拉警戒绳
		(4)班长和外操佩戴正压式空气呼吸器,携带 F 形扳手,赶往现场
		(5)班长接到汇报后,执行以下操作(无顺序要求)
		① 命令主操"拨打 119 火警电话""执行紧急停车"
		② 命令外操"执行紧急停车"
		③ 命令安全员"到 1 号门口引导消防车"
		(6)安全员接到命令后,到 1 号门口引导消防车
		(7)主操接到命令后,执行以下操作
		① 拨打"119"火警电话
		② 按紧急停车按钮
		③ 将甲烷气分离器压力调节阀 PV1504 设自动,联锁正常值 5.0MPa
		④ 将合成气压缩机一级返回线阀流量控制阀 FV1501 设手动,开度 100%
		⑤ 将合成气压缩机二级返回线阀流量控制阀 FV1502 设手动,开度 100%
		⑥ 关闭原料气进料电磁阀 MV1505
		⑦ 关闭合成气压缩机出口去合成塔进料电磁阀 MV1501
		⑧ 将液氨产品出装置阀 LV1503 设手动,开度 0%
		⑨ 消防车开始灭火后,关闭锅炉水进合成塔塔顶换热器电磁阀 MV1506
		⑩ 关闭合成气从液氨分离罐返回合成气压缩机电磁阀 MV1502,即关闭合成塔所有进口阀
		(8)外操接到班长命令后,执行以下操作
		① 打开甲烷气分离器排液阀 HV1507,5s 后排空,关闭
		② 打开合成气压缩机段间分液罐排液阀 HV3233,5s 后排空,关闭
		③ 打开液氨分离罐排液阀 HV1502,5s 后排空,关闭

序号	实训任务	处置原理与操作步骤
6	合成气压缩机出口法兰泄漏着火事故应急预案	④ 向主操汇报"各槽液位已排空"
		(9)主操接到外操汇报后,执行以下操作
		① 将甲烷气分离器压力调节阀 PV1504 设手动,泄压;5s 后泄压完毕,关闭
		② 向班长汇报"室内操作完毕"
		(10)外操接到汇报后,执行以下操作
		① 关闭液氨分离罐液位控制前后阀 HV1501 和 HV1503
		② 关闭锅炉水进水阀 HV1509
		③ 向班长汇报"现场操作完毕"
		(11)班长向调度室汇报"事故处理完毕"
		(12)班长广播宣布"解除事故应急状态"

4.7 催化反再系统单元操作

4.7.1 催化反再系统的基本知识

原料渣油或蜡油在一定温度、压力并且与催化剂的接触作用下可以发生催化裂化、异构化反应、氢转移等一系列反应生成干气、液态烃、汽油、柴油和油浆等多种产品。

催化反再操作的要求如下。

(1) 反应温度的控制

反应温度(TIC101)与再生滑阀差压(PDIC115)组成低值选择控制。正常情况下,由反应温度控制再生滑阀开度。但当再生滑阀差压低于设定值时,由再生滑阀差压调节器的输出信号控制再生滑阀开度,此时,再生滑阀关闭;当差压达到并高于设定值时,恢复反应温度调节器输出信号控制再生滑阀开度。

(2) 提升管总进料量的控制

一般情况下提升管进料量由操作员控制,当局部发生故障时,需做应急处理,保证提升管总进料量大于界定值,否则需要打开进料事故蒸汽副线。

(3) 反应深度的控制

反应深度的调节,最明显将体现为生焦量及再生温度的变化,同时伴有分馏塔底及回炼油罐液面的变化。

(4) 催化剂循环量的控制

催化剂循环量是一个受多参数综合影响的重要参数,以下调节方法多指固定其他参数、单独调整某一项参数时的变化情况。实际操作中要区分影响循环量变化的关键因素。

常见的调节方法有:选择合适的催化剂、调整工艺条件及定期更换催化剂。

图 4-13 是催化反再系统单元操作工艺流程图。

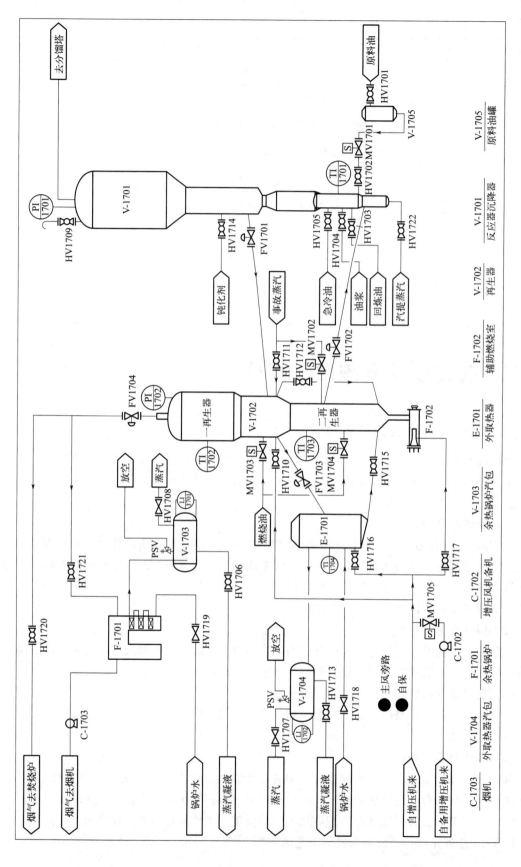

图 4-13　催化反再系统单元操作工艺流程图

图 4-14 为催化反再系统单元操作实操设备效果图。

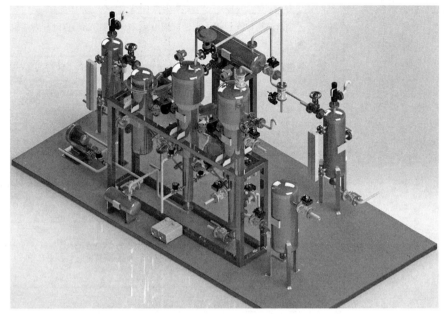

图 4-14　催化反再系统单元操作实操设备效果图

4.7.2　催化反再系统单元操作实训任务

序号	实训任务	处置原理与操作步骤
1	原料油中断	现象:反应器沉降器温度 TI1701 升至 530℃;一再生器温度 TI1702 降至 600℃;二再生器温度 TI1703 升至 660℃;外取热器温度 TI1704 升至 640℃;DCS 画面两处数值显示红色,闪烁
		(1)打开二再生器喷入燃料油阀 MV1704,反再温度保持稳定
		(2)减小外取热器下滑阀 FV1703 开度
		(3)关闭增压风机备机入再生器入口阀 HV1710
		(4)打开反应器沉降器放空阀 HV1709 开度至 10%,此时两器压力稳定,差压在 40kPa,三器流化正常
		(5)关闭原料油进料阀 HV1702
		(6)关闭回炼油进料阀 HV1703
		(7)关闭油浆进料阀 HV1704
		(8)关闭急冷油进料阀 HV1705
		(9)关闭钝化剂进料阀 HV1714
		(10)打开原料油补油阀 HV1701
		(11)关小外取热器汽包锅炉水进口阀 HV1718 开度至 40%,此刻外取热器汽包液位 LI1702 稳定在 60%

序号	实训任务	处置原理与操作步骤
1	原料油中断	(12)关小余热锅炉汽包锅炉水进口阀 HV1719 开度至 40%,此刻余热锅炉汽包液位 LI1701 稳定在 60%
		(13)各进料控制阀处于关闭状态,关闭原料油进料控制阀 MV1701
2	增压风机备机停机	现象:一再生器温度 TI1702 升至 680℃;二再生器温度 TI1703 升至 740℃;DCS 画面两处数值显示红色,闪烁
		(1)点击打开主风旁路
		(2)打开增压风机备机出口阀 MV1705
		(3)启动增压风机备机 C-1702 向系统提供增压风,小心二再生器流化风中断超温
		(4)点击自保按钮,恢复增压风机备机保护
		(5)点击关闭主风旁路
3	主风中断	现象:一再生器温度 TI1702 升至 680℃;二再生器温度 TI1703 升至 740℃;DCS 画面两处数值显示红色,闪烁
		(1)打开增压风机备机出口阀 MV1705
		(2)启动增压风机备机 C-1702 提供增压风,小心二再生器流化风中断超温
		(3)点击自保按钮,恢复增压机保护
		(4)关闭原料油进料阀 HV1702
		(5)关闭回炼油进料阀 HV1703
		(6)关闭油浆进料阀 HV1704
		(7)关闭急冷油进料阀 HV1705
		(8)关闭钝化剂进料阀 HV1714
		(9)打开原料油补油阀 HV1701
		(10)开大烟气出口双动滑阀 FV1704
		(11)关小外取热器下滑阀 FV1703
		(12)打开二再生器事故蒸汽副线阀 MV1702
		(13)各进料控制阀处于关闭状态,关闭原料油进料控制阀 MV1701
		(14)打开二再生器喷入燃料油阀 MV1704,二再生器温度保持稳定,硫化保持稳定
4	再生滑阀全关	现象:反应器沉降器压力 PI1701 升至 0.35MPa;一再生器温度 TI1702 升至 680℃;二再生器温度 TI1703 升至 740℃;DCS 画面两处数值显示红色,闪烁
		(1)将再生滑阀 FV1702 设为手动,开度 50%,反应器沉降器压力、料位、提升管出口温度恢复正常稳定
		(2)打开一再生器喷入燃料油阀 MV1703,一再生器温度、压力和料位保持稳定
		(3)打开二再生器喷入燃料油阀 MV1704,二再生器温度、压力和料位保持稳定

序号	实训任务	处置原理与操作步骤
5	进料电磁阀法兰泄漏着火事故应急预案	现象：现场报警器报警
		(1)主操监控 DCS 发现数据异常，向班长汇报"烟机转速下降"
		(2)班长命令外操去现场检查
		(3)班长和外操佩戴正压式空气呼吸器，携带 F 形扳手，赶往现场
		(4)外操检查发现事故向班长汇报"进料电磁阀法兰泄漏着火，需紧急处置"
		(5)班长接到汇报后，启动应急响应(无顺序要求)
		① 向调度室汇报"启动应急响应"
		② 命令安全员"请组织人员到 1 号门口拉警戒绳"
		(6)安全员接到命令后，到 1 号门口拉警戒绳
		(7)班长接到汇报后，执行以下操作(无顺序要求)
		① 拨打"119 火警"电话
		② 命令主操"执行紧急停车"
		③ 命令外操"使用消防炮对着火点进行降温""执行紧急停车"
		④ 命令安全员"到 1 号门口引导消防车"
		(8)安全员接到命令后，到 1 号门口引导消防车
		(9)外操接到命令后，执行以下操作
		① 使用消防炮对反应器进行降温
		② 关闭原料油进料阀 HV1702
		③ 关闭回炼油进料阀 HV1703
		④ 关闭油浆进料阀 HV1704
		⑤ 关闭急冷油进料阀 HV1705
		⑥ 关闭钝化剂进料阀 HV1714，各进料控制阀处于关闭状态
		⑦ 打开原料油补油阀 HV1701
		⑧ 向班长汇报"外操操作完毕"
		(10)主操接到命令后，执行以下操作
		① 开大烟气出口双动滑阀 FV1704
		② 关小外取热器下滑阀 FV1703
		③ 打开二再生器事故蒸汽副线阀 MV1702，控制沉降器压力大于再生器压力
		④ 打开增压风机备机出口阀 MV1705
		⑤ 启动增压风机备机 C-1702 向系统提供增压风
		⑥ 点击自保按钮，保护增压机

序号	实训任务	处置原理与操作步骤
5	进料电磁阀法兰泄漏着火事故应急预案	⑦ 打开二再生器喷入燃料油阀 MV1704,二再生器温度保持稳定
		⑧ 将待生斜管调节阀 FV1701 设为手动,开度 0%,向沉降器转剂
		⑨ 向班长汇报"主操操作完毕"
		(11)班长向调度室汇报"事故处理完毕,请派维修人员维修"
		(12)班长广播宣布"解除事故应急状态"
6	烟机出口法兰泄漏中毒事故应急预案	现象:现场报警器报警
		(1)主操监控 DCS 发现异常报警,向班长汇报"现场可燃报警器报警"
		(2)班长命令外操去现场检查
		(3)班长和外操佩戴正压式空气呼吸器,携带 F 形扳手,赶往现场
		(4)外操检查发现烟气出口法兰处有人昏倒,向班长汇报"烟气出口法兰泄漏,有人中毒"
		(5)班长接到汇报后,启动应急响应(无顺序要求)
		① 向调度室汇报"启动应急响应"
		② 命令安全员"请组织人员到 1 号门口拉警戒绳"
		③ 拨打"120 急救"电话
		(6)安全员接到命令后,到 1 号门口拉警戒绳
		(7)班长和外操将中毒人员抬放至安全位置
		(8)班长命令执行以下操作(无顺序要求)
		① 命令主操和外操"切换备用主风机"
		② 命令安全员"到 1 号门口引导救护车"
		(9)安全员接到命令后,到 1 号门口引导救护车
		(10)外操接到命令后,执行以下操作
		① 打开烟道气旁路阀 HV1720,烟气去一氧化碳焚烧炉
		② 关闭烟道气阀 HV1721
		③ 向班长汇报"外操操作完毕"
		(11)主操接到命令后,执行以下操作
		① 关小原料油进料控制阀 MV1701
		② 打开增压风机备机出口阀 MV1705,启动增压风机备机 C-1702 向系统提供增压风
		③ 点击自保按钮,保护增压机
		④ 停止烟机 C-1703
		⑤ 向班长汇报"主操操作完毕"

序号	实训任务	处置原理与操作步骤
6	烟机出口法兰泄漏中毒事故应急预案	(12)班长向调度室汇报"事故处理完毕,请派维修人员维修"
		(13)班长广播宣布"解除事故应急状态"
7	烟机入口电磁阀法兰泄漏事故应急预案	现象:现场报警器报警
		(1)主操监控 DCS 发现数据异常,向班长汇报"烟机转速下降"
		(2)班长命令外操去现场检查
		(3)班长和外操佩戴正压式空气呼吸器,携带 F 形扳手,赶往现场
		(4)外操检查发现事故向班长汇报"烟机入口电磁阀法兰泄漏,需紧急处置"
		(5)班长接到汇报后,启动应急响应(无顺序要求)
		① 向调度室汇报"启动应急响应"
		② 命令安全员"请组织人员到 1 号门口拉警戒绳"
		(6)安全员接到命令后,到 1 号门口拉警戒绳
		(7)班长命令主操和外操"执行紧急停车"
		(8)外操接到命令后,执行以下操作
		① 关闭原料油进料阀 HV1702
		② 关闭回炼油进料阀 HV1703
		③ 关闭油浆进料阀 HV1704
		④ 关闭急冷油进料阀 HV1705
		⑤ 关闭钝化剂进料阀 HV1714,各进料控制阀处于关闭状态
		⑥ 打开原料油补油阀 HV1701
		⑦ 向班长汇报"外操操作完毕"
		(9)主操接到命令后,执行以下操作
		① 开大烟气出口双动滑阀 FV1704
		② 关小外取热器下滑阀 FV1703
		③ 打开二再生器事故蒸汽副线阀 MV1702,控制沉降器压力大于再生器压力
		④ 打开增压风机备机出口阀 MV1705
		⑤ 启动增压风机备机 C-1702 向系统提供增压风
		⑥ 点击自保按钮,保护增压机
		⑦ 打开二再生器喷入燃料油阀 MV1704,二再生器温度保持稳定
		⑧ 将待生斜管调节阀 FV1701 设为手动,开度 0%,向沉降器转剂
		⑨ 向班长汇报"主操操作完毕"
		(10)班长向调度室汇报"事故处理完毕"
		(11)班长广播宣布"解除事故应急状态"

4.8 环管反应系统单元操作

4.8.1 环管反应系统的基本知识

聚丙烯环管反应器是聚丙烯装置的关键设备，属于Ⅲ类低温压力容器，介质是丙烯浆液。反应器是一个独特的环管组合结构，环管本身既是反应器，同时又是反应器和梯子平台的支持钢柱。环管底部弯头处设有轴流泵，以使反应物料在管内循环搅拌。为防止挂壁，反应器内壁要求抛光处理；为吸收反应热，内管外设置夹套并使用循环水冷却；为缓解夹套内外管之间的热应力，外管设有膨胀节。

环管反应器操作的要求：

丙烯由反应器进料泵送入反应器系统进行反应。反应器是环管式结构，由低温碳钢制成，外面是夹套冷却装置。丙烯和催化剂、助催化剂分别加入后，物料在反应器内高速循环。反应器有一个循环泵，反应产生的热量主要是靠夹套冷却撤除。一般有 $50\%\sim60\%$ 的丙烯发生聚合反应，反应后的物料被送入下一道工序，未反应的丙烯大部分通过循环返回反应器，不能回收的少量气体排入火炬系统进行处理。

主要工艺参数及控制如下。

(1) 催化剂体系

催化剂流量是个独立变量，并且通过产率决定装置负荷。烷基铝加入量与进入反应的丙烯量成比例，给电子体也是按与烷基铝的预定比例加料。

(2) 聚合反应

环管法工艺需要在聚合反应开始前先进行预聚合反应：温度20℃，压力（表压）3.4～4.4MPa，停留时间约10min。均聚物和无规共聚物的聚合反应是在环管反应器中进行的：反应温度70～80℃，压力（表压）3.4～4.4MPa，停留时间1.5h，浆液浓度约50%（质量分数）。

(3) 闪蒸和脱气

因为大量液相单体随聚合物一起排出环管反应器，必须回收，这个过程是闪蒸过程。离开闪蒸管后，在闪蒸罐中固体从气体中分离出来，闪蒸罐底部收集的固体在液位控制下排向袋滤器。袋滤器底部收集的聚合物在液位控制下连续排向汽蒸单元。过滤后的气体送去洗涤和压缩。

(4) 汽蒸和干燥

来自袋滤器的聚合物，仍吸附有质量分数为1%的单体（主要是丙烯＋丙烷），在重力作用下加入至移动床蒸汽处理单元，使残留的催化剂失活并除去含有的烃类。汽蒸之后的聚合物自顶部进入干燥器，在料位控制下自底部排出。

图 4-15 为环管反应系统单元操作工艺流程图。

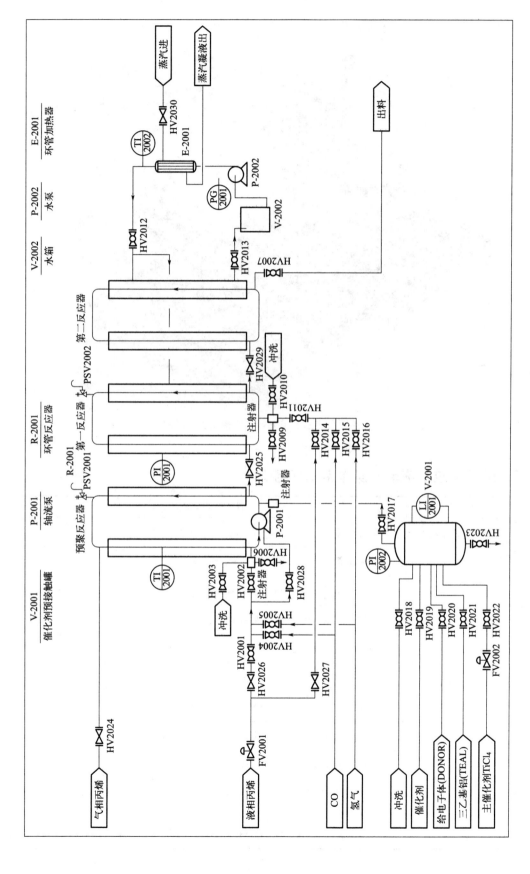

图 4-15　环管反应系统单元操作工艺流程图

图 4-16 为环管反应系统单元操作实操设备效果图。

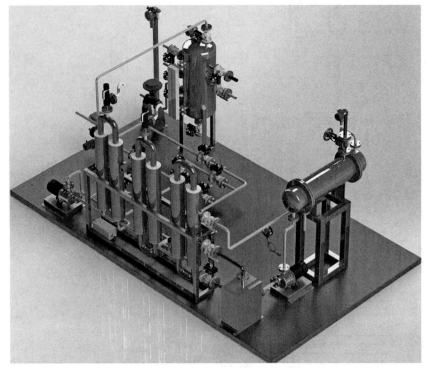

图 4-16　环管反应系统单元操作实操设备效果图

4.8.2　环管反应系统单元操作实训任务

序号	实训任务	处置原理与操作步骤
1	轴流泵停	现象:轴流泵 P-2001 跳停,DCS 画面显示红色,闪烁
		(1)关闭预聚反应器去第一反应器截止阀 HV2025
		(2)关闭注射器入口阀 HV2002 和 HV2011
		(3)关闭催化剂预接触罐去注射器出口阀 HV2017
		(4)将液相丙烯总流量控制阀 FV2001 设手动,即脱开串级
		(5)关闭 DONOR 去催化剂预接触罐入口阀 HV2020
		(6)关闭 TEAL 去催化剂预接触罐入口阀 HV2021
		(7)关闭主催化剂 $TiCl_4$ 去催化剂预接触罐入口阀 HV2022
		(8)将主催化剂 $TiCl_4$ 进料调节阀 FV2002 设手动,开度 0%
		(9)当环管反应器压力 PI2001 降至 1.0MPa 左右,密封系统:关闭聚丙烯排放阀 HV2007
		(10)关闭预聚反应器液相丙烯进料阀 HV2026 和 HV2027

序号	实训任务	处置原理与操作步骤
1	轴流泵停	(11)关闭注射器液相丙烯进料阀 HV2001 和 HV2014
		(12)关闭轴流泵冲洗丙烯阀 HV2028
		(13)关闭去预聚反应器的气相丙烯进料阀 HV2024
		(14)打开催化剂预接触罐油冲洗阀 HV2018
		(15)打开催化剂预接触罐排放阀 HV2023
		(16)打开注射器冲洗阀 HV2003 和 HV2010
		(17)打开注射器排放阀 HV2006 和 HV2009,保持第一反应器温度 TI2001 维持正常范围
		(18)5s 后密度小于 450kg/m^3,排放阀不切排:关闭注射器排放阀 HV2006 和 HV2009
2	原料丙烯中断	现象:环管反应器压力 PI2001 降至 2.0MPa,DCS 画面数值显示红色,闪烁
		(1)向第一反应器中注入 CO:打开 CO 阀 HV2004
		(2)向第二反应器中注入 CO:打开 CO 阀 HV2015
		(3)切断氢气进料:关闭氢气阀 HV2005 和 HV2016
		(4)切断催化剂进料:关闭去注射器出口阀 HV2017
		(5)打开第一、第二反应器夹套水加热器蒸汽流量控制阀 HV2030,保持两个反应器温度在正常范围
		(6)关闭聚丙烯排放阀门 HV2007,控制第一、第二反应器进料在正常范围内
3	杀死系统 去第一反应器 总阀前法兰泄漏 有人中毒 应急预案	现象:现场报警器报警
		(1)外操巡检发现事故,向班长汇报"杀死系统去第一反应器总阀前法兰泄漏,有人中毒"
		(2)外操佩戴正压式空气呼吸器,携带防爆型扳手,赶往现场
		(3)班长接到汇报后,执行以下操作(无顺序要求)
		① 使用广播启动应急响应
		② 向调度室汇报"启动应急响应"
		③ 命令安全员"请组织人员到 1 号门口拉警戒绳"
		④ 命令外操"立即去事故现场"
		(4)安全员接到命令后,到 1 号门口拉警戒绳

序号	实训任务	处置原理与操作步骤
3	杀死系统去第一反应器总阀前法兰泄漏有人中毒应急预案	(5)班长佩戴正压式空气呼吸器,携带防爆型F形扳手,赶往现场
		(6)班长和外操将中毒人员抬放至安全位置
		(7)班长命令主操"加强DCS监控""拨打120急救电话"
		(8)主操拨打"120急救"电话
		(9)班长命令安全员"引导救护车"
		(10)班长和外操检查发现泄漏点在杀死系统去第一反应器总阀前,并用防爆扳手紧固螺栓,泄漏点消除(DCS操作)
		(11)外操向班长汇报"中毒人员已被救护车接走,现场泄漏点已消除"
		(12)班长向调试室汇报"事故处理完毕,车间解除事故应急状态"

4.9 加氢反应系统单元操作

4.9.1 加氢反应系统的基本知识

加氢反应是在有机化合物分子中加入氢原子的反应,涉及加氢反应的工艺过程为加氢工艺,主要包括不饱和键加氢、芳环化合物加氢、含氮化合物加氢、含氧化合物加氢、氢解等。

加氢反应器的操作要求如下。

(1)重点监控工艺参数

加氢反应釜或催化剂床层温度、压力;加氢反应釜内搅拌速率;氢气流量;反应物质的配料比;系统氧含量;冷却水流量;氢气压缩机运行参数;加氢反应尾气组成;等等。

(2)安全控制措施

温度和压力的报警和联锁;反应物料的比例控制和联锁系统;紧急冷却系统;搅拌的稳定控制系统;氢气紧急切断系统;加装安全阀、爆破片等安全设施;循环氢压缩机停机报警和联锁;氢气检测报警装置;等等。

(3)宜采用的控制方式

将加氢反应釜内温度、压力与釜内搅拌电流、氢气流量、加氢反应釜夹套冷却水进水阀形成联锁关系,设立紧急停车系统;加入急冷氮气或氢气的系统;当加氢反应釜内温度或压力超标或搅拌系统发生故障时自动停止加氢,泄压,并进入紧急状态;安全泄放系统。

图4-17为加氢反应系统单元操作工艺流程图。

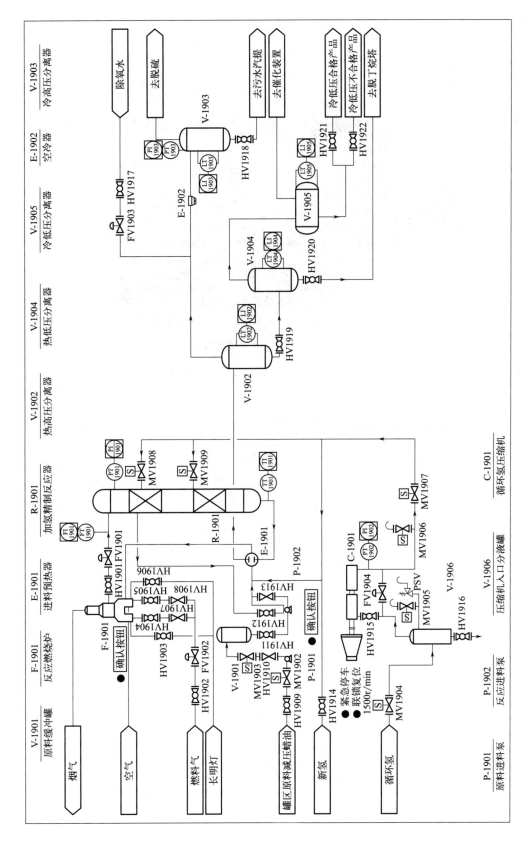

图 4-17　加氢反应系统单元操作工艺流程图

125

图 4-18 为加氢反应系统单元操作实操设备效果图。

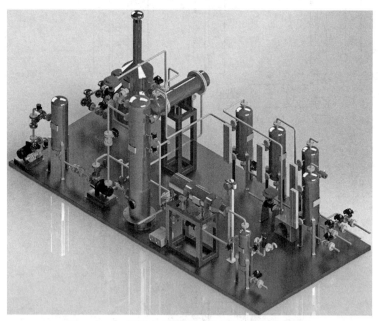

图 4-18　加氢反应系统单元操作实操设备效果图

4.9.2　加氢反应系统单元操作实训任务

序号	实训任务	处置原理与操作步骤
1	长时间停电	现象:原料进料泵 P-1901 跳停;反应进料泵 P-1902 跳停;循环氢压缩机 C-1901 跳停,装置进料流量 FI1901 降至 0,DCS 画面显示红色,闪烁
		(1)将反应燃烧炉主火嘴炉控制阀 FV1902 设手动,开度 0%
		(2)关闭燃料气进装置阀 HV1902
		(3)关闭反应燃烧炉长明灯前手阀 HV1903 和 HV1906
		(4)将除氧水注水调节阀 FV1903 设手动,开度 0%
		(5)关闭原料进原料缓冲罐阀 HV1909
		(6)关闭原料进料泵出口电动阀 MV1903
		(7)关闭循环氢压缩机出口电动阀 MV1907
		(8)关闭循环氢压缩机入口电动阀 MV1904
		(9)关闭减压蜡油进料控制阀 MV1902
		(10)关闭除氧水进口流量调节阀前手阀 HV1917
		(11)关闭新氢进装置阀 HV1914,停止供氢
		(12)打开冷低压不合格产品阀 HV1922
		(13)关闭冷低压产品出装置阀 HV1921
2	新氢供应中断	现象:加氢精制反应器压力 PI1901 降至 1.5MPa,循环氢压缩机出口压力 PI1902 降至 1.6MPa,DCS 画面数值显示红色,闪烁
		(1)将循环氢压缩机转速设置为最大正常转速 1500r/min

序号	实训任务	处置原理与操作步骤
2	新氢供应中断	(2)调节反应进料调节阀FV1901,将装置加氢进料流量FI1901降至140t/h,同时加氢精制反应器出口温度TI1901降至330℃
		(3)关闭各注水点手阀;关闭除氧水进口流量调节阀前手阀HV1917
		(4)打开冷低压不合格产品阀HV1922
		(5)关闭冷低压产品出装置阀HV1921
3	循环氢压缩机停机	现象:循环氢压缩机C-1901跳停,加氢精制反应器压力PI1901降至0.7MPa,循环氢压缩机出口压力PI1902降至0.8MPa,DCS画面数值显示红色,闪烁
		(1)关闭循环氢压缩机入口电动阀MV1904
		(2)关闭循环氢压缩机出口电动阀MV1907
		(3)将循环氢压缩机防喘振阀FV1904设手动,打开
		(4)确认打开0.7MPa低速紧急泄压阀MV1905
		(5)确认关闭反应燃烧炉燃料气火嘴自保阀HV1904和HV1905
		(6)确认反应燃烧炉联锁停炉,确认反应进料泵联锁停止
		(7)确认关闭反应进料切断阀HV1901
		(8)确认反应进料调节阀联锁关闭,将反应进料调节阀FV1901设手动,开度0%
		(9)确认联锁,关闭液力透平入口切断阀HV1912,停液力透平
		(10)点击循环氢压缩机联锁复位,确认0.7MPa低速紧急泄压阀MV1905是否关闭
		(11)启动循环氢压缩机,提升压缩机转速至1000r/min
		(12)打开反应燃烧炉燃料气火嘴自保阀HV1904和HV1905,恢复火嘴燃烧,此时加氢精制反应器出口温度TI1901稳定在200℃,等待重新切入进料
		(13)关闭除氧水进口流量调节阀前手阀HV1917
4	反应器出口法兰泄漏着火事故应急预案	现象:现场报警器报警
		(1)外操巡检发现事故,向班长汇报"反应器出口法兰泄漏着火,需紧急处置"
		(2)班长接到汇报后,启动应急响应(无顺序要求)
		① 向调度室汇报"启动应急响应"
		② 命令安全员"请组织人员到1号门口拉警戒绳"
		(3)安全员接到命令后,到1号门口拉警戒绳
		(4)班长和外操佩戴正压式空气呼吸器,携带F形扳手,赶往现场
		(5)班长接到汇报后,执行以下操作(无顺序要求)
		① 命令主操"拨打119火警电话""执行紧急停车""监视DCS数据"
		② 命令外操"使用消防炮对着火点进行降温""执行紧急停车"
		③ 命令安全员"到1号门口引导消防车"
		(6)安全员接到命令后,到1号门口引导消防车
		(7)外操接到命令后,执行以下操作
		① 使用消防炮对反应器进行降温
		② 确认关闭反应燃烧炉燃料气火嘴自保阀HV1904和HV1905,反应燃烧炉停炉
		③ 确认停止反应进料泵P-1902

序号	实训任务	处置原理与操作步骤
4	反应器出口法兰泄漏着火事故应急预案	④ 确认关闭反应进料切断阀 HV1901
		⑤ 确认反应进料调节阀关闭,将反应进料调节阀 FV1901 设手动,开度 0%
		⑥ 确认关闭液力透平入口切断阀 HV1912,停液力透平
		⑦ 停止原料进料泵 P-1901
		⑧ 关闭反应燃烧炉火嘴阀 HV1907 和 HV1908,关闭长明灯前手阀 HV1903 和 HV1906
		⑨ 关闭原料进原料缓冲罐阀 HV1909、新氢进装置阀 HV1914 和燃料气进装置阀 HV1902
		⑩ 依次打开热高压分离器排污阀 HV1919,打开冷高压分离器排污阀 HV1918,打开热低压分离器排污阀 HV1920,打开冷低压分离器冷低压不合格产品阀 HV1922,打开循环氢压缩机入口分液罐排污阀 HV1916,5s 后容器倒空
		⑪ 向班长汇报"外操操作完毕"
		(8)主操接到命令后,执行以下操作
		① 拨打"119 火警"电话
		② 确认循环氢压缩机自身联锁状态;停止压缩机
		③ 关闭循环氢压缩机入口电动阀 MV1904
		④ 关闭循环氢压缩机出口电动阀 MV1907
		⑤ 确认 0.7MPa 低速紧急泄压阀 MV1905 是否打开,若未打开,则打开 2.1MPa 高速紧急泄压阀 MV1906
		⑥ 关闭每个床层的急冷氢调节阀 MV1908 和 MV1909,确认系统压力已经开始大幅度下降
		⑦ 向班长汇报"主操操作完毕"
		(9)待火熄灭后,班长向调度室汇报"事故处理完毕"
		(10)班长广播宣布"解除事故应急状态"
5	循环压缩机出口法兰泄漏着火有人中毒事故应急预案	现象:现场报警器报警
		(1)外操巡检发现事故,向班长汇报"循环压缩机出口法兰泄漏着火,有人中毒"
		(2)班长接到汇报后,启动应急响应(无顺序要求)
		① 向调度室汇报"启动应急响应"
		② 命令安全员"请组织人员到 1 号门口拉警戒绳"
		(3)安全员接到命令后,到 1 号门口拉警戒绳
		(4)班长和外操佩戴正压式空气呼吸器,携带 F 形扳手,赶往现场
		(5)班长和外操将受伤人员抬放至安全位置
		(6)班长接到汇报后,执行以下操作(无顺序要求)

序号	实训任务	处置原理与操作步骤
5	循环压缩机出口法兰泄漏着火有人中毒事故应急预案	① 命令主操"拨打 119 火警电话""拨打 120 急救电话""执行紧急停车""监视 DCS 数据"
		② 命令安全员"到 1 号门口引导消防车、救护车"
		③ 命令外操"使用消防炮对着火点进行降温""执行紧急停车"
		(7)安全员接到命令后,到 1 号门口引导消防车、救护车
		(8)外操接到命令后,执行以下操作
		① 使用消防炮对压缩机进行降温
		② 确认关闭反应燃烧炉燃料气火嘴自保阀 HV1904 和 HV1905,反应燃烧炉停炉
		③ 确认停止反应进料泵 P-1902
		④ 确认关闭反应进料切断阀 HV1901
		⑤ 确认反应进料调节阀关闭,将反应进料调节阀 FV1901 设手动,开度 0%
		⑥ 确认关闭液力透平入口切断阀 HV1912,停液力透平
		⑦ 停止原料进料泵 P-1901
		⑧ 关闭反应燃烧炉火嘴阀 HV1907 和 HV1908,关闭长明灯前手阀 HV1903 和 HV1906
		⑨ 关闭原料进原料缓冲罐阀 HV1909、新氢进装置阀 HV1914 和燃料气进装置阀 HV1902
		⑩ 依次打开热高压分离器排污阀 HV1919,打开冷高压分离器排污阀 HV1918,打开热低压分离器排污阀 HV1920,打开冷低压分离器冷高压不合格产品阀 HV1922,打开循环氢压缩机入口分液罐排污阀 HV1916,5s 后容器倒空
		⑪ 向班长汇报"外操操作完毕"
		(9)主操接到命令后,执行以下操作
		① 拨打"119 火警"电话
		② 确认循环氢压缩机自身联锁状态:停止压缩机
		③ 关闭循环氢压缩机入口电动阀 MV1904
		④ 关闭循环氢压缩机出口电动阀 MV1907
		⑤ 确认 0.7MPa 低速紧急泄压阀 MV1905 是否打开,若未打开,则打开 2.1MPa 高速紧急泄压阀 MV1906
		⑥ 关闭每个床层的急冷氢调节阀 MV1908 和 MV1909,确认系统压力已经开始大幅度下降
		⑦ 向班长汇报"主操操作完毕"
		(10)待火熄灭后,班长向调度室汇报"事故处理完毕"
		(11)班长广播宣布"解除事故应急状态"

4.10 裂解系统单元操作

4.10.1 裂解系统的基本知识

裂解是指石油系的烃类原料在高温条件下，发生碳链断裂或脱氢反应，生成烯烃及其他产物的过程。裂解产物以乙烯、丙烯为主，同时产生副产物如丁烯、丁二烯等烯烃和裂解汽油、柴油、燃料油等产品。

烃类原料在裂解炉内进行高温裂解，产出组成为氢气、低/高碳烃类、芳烃类以及馏分为288℃以上的裂解燃料油的裂解气混合物。经过急冷、压缩、激冷、分馏以及干燥和加氢等方法，分离出目标产品和副产品。

在裂解过程中，同时伴随缩合、环化和脱氢等反应。由于所发生的反应很复杂，通常把反应分成两个阶段。第一阶段，原料生成的目的产物为乙烯、丙烯，这种反应称为一次反应。第二阶段，一次反应生成的乙烯、丙烯继续反应转化为炔烃、二烯烃、芳烃、环烷烃，甚至最终转化为氢气和焦炭，这种反应称为二次反应。裂解产物往往是多种组分混合物。影响裂解的基本因素主要为温度和反应的持续时间。化工生产中常用热裂解的方法生产小分子烯烃、炔烃和芳香烃，如乙烯、丙烯、丁二烯、乙炔、苯和甲苯等。

裂解操作的基本要求如下。

(1) 重点监控工艺参数

裂解炉进料流量；裂解炉温度；引风机电流；燃料油进料流量；稀释蒸汽比及压力；燃料油压力；外取热器控制、机组控制、锅炉控制等。

(2) 安全控制措施

裂解炉进料压力、流量控制报警与联锁；裂解炉紧急温度报警和联锁；紧急冷却系统；紧急切断系统；外取热器汽包和锅炉汽包液位的三冲量控制；锅炉的熄火保护；机组相关控制；可燃与有毒气体检测报警装置等。

(3) 宜采用的控制方式

① 将引风机电流与裂解炉进料阀、燃料油进料阀、稀释蒸汽阀之间形成联锁关系，一旦引风机故障停车，则裂解炉自动停止进料并切断燃料供应，但应继续供应稀释蒸汽，以带走炉膛内的余热。

② 将燃料油压力与燃料油进料阀、裂解炉进料阀之间形成联锁关系，燃料油压力降低，则切断燃料油进料阀，同时切断裂解炉进料阀。

③ 将裂解炉电流与锅炉给水流量、稀释蒸汽流量之间形成联锁关系，一旦水、电、蒸汽等公用工程出现故障，裂解炉能自动紧急停车。

④ 外取热汽包和锅炉汽包液位采用液位、补水量和蒸发量三冲量控制。

⑤ 带明火的锅炉设置熄火保护控制。

⑥ 大型机组设置相关的轴温、轴振动、轴位移、油压、油温、防喘振等系统控制。

⑦ 在装置存在可燃气体、有毒气体泄漏的部位设置可燃气体报警仪和有毒气体报警仪。

图4-19为裂解系统单元操作工艺流程图。

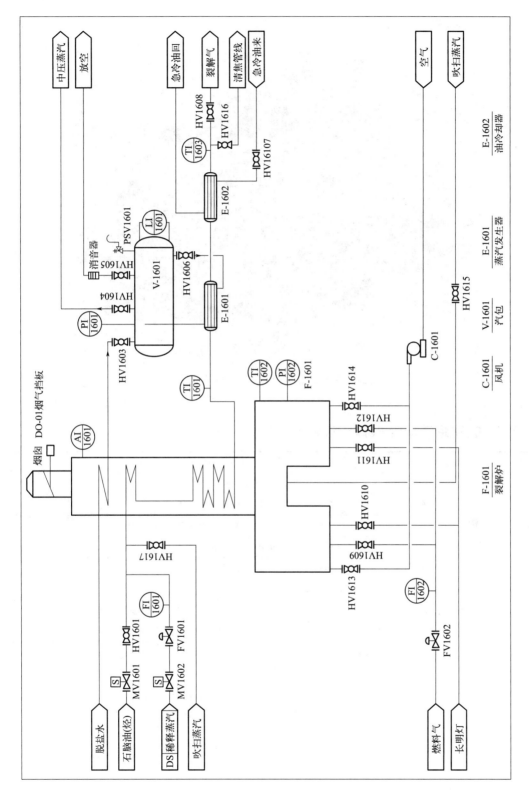

图 4-19 裂解系统单元操作工艺流程图

图 4-20 为裂解系统单元操作实操设备效果图。

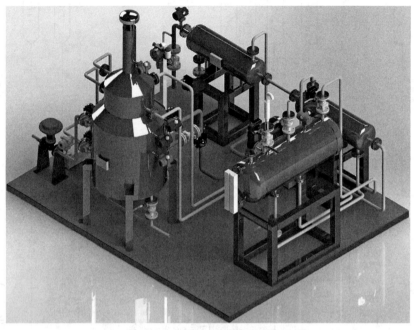

图 4-20 裂解系统单元操作实操设备效果图

4.10.2 裂解系统单元操作实训任务

序号	实训任务	处置原理与操作步骤
1	长时间停电	现象：风机 C-1601 停止，DCS 画面数值显示红色，闪烁
		(1)关闭烃进料隔离阀 HV1601
		(2)所有燃料(长明线除外)全部关闭；将燃料气调节阀 FV1602 设手动，开度 0%
		(3)将 DS(稀释蒸汽)调节阀 FV1601 设手动，开度 100%
		(4)炉底和侧壁烧嘴全部关闭；关闭烧嘴阀 HV1613 和 HV1614
		(5)调节烟气挡板开度值在 30%～60%工艺范围之内，炉膛保持负压
		(6)打开进料蒸汽跨线阀 HV1617，用蒸汽吹扫下游的烃进料管线
		(7)打开清焦管线阀 HV1616；同时关闭裂解气总管阀 HV1608
		(8)当裂解炉出口温度(COT)炉管出口温度 TI1601 低于 400℃时，将输送管线换热器(TLE)的蒸汽包排放至常压；打开消音放空阀 HV1605，注意汽包液位
		(9)当炉管出口温度 TI1601 低于 200℃时，中断 DS；关闭燃料气截止阀 HV1609 和 HV1612；关闭 DS 截止阀 MV1602；关闭汽包蒸汽消音放空阀 HV1605
		(10)关闭汽包进水阀 HV1603
2	脱盐水中断	现象：汽包液位 LI1601 降至 20%，DCS 画面 LI1601 数值显示红色，闪烁
		(1)关闭烃进料隔离阀 HV1601
		(2)所有燃料(长明线除外)全部关闭；将燃料气调节阀 FV1602 设手动，开度 0%
		(3)将 DS(稀释蒸汽)调节阀 FV1601 设手动，开度 100%

序号	实训任务	处置原理与操作步骤
2	脱盐水中断	(4)炉底和侧壁烧嘴全部关闭:关闭烧嘴阀 HV1613 和 HV1614
		(5)调节烟气挡板开度值在 30%~60%工艺范围之内,炉膛保持负压
		(6)打开进料蒸汽跨线阀 HV1617,用蒸汽吹扫下游的烃进料管线
		(7)停急冷油:关闭急冷油进料阀 HV1607,打开清焦管线阀 HV1616;同时关闭裂解气总管阀 HV1608
		(8)当 COT 炉管出口温度 TI1601 低于 400℃时,将 TLE 的蒸汽包排放至常压;打开消音放空阀 HV1605,注意汽包液位
		(9)当炉管出口温度 TI1601 低于 200℃时,中断 DS:关闭燃料气截止阀 HV1609 和 HV1612;关闭 DS 截止阀 MV1602;关闭汽包蒸汽消音放空阀 HV1605
		(10)关闭汽包进水阀 HV1603
3	燃料气中断	现象:燃料气中断联锁跳闸,风机 C-1601 停止,DCS 画面显示红色,闪烁
		(1)因燃料气中断而联锁跳闸,关闭烃进料隔离阀 HV1601
		(2)所有燃料(长明线除外)全部关闭:将燃料气调节阀 FV1602 设手动,开度 0%
		(3)将 DS(稀释蒸汽)调节阀 FV1601 设手动,开度 100%
		(4)炉底和侧壁烧嘴全部关闭:关闭烧嘴阀 HV1613 和 HV1614
		(5)调节烟气挡板开度值在 30%~60%工艺范围之内,炉膛保持负压
		(6)打开进料蒸汽跨线阀 HV1617,用蒸汽吹扫下游的烃进料管线
		(7)停急冷油:关闭急冷油进料阀 HV1607,打开清焦管线阀 HV1616;同时关闭裂解气总管阀 HV1608
		(8)当 COT 炉管出口温度 TI1601 低于 400℃时,将 TLE 的蒸汽包排放至常压;打开消音放空阀 HV1605,注意汽包液位
		(9)当炉管出口温度 TI1601 低于 200℃时,中断 DS:关闭燃料气截止阀 HV1609 和 HV1612;关闭 DS 截止阀 MV1602;关闭汽包蒸汽消音放空阀 HV1605
		(10)关闭汽包进水阀 HV1603
4	裂解炉管破裂着火应急预案	现象:炉膛温度 TI1602 上升,且燃气流量 FI1602 突然增大,DCS 画面两处数值显示红色,闪烁,现场报警器报警
		(1)主操监控 DCS,发现炉膛温度 TI1602 上升,且燃气流量 FI1602 突然增大,报告班长:"裂解炉可能出现问题,需紧急处置"
		(2)班长命令外操"立即去事故现场检查"
		(3)外操检查发现事故,向班长汇报"裂解炉管破裂着火,需紧急处置"
		(4)班长接到汇报后,向调度室汇报"启动应急响应"
		(5)班长和外操佩戴正压式呼吸器,携带 F 形扳手,赶往现场
		(6)班长命令主操和外操"执行紧急停车"
		(7)主操接到命令后,执行以下操作
		① 启动室内岗位第一轮处理方案,停止裂解炉燃料:将底部燃料气调节阀 FV1602 设手动,开度 0%
		② 将 DS(稀释蒸汽)调节阀 FV1601 设手动,开度 100%

序号	实训任务	处置原理与操作步骤
4	裂解炉管破裂着火应急预案	(8)外操接到命令后,执行以下操作
		① 关闭石脑油(烃)进料隔离阀 HV1601
		② 所有火嘴燃料气阀(长明线除外)全部关闭(包括底部和侧壁);即关闭烧嘴阀 HV1613 和 HV1614
		③ 打开进料蒸汽跨线阀 HV1617,用蒸汽吹扫下游的进料管线
		④ 停急冷油:关闭急冷油进料阀 HV1607,打开清焦管线阀 HV1616;同时关闭裂解气总管阀 HV1608
		⑤ 当 COT 炉管出口温度 TI1601 低于 400℃时,将 TLE 的蒸汽包排放至常压;打开消音放空阀 HV1605,注意汽包液位
		⑥ 当炉管出口温度 TI1601 低于 200℃时,中断 DS;关闭燃料气截止阀 HV1609 和 HV1612;关闭 DS 截止阀 MV1602;关闭汽包蒸汽消音放空阀 HV1605;关闭汽包进水阀 HV1603
		⑦ 向班长汇报"外操操作完毕"
		(9)主操启动室内岗位第二轮处理方案
		① 关闭石脑油进料控制阀 MV1601;关闭稀释蒸汽调节阀 FV1601
		② 向班长汇报"停车完毕"
		(10)外操取灭火器灭火
		(11)待火熄灭后,班长向调试室汇报"装置已按应急预案处理完毕,裂解炉正在自然降温"
		(12)班长广播宣布"解除事故应急状态"
5	急冷油管破裂着火应急预案	现象:裂解气去后系统温度 TI1603 升至 180℃,DCS 画面 TI1603 数值显示红色,闪烁,现场报警器报警
		(1)室内主操正在监控 DCS,发现裂解气去后系统温度 TI1603 升至 180℃,报告班长:"急冷油可能出现问题,需紧急处置"
		(2)班长命令外操"立即去事故现场检查"
		(3)外操检查发现事故,向班长汇报"急冷油管破裂着火,需紧急处置"
		(4)班长接到汇报后,启动应急响应(无顺序要求)
		① 向调度室汇报"启动应急响应"
		② 命令安全员"请组织人员到 1 号门口拉警戒绳"
		(5)安全员接到命令后,到 1 号门口拉警戒绳
		(6)外操佩戴正压式空气呼吸器,携带 F 形扳手,赶往现场
		(7)班长接到汇报后,执行以下操作(无顺序要求)
		① 命令主操"拨打 119 火警电话""执行紧急停车"
		② 命令外操"执行紧急停车"
		③ 命令安全员"到 1 号门口引导消防车"
		(8)安全员接到命令后,到 1 号门口引导消防车
		(9)主操接到命令后,执行以下操作
		① 拨打"119 火警"电话

序号	实训任务	处置原理与操作步骤
5	急冷油管破裂着火应急预案	② 启动室内岗位第一轮处理方案,停止裂解炉燃料:将底部燃料气调节阀 FV1602 设手动,开度 0%
		③ 将 DS(稀释蒸汽)调节阀 FV1601 设手动,开度 100%
		(10)外操接到命令后,执行以下操作
		① 关闭石脑油(烃)进料隔离阀 HV1601
		② 所有火嘴燃料气阀(长明线除外)全部关闭(包括底部和侧壁):即关闭烧嘴阀 HV1613 和 HV1614
		③ 打开进料蒸汽跨线阀 HV1617,用蒸汽吹扫下游的进料管线
		④ 停急冷油:关闭急冷油进料阀 HV1607,打开清焦管线阀 HV1616;同时关闭裂解气总管阀 HV1608
		⑤ 当 COT 炉管出口温度 TI1601 低于 400℃时,将 TLE 的蒸汽包排放至常压;打开消音放空阀 HV1605,注意汽包液位
		⑥ 当炉管出口温度 TI1601 低于 200℃时,中断 DS:关闭燃料气截止阀 HV1609 和 HV1612;关闭 DS 截止阀 MV1602;关闭汽包蒸汽消音放空阀 HV1605;关闭汽包进水阀 HV1603
		⑦ 向班长汇报"外操操作完毕"
		(11)主操启动室内岗位第二轮处理方案
		① 关闭石脑油进料控制阀 MV1601;关闭稀释蒸汽调节阀 FV1601
		② 向班长汇报"停车完毕"
		(12)外操取灭火器灭火
		(13)待火熄灭后,班长向调试室汇报"装置已按应急预案处理完毕,裂解炉正在自然降温"
		(14)班长广播宣布"解除事故应急状态"
6	燃料气泄漏着火应急预案	现象:现场报警器报警
		(1)外操巡检发现事故,向班长汇报"燃料气调节阀法兰泄漏着火,需紧急处置"
		(2)班长接到汇报后,启动应急响应(无顺序要求)
		① 向调度室汇报"启动应急响应,紧急停车"
		② 命令安全员"请组织人员到 1 号门口拉警戒绳"
		③ 火焰不熄灭,命令主操"拨打 119 火警电话"
		(3)安全员接到命令后,到 1 号门口拉警戒绳
		(4)班长和外操佩戴正压式空气呼吸器,携带 F 形扳手,赶往现场
		(5)班长接到汇报后,执行以下操作(无顺序要求)
		① 命令主操和外操"执行紧急停车"
		② 命令安全员"到 1 号门口引导消防车"
		(6)安全员接到命令后,到 1 号门口引导消防车
		(7)主操接到命令后,执行以下操作
		① 拨打"119 火警"电话

序号	实训任务	处置原理与操作步骤
6	燃料气泄漏着火应急预案	② 启动室内岗位第一轮处理方案,停止裂解炉燃料:将底部燃料气调节阀FV1602设手动,开度0%
		③ 将DS(稀释蒸汽)调节阀FV1601设手动,开度100%
		(8)外操接到命令后,执行以下操作
		① 关闭石脑油(烃)进料隔离阀HV1601
		② 所有火嘴燃料气阀(长明线除外)全部关闭(包括底部和侧壁);即关闭烧嘴阀HV1613和HV1614
		③ 打开进料蒸汽跨线阀HV1617,用蒸汽吹扫下游的进料管线
		④ 停急冷油:关闭急冷油进料阀HV1607,打开清焦管线阀HV1616;同时关闭裂解气总管阀HV1608
		⑤ 当COT炉管出口温度TI1601低于400℃时,将TLE的蒸汽包排放至常压;打开消音放空阀HV1605,注意汽包液位
		⑥ 当炉管出口温度TI1601低于200℃时,中断DS;关闭燃料气截止阀HV1609和HV1612;关闭DS截止阀MV1602;关闭汽包蒸汽消音放空阀HV1605;关闭汽包进水阀HV1603
		⑦ 向班长汇报"外操操作完毕"
		(9)主操启动室内岗位第二轮处理方案
		① 关闭石脑油进料控制阀MV1601;关闭稀释蒸汽调节阀FV1601
		② 向班长汇报"停车完毕"
		(10)外操取灭火器灭火
		(11)待火熄灭后,班长向调试室汇报"装置已按应急预案处理完毕,裂解炉正在自然降温,通知维修人员进行检修"
		(12)班长广播宣布"解除事故应急状态"

第5章

典型化工工艺及实训

5.1 光气及光气化工艺

5.1.1 光气及光气化工艺基础知识

光气及光气化工艺包含光气的制备工艺和以光气为原料制备光气化产品的工艺路线。光气化工艺主要分为气相和液相两种。工艺危险特点如下：①光气为剧毒气体，在储运、使用过程中发生泄漏后，易造成大面积环境污染、人员中毒事故；②反应介质具有燃爆危险性；③副产物氯化氢具有腐蚀性，易造成设备和管线泄漏使人员发生中毒事故。

典型工艺如下：

① 一氧化碳与氯气的反应得到光气；

② 光气合成双光气、三光气；

③ 采用光气作单体合成聚碳酸酯；

④ 甲苯二异氰酸酯（TDI）的制备；

⑤ 4,4'-二苯基甲烷二异氰酸酯（MDI）的制备。

5.1.2 重点监控工艺参数

一氧化碳、氯气含水量；反应釜温度、压力；反应物质的配料比；光气进料速度；冷却系统中冷却介质的温度、压力、流量。

5.1.3 光气化工艺装置实训

本装置模拟的化工工艺为：一氧化碳与氯气反应合成光气的工艺。光气化工艺反应和吸收工段实训 PID 图分别见图 5-1 和图 5-2。

干燥的一氧化碳和来自液氯供液槽的干燥氯气按一定比例在进料管道混合器 S101 混合。混合气进入光气化主反应器 R101 顶部。光气化主反应器为管壳式，管内装催化剂，壳程通导热油作冷却剂。从光气化主反应器 R101 出来的反应气进入洁净反应器 R102。正常情况下氯气在光气化主反应器全部反应掉。洁净反应器只是起一个保险作用，以保证氯气全部反应掉。洁净反应器出来的光气送后续工序进行处理。

为防止光气逸散，光气室保持微负压，保证即使有光气泄漏也不会漏出室外。微负压靠风机抽吸维持。抽出的含有光气的气体进入废光气破坏塔分解。

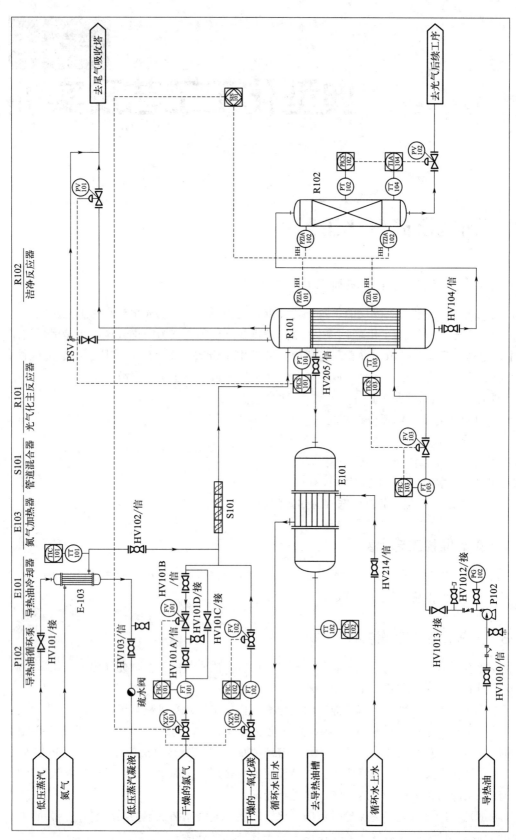

图 5-1 光气化工艺反应工段实训 PID

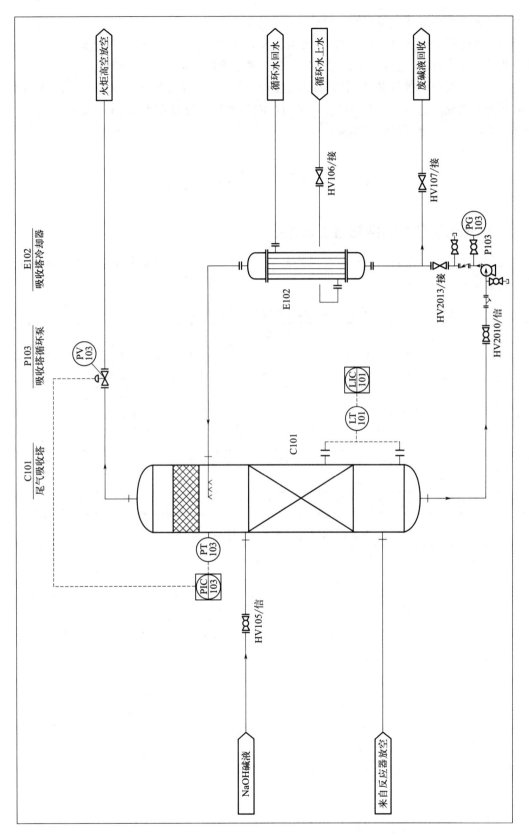

图 5-2 光气化吸收工段实训 PID

光气热油系统由导热油循环泵、导热油冷却器、导热油槽等组成。

从光气化主反应器出来的约 70℃ 导热油进入导热油冷却器，采用冷却水冷却到 60℃，经过导热油循环泵 P102 进入光气化主反应器再次进行冷却，至此完成一个循环。

光气热氮系统由氮气加热器 E103 组成。热氮用于停车时吹扫光气合成工艺设备和管道。吹扫光气合成工艺设备和管道时分段进行。吹扫废气送尾气吸收塔 C101 处理。分析废气中光气浓度低于设定值后吹扫结束。

反应方程式如下：

$$CO + Cl_2 \xrightarrow[180℃]{催化剂,0.3MPa} COCl_2$$

5.1.4 光气化工艺控制回路与工艺指标

光气化装置控制回路及工艺指标分别见表 5-1 和表 5-2。光气化安全仪表系统（SIS）联锁详细信息见表 5-3。

表 5-1 光气化装置控制回路一览表

位号	注解	联锁位号	联锁注解
FV101	调节氯气进口流量	FIC101	远传显示比例控制氯气进反应器流量
FV102	调节一氧化碳进口流量	FIC102	远传显示比例控制一氧化碳进反应器流量
FV103	调节光气化主反应器导热油进口流量	FIC103	远传显示控制光气化主反应器导热油进口流量
		TIC103	远传显示串级控制光气化主反应器温度
PV101	调节光气化主反应器尾气出口流量	PIC101	远传显示串级控制光气化主反应器的压力
PV102	调节洁净反应器光气出口流量	PIC102	远传显示控制洁净反应器的压力
PV103	调节尾气吸收塔气体出口流量	PIC103	远传显示控制尾气吸收塔的压力

表 5-2 光气化装置工艺指标一览表

序号	位号	名称	正常值	指标范围	SIS联锁值
1	TI101	热氮气加热后温度	80℃	78～85℃	—
2	TI102	导热油冷却器出油温度	45℃	≤50℃	—
3	TI103	光气化主反应器温度	180℃	175～190℃	—
4	TZIA101	光气化主反应器温度	180℃	175～190℃	高高限 205℃
5	TI104	洁净反应器温度	170℃	160～180℃	—
6	TZIA102	洁净反应器温度	170℃	160～180℃	高高限 205℃
7	PI101	光气化主反应器压力	0.3MPa	≤0.6MPa	—
8	PZIA101	光气化主反应器压力	0.3MPa	≤0.6MPa	高高限 0.8MPa
9	PI102	洁净反应器压力	0.25MPa	≤0.6MPa	—
10	PZIA102	洁净反应器压力	0.25MPa	≤0.6MPa	高高限 0.8MPa
11	PG102	导热油循环泵出口压力	1.0MPa	≤1.4MPa	—

续表

序号	位号	名称	正常值	指标范围	SIS联锁值
12	PG103	吸收塔循环泵出口压力	0.6MPa	≤1.0MPa	—
13	PI103	吸收塔顶压力	0.2MPa	≤1.0MPa	—
14	FI101	氯气进料流量	35t/h	34～36t/h	—
15	FI102	一氧化碳进料流量	14t/h	13～15t/h	—
16	FI103	导热油循环流量	5t/h	4.8～5.2t/h	—
17	LI101	吸收塔釜液位	60%	40%～80%	—

表5-3 光气化安全仪表系统（SIS）联锁一览表

位号	仪表位号	注解	联锁启动	联锁位号	开关状态	联锁注解
SIS101	TZIA101	光气化主反应器温度	高高限205℃	XZV101	关	切断氯气进料
				XZV102	关	切断一氧化碳进料
	PZIA101	光气化主反应器压力	高高限0.8MPa	XZV101	关	切断氯气进料
				XZV102	关	切断一氧化碳进料
	TZIA102	洁净反应器温度	高高限205℃	XZV101	关	切断氯气进料
				XZV102	关	切断一氧化碳进料
	PZIA102	洁净反应器压力	高高限0.8MPa	XZV101	关	切断氯气进料
				XZV102	关	切断一氧化碳进料
	PB101	紧急停车按钮	手动	XZV101	关	切断氯气进料
				XZV102	关	切断一氧化碳进料

5.1.5 光气化装置开车操作（DCS结合装置实际操作）

① 检查各阀门等开闭位置是否正确，符合开车条件，并通知前后工序做好开车准备。

② 外操打开反应器壳程出口阀HV205，打开导热油循环泵P102进口阀HV1010，启动导热油循环泵P102，打开泵出口阀HV1013，出口压力升至1.0MPa。

③ 主操将导热油循环量调节阀FV103设手动，开度50%，导热油流量升至5t/h，光气化主反应器投用导热油。

④ 外操打开导热油冷却器E101壳程进料阀HV214。

⑤ 外操打开循环上水阀HV106，向吸收塔冷却器E102投入循环水。

⑥ 外操打开氢氧化钠进液阀HV105。

⑦ 待尾气吸收塔C101液位达到60%，外操打开吸收塔循环泵P103进口阀HV2010，启动吸收塔循环泵P103，打开泵出口阀HV2013，出口压力升至0.6MPa。

⑧ 主操将吸收塔放空调节阀PV103设自动，联锁压力值0.6MPa。

⑨ 主操打开尾气放空调节阀PV101设自动，联锁压力值0.3MPa。

⑩ 外操打开氯气进料调节阀 FV101 前后手阀 HV101A、HV101B。

⑪ 主操将氯气进料调节阀 FV101 设自动，联锁流量值 35t/h。

⑫ 主操将一氧化碳进料调节阀 FV102 设自动，联锁流量值 14t/h。

⑬ 外操打开反应出料阀 HV104。

⑭ 主操将洁净反应器出料调节阀 PV102 投自动，联锁压力值 0.25MPa。

⑮ 外操适时打开废碱液阀 HV107。

5.1.6　光气化装置现场应急处置

序号	处置案例	处置原理与操作步骤
1	光气化主反应器飞温	事故现象:光气化主反应器温度 TI103 从 180℃升至 190℃,DCS 界面 TI103 红字＋闪烁报警。 ① 主操将氯气进料调节阀 FV101 设手动,开度 40%,氯气进料流量降至 28t/h;将一氧化碳进料调节阀 FV102 设手动,开度 40%,一氧化碳进料流量降至 11.2t/h。30s 不操作,主反应器温度高高 SIS 联锁启动(SIS 联锁启动:氯气切断阀 XZV101 关闭,一氧化碳切断阀 XZV102 关闭),考试结束。 ② 主操将导热油循环量调节阀 FV103 设手动,开度 55%,导热油进料流量升至 5.5t/h,光气化主反应器温度 TI103 从 190℃降至 170℃。 ③ 主操将氯气进料调节阀 FV101 开度设 50%,氯气进料流量升至 35t/h;将一氧化碳进料调节阀 FV102 开度设 50%,一氧化碳进料流量升至 14t/h,主反应器温度 TI103 稳定在 180℃
2	洁净反应器压力过高	事故现象:洁净反应器压力 PI102 从 0.25MPa 升至 0.4MPa,DCS 界面 PI102 红字＋闪烁报警。 ① 主操将尾气放空调节阀 PV101 设手动,开度 10%,洁净反应器压力 PI102 降至 0.25MPa。30s 不操作,洁净反应器压力高高 SIS 联锁启动(SIS 联锁启动:氯气切断阀 XZV101 关闭,一氧化碳切断阀 XZV102 关闭),考试结束。 ② 主操将氯气进料调节阀 FV101 设手动,开度 45%,氯气进料流量降至 31.5t/h;将一氧化碳进料调节阀 FV102 设手动,开度 45%,一氧化碳进料流量降至 12.6t/h。 ③ 主操将尾气放空调节阀 PV101 设自动,联锁压力值 0.3MPa
3	氯气供料停止	事故现象:氯气供料停止,氯气进料流量降至 0,DCS 界面 FI101 数值显示红色,闪烁,报警。 ① 主操将一氧化碳进料调节阀 FV102 设手动,开度 0%,一氧化碳进料流量降至 0。 ② 主操将洁净反应器出料调节阀 PV102 设手动,开度 0%。 ③ 主操将尾气放空调节阀 PV101 设手动,开度 0%
4	氯气进料调节阀法兰泄漏有人中毒应急预案	事故现象:现场报警器报警,氯气进料调节阀法兰泄漏(烟雾发生器喷雾)。 ① 外操巡检发现事故,"氯气进料调节阀法兰泄漏有人中毒",向班长汇报。(泄漏氯气) ② 班长接到汇报后,启动应急响应。命令主操打"120 急救"电话。 ③ 班长命令安全员"请组织人员到 1 号门口拉警戒绳,引导救护车"。 ④ 班长向调试室汇报"氯气进料调节阀法兰泄漏有人中毒"。 ⑤ 主操接到"应急响应启动"后,打"120 急救"电话。

序号	处置案例	处置原理与操作步骤
4	氯气进料调节阀法兰泄漏有人中毒应急预案	⑥ 安全员接到"应急响应启动"后,到1号门口拉警戒绳,引导救护车。 ⑦ 班长和外操佩戴正压式呼吸器,穿防化服,携带F形扳手,现场处置。 ⑧ 班长和外操将中毒人员抬放至安全位置。 ⑨ 班长命令主操和外操"执行紧急停车操作"。 ⑩ 主操将氯气进料调节阀FV101设手动,开度0%,氯气进料流量降至0。 ⑪ 主操将一氧化碳进料调节阀FV102设手动,开度0%,一氧化碳进料流量降至0。 ⑫ 主操将洁净反应器出料调节阀PV102设手动,开度0%。 ⑬ 外操关闭氯气进料调节阀FV101前后手阀HV101A、HV101B。 ⑭ 主操将导热油循环量调节阀FV103设手动,开度0%,导热油流量FI103降至0。 ⑮ 外操关闭导热油循环泵P102出口阀HV1013;停泵P102;关闭泵进口阀HV1010,泵出口压力PG102降至0。 ⑯ 主操打开尾气放空调节阀PV101设手动,开度50%。 ⑰ 外操打开氮气加热器E103的蒸汽凝液排液阀HV103。 ⑱ 外操打开蒸汽阀HV101和热氮气阀HV102,用热氮气吹扫设备及管道,废气去尾气吸收塔进行吸收处理,吹扫结束后关闭。 ⑲ 外操关闭反应出料阀HV104、氢氧化钠进液阀HV105和废碱液阀HV107。 ⑳ 外操关闭吸收塔循环泵P103出口阀HV2013;停P103泵;关闭泵进口阀HV2010,泵出口压力PG103降至0。 ㉑ 外操关闭循环上水阀HV106,停止向吸收塔冷却器E102投入循环水。 ㉒ 主操将吸收塔放空调节阀PV103设手动,开度0%。 ㉓ 外操向班长汇报"紧急停车完毕"。 ㉔ 班长向调试室汇报"事故处理完毕,请联系检修处置漏点"。 ㉕ 班长广播宣布"解除事故应急状态"
5	冷却器管程进口法兰泄漏应急预案	事故现象:现场报警器报警,冷却器管程进口法兰泄漏(烟雾发生器喷雾)。 ① 外操巡检发现事故,"冷却器管程进口法兰泄漏",向班长汇报。(泄漏碱液) ② 班长接到汇报后,启动应急响应。命令安全员"请组织人员到1号门口拉警戒绳"。 ③ 班长向调试室汇报"冷却器管程进口法兰泄漏"。 ④ 安全员接到"应急响应启动"后,到1号门口拉警戒绳。 ⑤ 外操穿防化服,携带F形扳手,现场处置。 ⑥ 班长命令主操和外操"执行紧急停车操作"。 ⑦ 主操将氯气进料调节阀FV101设手动,开度0%,氯气进料流量降至0。 ⑧ 主操将一氧化碳进料调节阀FV102设手动,开度0%,一氧化碳进料流量降至0。 ⑨ 主操将洁净反应器出料调节阀PV102设手动,开度0%。 ⑩ 主操将导热油循环量调节阀FV103设手动,开度0%,导热油流量FI103降至0。 ⑪ 外操关闭导热油循环泵P102出口阀HV1013;停泵P102;关闭泵进口阀HV1010,泵出口压力PG102降至0。 ⑫ 主操打开尾气放空调节阀PV101设手动,开度50%。 ⑬ 外操关闭反应出料阀HV104、氢氧化钠进液阀HV105和废碱液阀HV107。 ⑭ 外操关闭吸收塔循环泵P103出口阀HV2013;停P103泵;关闭泵进口阀HV2010,泵出口压力PG103降至0。 ⑮ 外操关闭循环上水阀HV106,停止向吸收塔冷却器E102投入循环水。 ⑯ 主操将吸收塔放空调节阀PV103设手动,开度0%。 ⑰ 外操向班长汇报"紧急停车完毕"。 ⑱ 班长向调试室汇报"事故处理完毕,请协调检修处理漏点"。 ⑲ 班长广播宣布"解除事故应急状态"

序号	处置案例	处置原理与操作步骤
6	光气化主反应器顶部出口法兰泄漏着火应急预案（远程急停）	事故现象：现场报警器报警，光气化主反应器顶部出口法兰泄漏着火（烟雾发生器喷雾，灯带发出红色光芒）。 ① 外操巡检发现事故，"光气化主反应器顶部出口法兰泄漏着火"，向班长汇报。（泄漏光气） ② 班长接到汇报后，启动应急响应。命令主操启用"远程急停"，并拨打"119火警"电话。 ③ 班长命令安全员"请组织人员到1号门口拉警戒绳，引导消防车"。 ④ 班长向调试室汇报"光气化主反应器顶部出口法兰泄漏着火"。 ⑤ 主操接到"应急响应启动"后，按压"急停"按钮，拨打"119火警"电话。 ⑥ 安全员接到"应急响应启动"后，到1号门口拉警戒绳，引导消防车。 ⑦ 外操佩戴正压式呼吸器，穿防化服，携带F形扳手，现场处置。 ⑧ 班长命令主操和外操"执行紧急停车操作"。 ⑨ 主操观察到SIS联锁启动，氯气切断阀XZV101关闭，一氧化碳切断阀XZV102关闭。 ⑩ 主操将洁净反应器出料调节阀PV102设手动，开度0%。 ⑪ 主操将导热油循环量调节阀FV103设手动，开度0%，导热油流量FI103降至0。 ⑫ 外操关闭导热油循环泵P102出口阀HV1013；停泵P102；关闭泵进口阀HV1010，泵出口压力PG102降至0。 ⑬ 主操打开尾气放空调节阀PV101设手动，开度50%。 ⑭ 外操打开氮气加热器E103的蒸汽凝液排液阀HV103。 ⑮ 外操打开蒸汽阀HV101和热氮气阀HV102，用热氮气吹扫设备及管道，废气去尾气吸收塔进行吸收处理，吹扫结束后关闭。 ⑯ 外操关闭反应出料阀HV104、氢氧化钠进液阀HV105和废碱液阀HV107。 ⑰ 外操关闭吸收塔循环泵P103出口阀HV2013；停P103泵；关闭泵进口阀HV2010，泵出口压力PG103降至0。 ⑱ 外操关闭循环上水阀HV106，停止向吸收塔冷却器E102投入循环水。 ⑲ 主操将吸收塔放空调节阀PV103设手动，开度0%。 ⑳ 主操将氯气进料调节阀FV101设手动，开度0%。 ㉑ 主操将一氧化碳进料调节阀FV102设手动，开度0%。 ㉒ 外操使用灭火器灭火，火被扑灭。 ㉓ 外操向班长汇报"现场停车完毕，火已扑灭"。 ㉔ 班长向调试室汇报"事故处理完毕，请协调检修处理漏点"。 ㉕ 班长广播宣布"解除事故应急状态"

5.2 电解工艺（氯碱）

5.2.1 电解工艺（氯碱）基础知识

电流通过电解质溶液或熔融电解质时，在两个电极上所引起的化学变化称为电解反应。涉及电解反应的工艺过程为电解工艺。许多基本化学工业产品（氢气、氧气、氯气、烧碱、过氧化氢等）的制备，都是通过电解来实现的。电解工艺（氯碱）特点如下：①电解食盐水过程中产生的氢气是极易燃烧的气体，氯气是氧化性很强的剧毒气体，两种气体混合极易发生爆炸，当氯气中含氢量达到5%以上，则随时可能在光照或受热情况下发生爆炸；②如果盐水中存在的铵盐超标，在适宜的条件（pH<4.5）下，铵盐和氯作用可生成氯化铵，浓氯

化铵溶液与氯气还可生成黄色油状的三氯化氮，三氯化氮是一种易爆物质，与许多有机物接触或加热至 90℃以上以及被撞击、摩擦等，即发生剧烈的分解而爆炸；③电解溶液腐蚀性强；④液氯的生产、储存、包装、输送、运输过程中可能发生液氯的泄漏。

典型工艺如下：

① 氯化钠（食盐）水溶液电解生产氯气、氢氧化钠、氢气；

② 氯化钾水溶液电解生产氯气、氢氧化钾、氢气。

5.2.2　重点监控工艺参数

电解槽内液位；电解槽内电流和电压；电解槽进出物料流量；可燃和有毒气体浓度；电解槽的温度和压力；原料中铵含量；氯气杂质（水、氢气、氧气、三氯化氮等）含量等。

5.2.3　电解工艺（氯碱）装置实训

本装置模拟的化工工艺为：电解食盐水制氯碱工艺。氯碱电解工艺电解和精制工段实训 PID 图分别见图 5-3 和图 5-4。

来自界外的过滤粗盐水，经盐水加热器 E101 加热到 60℃，送到螯合树脂塔 T101，粗盐水经过树脂层，其中的 Ca^{2+}、Mg^{2+}、Sr^{2+} 被树脂吸附脱除〔（$Ca^{2+}+Mg^{2+}\leqslant20ppb$、$Sr^{2+}\leqslant50ppb$）（$1ppb=10^{-9}$）〕，以满足电解的需要。从树脂塔底部出来的精制盐水通过树脂捕集器 F101，除去螯合树脂碎粒，然后被送往精制盐水槽 V101。盐水经精制盐水泵 P102 送到离子膜电解槽 R101。

电解的工艺流程分为阳极液系统和阴极液系统。

（1）阳极液系统

从精制盐水泵来的精制盐水进入电解槽阳极室。在阳极室氯化钠被电解成氯离子和钠离子，淡盐水与湿氯气从阳极室出口溢流，在出口集管处分离为淡盐水和产品氯气，淡盐水靠重力作用流到淡盐水贮槽 V102。将盐酸加到淡盐水贮槽内的淡盐水中，调节 pH 值至 1.5～2.5。淡盐水经过淡盐水泵 P101 打出分为两股，循环的一股去电解槽重新电解，另一股去脱氯塔。同时产品氯气被送往氯气处理工序。

（2）阴极液系统

循环碱液加入纯水调节浓度在 28%～30%，通过烧碱换热器 E103 被蒸汽加热到 80～90℃进入烧碱分配集管，然后分配到电解槽阴极室。在阴极室水被电解成氢离子和氢氧根离子，烧碱与湿氢气在阴极室出口溢流，在出口集管处分离为烧碱和氢气。烧碱靠重力作用流到循环碱液槽 V103，烧碱液经过阴极液循环泵 P103A/B 打出分为三路，一路经过阴极液换热器 E102，被循环水冷却到 40℃，送往质量浓度为 0.32kg/L 的烧碱成品罐；一路加入纯水后经烧碱换热器 E103 加热后送往电解槽；另一路送往烧碱蒸发装置。同时氢气被送往氢气处理工序。反应方程式如下：

$$2NaCl+2H_2O \xrightarrow{\text{电解}} 2NaOH+H_2\uparrow+Cl_2\uparrow$$

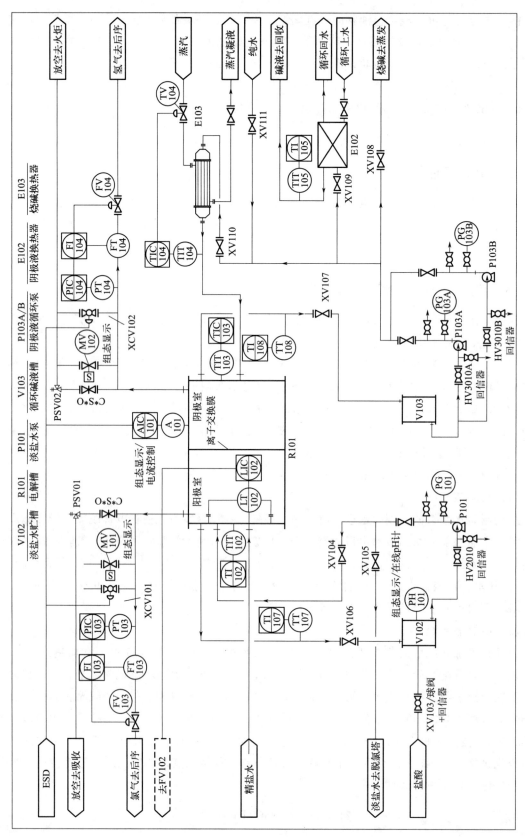

图 5-3　氯碱电解工艺电解工段实训 PID

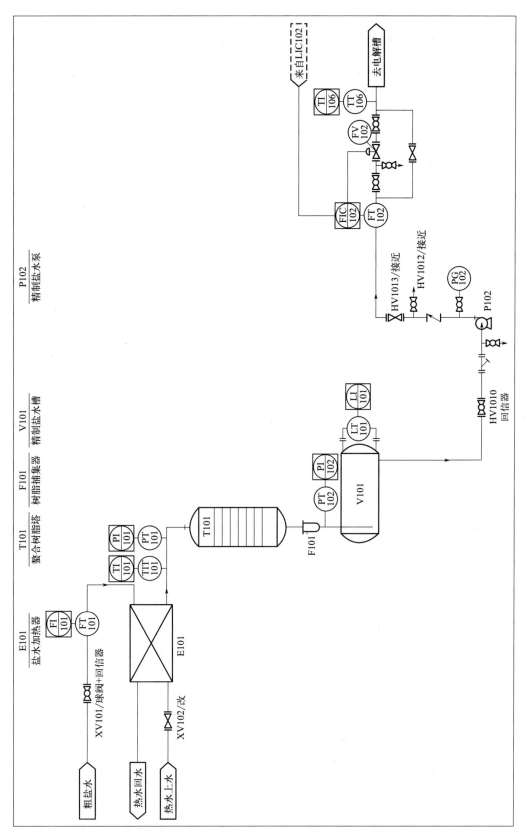

图 5-4　氯碱电解工艺精制工段实训 PID

5.2.4 电解工艺（氯碱）控制回路与工艺指标

氯碱电解装置控制回路和工艺指标分别见表 5-4 和表 5-5。氯碱电解安全仪表系统（SIS）联锁详细信息见表 5-6。

表 5-4 氯碱电解装置控制回路一览表

位号	注解	联锁位号	联锁注解
FV102	调节电解槽盐水进料流量	FIC102	远传显示控制进入电解槽盐水流量
FV103	调节氯气出气流量	FIC103	远传显示控制去后续工段氯气流量
		PIC103	串级联锁远传控制去后续工段氯气压力
FV104	调节氢气出气流量	FIC104	远传显示控制去后续工段氢气流量
		PIC104	串级联锁远传控制去后续工段氢气压力
TV104	调节蒸汽进入换热器流量	TIC104	远传显示控制出烧碱换热器碱液温度

表 5-5 氯碱电解装置工艺指标一览表

序号	位号	名称	正常值	指标范围	SIS联锁值
1	TI101	盐水加热后温度	60℃	55～65℃	—
2	TI102	电解槽阳极室温度	82℃	75～85℃	高高限 90℃
3	TI103	电解槽阴极室温度	85℃	75～90℃	高高限 94℃
4	TI104	阴极循环液温度	60℃	55～65℃	—
5	TI105	阴极液去回收温度	55℃	50～60℃	—
6	TI106	精制盐水电解槽入口温度	60℃	55～65℃	—
7	TI107	阳极液出口温度	82℃	75～90℃	—
8	TI108	阴极液出口温度	85℃	75～90℃	—
9	PI101	螯合树脂塔进口压力	0.5MPa	≤0.6MPa	—
10	PI102	螯合树脂塔出口压力	0.55MPa	≤0.6MPa	—
11	PI103	阳极氯气压力	40kPa	30～60kPa	高高限 100kPa
12	PI104	阴极氢气压力	44kPa	30～60kPa	高高限 100kPa
13	PG102	精制盐水泵出口压力	0.4MPa	≤0.6MPa	—
14	PG101	淡盐水泵出口压力	0.2MPa	≤0.4MPa	—
15	PG103A	阴极液循环泵出口压力	0.2MPa	≤0.4MPa	—
16	PG103B	阴极液循环泵出口压力	0.2MPa	≤0.4MPa	—
17	FI101	粗盐水总管流量	20.2m³/h	18～22m³/h	—
18	FI102	精制盐水去电解槽流量	20m³/h	18～22m³/h	—
19	FI103	氯气流量	3254m³/h	3100～3400m³/h	—
20	FI104	氢气流量	3254m³/h	3100～3400m³/h	—
21	LI101	精制盐水槽液位	60%	50%～70%	—
22	LI102	电解槽液位	70%	60%～75%	低低限 50%

表 5-6 氯碱电解安全仪表系统（SIS）联锁一览表

联锁位号	位号	注解	正常值	范围	联锁值	位号	联锁动作	联锁作用
S1	TI102	电解槽阳极室温度	82℃	75～85℃	高高限 90℃	AI101	关	电解槽电源跳停
						XCV101	开	氯气紧急放空
						XCV102	开	氢气紧急放空

续表

联锁位号	位号	注解	正常值	范围	联锁值	位号	联锁动作	联锁作用
S2	TI103	电解槽阴极室温度	85℃	75～90℃	高高限 94℃	AI101	关	电解槽电源跳停
						XCV101	开	氯气紧急放空
						XCV102	开	氢气紧急放空
S3	PI103	阳极氯气压力	40kPa	30～60kPa	高高限 100kPa	AI101	关	电解槽电源跳停
						XCV101	开	氯气紧急放空
						XCV102	开	氢气紧急放空
S4	PI104	阴极氢气压力	44kPa	30～60kPa	高高限 100kPa	AI101	关	电解槽电源跳停
						XCV101	开	氯气紧急放空
						XCV102	开	氢气紧急放空
S5	LI102	电解槽液位	70%	60%～75%	低低限 50%	AI101	关	电解槽电源跳停
						XCV101	开	氯气紧急放空
						XCV102	开	氢气紧急放空
S6	PB101	紧急停车按钮	关闭	—	打开	AI101	关	电解槽电源跳停
						XCV101	开	氯气紧急放空
						XCV102	开	氢气紧急放空

5.2.5　氯碱电解装置开车操作（DCS 结合装置实际操作）

① 热水、冷却水已经接入系统，具备开车条件。

② 外操打开盐水加热器进水阀 XV102，向盐水加热器 E101 提供热水。

③ 外操打开粗盐水进料阀 XV101，向系统进料。

④ 观察精制盐水槽 V101 液位 LI101，升至 60%，外操打开精制盐水泵入口阀 HV1010。

⑤ 外操启动精制盐水泵 P102，打开精制盐水泵出口阀 HV1013。

⑥ 外操打开电解槽盐水进料调节阀 FV102 前阀后阀。

⑦ 主操将电解槽盐水进料调节阀 FV102 设手动 80%。

⑧ 观察电解槽 R101 液位 LI102 升至 60%，外操打开阳极液溢流阀 XV106。

⑨ 观察淡盐水贮槽 V102 液位和 pH 值，外操打开盐酸进料阀 XV103，调节 pH 值。

⑩ 外操打开淡盐水泵入口阀 HV2010，启动淡盐水泵 P101，打开泵出口阀。

⑪ 外操打开淡盐水循环进料阀 XV104，适时打开淡盐水去脱氯塔阀 XV05。

⑫ 主操将蒸汽换热调节阀 TV104 设手动 50%，向烧碱换热器 E103 壳程供汽。

⑬ 外操打开阴极液循环泵入口阀 HV3010A，启动阴极液循环泵 P103A，打开泵出口阀。

⑭ 外操打开阴极液循环流量控制阀 XV110 和纯水进水阀 XV111。

⑮ 观察阴极室液位 LT102 升至 60%，主操启动电解槽电源。

⑯ 主操将氯气出气流量调节阀 FV103 设手动 50%。

⑰ 主操将氢气出气流量调节阀 FV104 设手动 45%。

⑱ 外操打开阴极液溢流阀 XV107。

⑲ 外操打开循环水上水阀，向阴极液换热器 E102 提供冷却水。

⑳ 外操适时打开阴极液去回收阀 XV109 和阴极液去蒸发阀 XV108。

5.2.6 氯碱电解装置现场应急处置

序号	处置案例	处置原理与操作步骤
1	进树脂塔盐水温度偏高	事故现象:粗盐水加热后温度 TI101 从 80℃升至 90℃,DCS 界面 TI101 红字+闪烁报警。 外操将盐水加热器进水阀 XV102 关小,粗盐水进树脂塔温度 TI101 从 90℃降至 75℃
2	氯气总管压力高	事故现象:阳极氯气压力 PI103 从 40kPa 升至 50kPa,阴极氢气压力 PI104 从 44kPa 升至 54kPa,DCS 界面 PI103、PI104 红字+闪烁报警。 ① 主操将氯气出气流量调节阀 FV103 设手动,开度从 50%开到 60%。氯气总管压力 PI103 降至 40kPa,氯气流量 FI103 升至 3905m³/h。 ② 主操将氢气出气流量调节阀 FV104 设手动,开度从 45%改设 55%。氢气总管压力 PI104 降至 44kPa,氢气流量 FI104 升至 3905m³/h。 注意:主操监控氯气和氢气压差,两步操作 10s 内完成,避免阴阳极室压差大联锁停车。10s 不操作,压差高高 SIS 联锁启动,考试结束
3	电解槽断电	事故现象:电解槽断电,电解槽电流 AI 显示 0kA,DCS 界面 AI 红字+闪烁报警。 ① 主操将电解槽盐水进料调节阀 FV102 设手动开度 0%。 ② 主操将氯气出气流量调节阀 FV103 设手动开度 0%,氯气出口流量 FI103 降至 0。 ③ 主操将氢气出气流量调节阀 FV104 设手动开度 0%,氢气出口流量 FI104 降至 0
4	电解槽阳极出料泄漏有人中毒应急预案	事故现象:现场报警器报警,电解槽阳极出料泄漏(烟雾发生器喷雾)。 ① 外操巡检发现事故,"电解槽阳极出料泄漏有人中毒",向班长汇报。(泄漏氯气) ② 班长接到汇报后,启动中毒应急响应。命令主操拨打"120 急救"电话。 ③ 班长命令安全员"请组织人员到 1 号门口拉戒绳,引导救护车"。 ④ 班长向调试室汇报"电解槽阳极出料泄漏有人中毒"。 ⑤ 主操接到"应急响应启动"后,拨打"120 急救"电话。 ⑥ 安全员接到"应急响应启动"后,到 1 号门口拉警戒绳,引导救护车。 ⑦ 班长和外操佩戴正压式呼吸器,携带 F 形扳手,现场处置。 ⑧ 班长和外操将中毒人员抬放至安全位置。 ⑨ 班长命令主操和外操"执行紧急停车操作"。 ⑩ 主操关闭电解槽电源,电解槽电流 AI 显示从 20A 降至 0。 ⑪ 主操打开氯气放空阀 MV101,将氯气从产品管线切换至废气吸收管线。 ⑫ 主操打开氢气放空阀 MV102,将氢气从产品管线切换至去火炬管线。 ⑬ 主操将氯气出气流量调节阀 FV103 设手动,开度从 50%关到 0%。 ⑭ 主操将氢气出气流量调节阀 FV104 设手动,开度从 45%关到 0%。 ⑮ 主操将电解槽盐水进料调节阀 FV102 设手动,开度从 80%关到 0%。 ⑯ 外操关闭精制盐水泵 P102 出口阀 HV1013。 ⑰ 外操停止精制盐水泵 P102。 ⑱ 外操关闭盐酸进料阀 XV103。 ⑲ 外操关闭淡盐水循环进料阀 XV104。 ⑳ 外操停止淡盐水泵 P101。 ㉑ 外操关闭阴极液循环流量控制阀 XV110。 ㉒ 外操停止阴极液循环泵 P103A。 ㉓ 外操向班长汇报"紧急停车完毕"。 ㉔ 班长向调试室汇报"事故处理完毕,请联系检修处置漏点"。 ㉕ 班长广播宣布"解除事故应急状态"
5	电解槽单元槽间电解液泄漏应急预案	事故现象:现场报警器报警,电解槽单元槽间电解液泄漏(烟雾发生器喷雾)。 ① 外操巡检发现事故,"电解槽单元槽间电解液泄漏",向班长汇报。(泄漏碱性盐水) ② 班长接到汇报后,启动泄漏应急响应。命令安全员"请组织人员到 1 号门口拉警戒绳"。 ③ 班长向调试室汇报"电解槽单元槽间电解液泄漏"。 ④ 安全员接到"应急响应启动"后,到 1 号门口拉警戒绳。 ⑤ 外操佩戴正压式呼吸器,携带 F 形扳手,现场处置。 ⑥ 班长命令主操和外操"执行紧急停车操作"。 ⑦ 主操关闭电解槽电源,电解槽电流 AI 显示从 20A 降至 0。 ⑧ 主操打开氯气放空阀 MV101,将氯气从产品管线切换至废气吸收管线。 ⑨ 主操打开氢气放空阀 MV102,将氢气从产品管线切换至去火炬管线。

序号	处置案例	处置原理与操作步骤
5	电解槽单元槽间电解液泄漏应急预案	⑩ 主操将氯气出气流量调节阀 FV103 设手动,开度从 50% 关到 0%。 ⑪ 主操将氢气出气流量调节阀 FV104 设手动,开度从 45% 关到 0%。 ⑫ 主操将电解槽盐水进料调节阀 FV102 设手动,开度从 80% 关到 0%。 ⑬ 外操关闭精制盐水泵 P102 出口阀 HV1013。 ⑭ 外操停止精制盐水泵 P102。 ⑮ 外操关闭盐酸进料阀 XV103。 ⑯ 外操关闭淡盐水循环进料阀 XV104。 ⑰ 外操停止淡盐水泵 P101。 ⑱ 外操关闭阴极液循环流量控制阀 XV110。 ⑲ 外操停止阴极液循环泵 P103A。 ⑳ 外操向班长汇报"紧急停车完毕"。 ㉑ 班长向调试室汇报"事故处理完毕,请协调检修处理漏点"。 ㉒ 班长广播宣布"解除事故应急状态"
6	氢气出气阀法兰泄漏着火应急预案(远程急停)	事故现象:现场报警器报警,氢气出气阀法兰泄漏着火(烟雾发生器喷雾,灯带发出红色光芒)。 ① 外操巡检发现事故,"氢气出气阀法兰泄漏着火,火势较大",向班长汇报。(泄漏氢气) ② 班长接到汇报后,启动着火应急响应。命令主操启用"远程急停",并拨打"119 火警"电话。 ③ 班长命令安全员"请组织人员到 1 号门口拉警戒绳,引导消防车"。 ④ 班长向调试室汇报"氢气出气阀法兰泄漏着火,火势较大"。 ⑤ 主操接到"应急响应启动"后,按压"急停"按钮,拨打"119 火警"电话。 ⑥ 安全员接到"应急响应启动"后,到 1 号门口拉警戒绳,引导消防车。 ⑦ 外操佩戴正压式呼吸器,携带 F 形扳手,现场处置。 ⑧ 班长命令主操和外操"执行紧急停车操作"。 ⑨ 主操观察到 SIS 联锁启动,电解槽电流 AI 显示从 20A 降至 0;氯气紧急放空阀 XCV101 打开;氢气紧急放空阀 XCV102 打开,管道泄压。氯气流量 FI103 从 3254m³/h 降至 0,氢气流量 FI104 从 3254m³/h 降至 0。 ⑩ 主操将电解槽盐水进料调节阀 FV102 设手动,开度从 80% 关到 0%。 ⑪ 主操将氯气出气流量调节阀 FV103 设手动,开度从 50% 关到 0%。 ⑫ 主操将氢气出气流量调节阀 FV104 设手动,开度从 45% 关到 0%。 ⑬ 外操关闭精制盐水泵 P102 出口阀 HV1013。 ⑭ 外操停止精制盐水泵 P102。 ⑮ 外操关闭盐酸进料阀 XV103。 ⑯ 外操关闭淡盐水循环进料阀 XV104。 ⑰ 外操停止淡盐水泵 P101。 ⑱ 外操关闭阴极液循环流量控制阀 XV110。 ⑲ 外操停止阴极液循环泵 P103A。 ⑳ 外操使用灭火器灭火,火被扑灭。 ㉑ 外操向班长汇报"现场停车完毕,火已扑灭"。 ㉒ 班长向调试室汇报"事故处理完毕,请协调检修处理漏点"。 ㉓ 班长广播宣布"解除事故应急状态"

5.3　氯化工艺实训

5.3.1　氯化工艺基础知识

氯化反应是化合物的分子中引入氯原子的反应,包含氯化反应的工艺过程为氯化工艺。氯化工艺主要包括取代氯化、加成氯化、氧氯化等。

化工生产中的这种取代过程是直接用氯化剂处理被氯化的原料。在被氯化的原料中,比较重要的有甲烷、乙烷、戊烷、天然气、苯、苯甲基等。常用的氯化剂有液态或气态的氯、气态氯化氢和各种浓度的盐酸、磷酰胺、三氯氧磷、三氯化磷、硫酰氯(二氯硫酰)、次氯酸钙（漂白粉）等。

在氯化过程中不仅原料与氯化剂发生反应，其所生成的氯化衍生物也与氯化剂发生反应。因此，在反应产物中除一氯取代物外，总是含有二氯及三氯取代物。所以，氯化反应的产物是各种不同浓度的氯化产物的混合物。氯化过程往往伴有氯化氢气体的形成。工艺危险特点如下：①氯化反应是一个放热过程，尤其在较高温度下进行氯化，反应更为剧烈，速度快，放热量较大；②所用的原料大多具有燃爆危险性；③常用氯化剂氯气本身为剧毒化学品，氧化性强，储存压力较高，多数氯化工艺采用液氯生产是先汽化再氯化，一旦泄漏危险性较大；④氯气中的杂质，如水、氢气、氧气、三氯化氮等，在使用中易发生危险，特别是三氯化氮积累后，容易引发爆炸危险；⑤生成的氯化氢气体遇水后腐蚀性强；⑥氯化反应尾气可能形成爆炸性混合物。

典型工艺如下。

（1）取代氯化

发生在氯原子与有机物氢原子之间。如：氯取代烷烃的氢原子制备氯代烷烃；氯取代萘的氢原子生产多氯化萘；甲醇与氯反应生产氯甲烷；等等。

（2）加成氯化

发生在氯原子与不饱和烃之间。如：乙烯与氯加成氯化生产1,2-二氯乙烷；乙炔与氯加成氯化生产1,2-二氯乙烯；乙炔和氯化氢加成生产氯乙烯；等等。

（3）氧氯化

在氯离子和氧原子存在下氯化，生成含氯化合物。如：乙烯氧氯化生产一氯乙烷；丙烯氧氯化生产1,2-二氯丙烷；甲烷氧氯化生产甲烷氯化物；等等。

（4）其他工艺

硫与氯反应生成一氯化硫；四氯化钛的制备；黄磷与氯气反应生产三氯化磷、五氯化磷等。

5.3.2　重点监控工艺参数

氯化反应釜温度和压力；反应物料的配比；氯化剂进料流量；冷却系统中冷却介质的温度、压力、流量等；氯气杂质（水、氢气、氧气、三氯化氮等）含量；氯化反应尾气组成等。

5.3.3　氯化工艺装置实训

本装置模拟的化工工艺为：甲醇与氯化氢反应制氯甲烷工艺。氯化工艺实训PID图如图5-5所示。

来自储槽区的液态甲醇经甲醇汽化器E201管程，吸收热量汽化后与上游工序来的氯化氢气体混合，从氯化固定床反应器R101下部进入。在30％氯化锌浸渍的氧化铝催化作用下，甲醇与氯化氢按质量比1∶1.2反应制备氯甲烷。活性催化剂置于4个反应区（长度分别为300、300、800、2800mm）的反应器内，用惰性碳化硅分为3层充满，惰性和活性催化剂层的比率范围为（1∶1）～（3∶2），非活性层便于热交换以使活性催化剂保持在195～200℃。

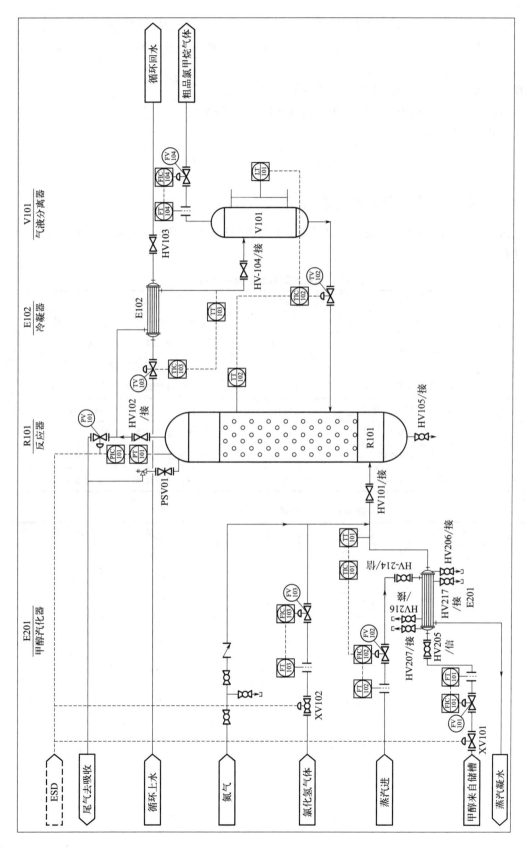

图 5-5　氯化工艺实训 PID

153

反应产物气态氯甲烷携带液雾从反应器顶部溢出，经冷凝器 E102 壳程降温，在气液分离器 V101 气液分离，粗品氯甲烷从顶部溢出去下一工序处理，液相回流反应器，重新参与反应。

蒸汽送入甲醇汽化器 E201 壳程，为甲醇汽化提供热量。

循环水送入冷凝器 E102 管程，为高温气体冷却提供冷量。

反应方程式如下：

$$CH_3OH + HCl \xrightarrow{\text{催化剂}} CH_3Cl + H_2O$$

5.3.4 氯化工艺控制回路与工艺指标

氯化装置控制回路和工艺指标分别见表 5-7 和表 5-8。氯化安全仪表系统（SIS）联锁详细信息见表 5-9。

表 5-7 氯化装置控制回路一览表

位号	注解	联锁位号	联锁注解
FV101	调节甲醇进料流量	FIC101	远传显示控制进入甲醇汽化器甲醇进料流量
FV102	调节蒸汽流量	FIC102	远传显示控制进入甲醇汽化器蒸汽流量
		TIC101	串级联锁远传控制甲醇汽化器出料温度
FV103	调节氯化氢进料流量	FIC103	远传显示控制进入反应器氯化氢流量
FV104	调节粗品氯甲烷流量	FIC104	远传显示控制粗品氯甲烷出料流量
PV101	调节反应器压力	PIC101	远传显示控制反应器尾气压力
TV102	调节反应器回流液流量	TIC102	远传显示控制反应器温度
TV103	调节冷却进水流量	TIC103	远传显示控制冷凝器出料温度

表 5-8 氯化装置工艺指标一览表

序号	位号	名称	正常值	指标范围	SIS 联锁值
1	TT101	反应器进气温度	75℃	60～80℃	—
2	TT102	反应器温度	140℃	130～150℃	高高限 160℃
3	TT103	冷凝后温度	63℃	58～65℃	—
4	PI101	反应器压力	0.06MPa	≤0.1MPa	高高限 0.12MPa
5	FI101	甲醇进料流量	0.4m³/h（标准状况）	≤0.5m³/h（标准状况）	高高限 0.6m³/h（标准状况）
6	FI102	蒸汽进料流量	0.36m³/h（标准状况）	≤0.45m³/h（标准状况）	—
7	FI103	氯化氢进料流量	0.45m³/h（标准状况）	≤0.5m³/h（标准状况）	高高限 0.6m³/h（标准状况）
8	FI104	粗品氯甲烷流量	0.47m³/h（标准状况）	≤0.5m³/h（标准状况）	—
9	LI101	气液分离器液位	50%	≤60%	—

表 5-9　氯化安全仪表系统（SIS）联锁一览表

联锁位号	位号	注解	正常值	范围	联锁值	位号	联锁动作	联锁作用
S1	TT102	反应器温度	140℃	130～150℃	高高限 160℃	PV101	全开	反应器泄压
						XV101	关	切断甲醇进料
						XV102	关	切断氯化氢进料
S2	PI101	反应器压力	0.06MPa	≤0.1MPa	高高限 0.12MPa	PV101	全开	反应器泄压
						XV101	关	切断甲醇进料
						XV102	关	切断氯化氢进料
S3	FI101	甲醇进料流量	0.4m³/h（标准状况）	≤0.5m³/h（标准状况）	高高限 0.6m³/h（标准状况）	PV101	全开	反应器泄压
						XV101	关	切断甲醇进料
						XV102	关	切断氯化氢进料
S4	FI103	氯化氢进料流量	0.45m³/h（标准状况）	≤0.5m³/h（标准状况）	高高限 0.6m³/h（标准状况）	PV101	全开	反应器泄压
						XV101	关	切断甲醇进料
						XV102	关	切断氯化氢进料
S5	PB101	紧急停车按钮	关闭	—	打开	PV101	全开	反应器泄压
						XV101	关	切断甲醇进料
						XV102	关	切断氯化氢进料

5.3.5　氯化装置开车操作（DCS 结合装置实际操作）

① 反应进料：外操打开蒸汽进换热器阀 HV214。

② 主操将蒸汽进料调节阀 FV102 设手动，开度 5%，对甲醇汽化器 E201 暖管。

③ 外操打开甲醇进换热器阀 HV205。

④ 主操将甲醇进料调节阀 FV101 设手动，开度 10%，向反应器 R101 进料。

⑤ 主操将氯化氢进料调节阀 FV103 设手动，开度 10%，向反应器 R101 进料。

⑥ 主操将甲醇进料调节阀 FV101 设自动，联锁流量值为 0.4m³/h（标准状况）。

⑦ 主操将蒸汽进料调节阀 FV102 设自动，联锁流量值为 0.36m³/h（标准状况）。

⑧ 主操将氯化氢进料调节阀 FV103 设自动，联锁流量值为 0.45m³/h（标准状况）。

⑨ 循环冷却水投自动：主操将冷却进水调节阀 TV103 设自动，联锁温度值为 63℃。

⑩ 主操观察到气液分离器 V101 液位 LT101 升至 20%，将反应器回流调节阀 TV102 设自动，联锁温度值为 140℃。

⑪ 主操将反应器压力调节阀 PV101 设自动，联锁压力值为 0.06MPa。

⑫ 主操将粗品氯甲烷调节阀 FV104 设自动，联锁流量值为 0.47m³/h（标准状况）。

5.3.6　氯化装置现场应急处置

序号	处置案例	处置原理与操作步骤
1	甲醇进料中断	事故现象:甲醇进料调节阀 FV101 自动开到 100%,甲醇进料流量 FI101 从 0.4m³/h(标准状况)降至 0m³/h(标准状况),DCS 界面 FI101 红字闪烁报警。 ① 主操将氯化氢进料调节阀 FV103 设手动,开度 0%,氯化氢进料流量 FI103 从 0.45m³/h(标准状况)降至 0m³/h(标准状况);

序号	处置案例	处置原理与操作步骤
1	甲醇进料中断	② 主操将蒸汽进料调节阀 FV102 设手动,开度 0%,蒸汽流量 FI102 从 0.36m³/h(标准状况)降至 0m³/h(标准状况)
2	循环冷却水中断	事故现象:冷凝后温度 TT103 从 63℃升到 75℃,DCS 界面 TT103 红字闪烁高温报警。 ① 主操将反应器压力调节阀 PV101 设手动,开度 100%,反应器泄压。 ② 主操将粗品氯甲烷调节阀 FV104 设手动,开度 0%,粗品氯甲烷流量 FI104 从 0.47m³/h(标准状况)降至 0m³/h(标准状况),防止粗品氯甲烷带液。 ③ 主操将氯化氢进料调节阀 FV103 设手动,开度 0%,氯化氢进料流量 FI103 从 0.45m³/h(标准状况)降至 0m³/h(标准状况),停止进料。 ④ 主操将蒸汽进料调节阀 FV102 设手动,开度 0%,蒸汽流量 FI102 从 0.36m³/h(标准状况)降至 0m³/h(标准状况)。 ⑤ 主操将甲醇进料调节阀 FV101 设手动,开度 0%,甲醇进料流量 FI101 从 0.4m³/h(标准状况)降至 0m³/h(标准状况),停止进料
3	反应器飞温	事故现象:反应器温度 TT102 从 140℃突然升高至 155℃,DCS 界面 TT102 红字闪烁高温报警。 ① 主操将反应器回流调节阀 TV102 设手动,开度 100%,观察反应器温度 TT102 变化。 ② 反应器温度没有明显下降,主操将氯化氢进料调节阀 FV103 设手动,开度 40%,氯化氢进料流量 FI103 从 0.45m³/h(标准状况)降至 0.36m³/h(标准状况),减负荷生产。 ③ 主操将甲醇进料调节阀 FV101 设手动,开度 40%,甲醇进料流量 FI101 从 0.4m³/h(标准状况)降至 0.32m³/h(标准状况),减负荷生产
4	反应器进料阀法兰泄漏有人中毒应急预案	事故现象:现场报警器报警,反应器进料阀法兰泄漏(烟雾发生器喷雾)。 ① 外操巡检发现事故,"反应器进料阀法兰泄漏有人中毒",向班长汇报。(泄漏氯化氢、甲醇气体) ② 班长接到汇报后,启动中毒应急响应。命令主操拨打"120 急救"电话。 ③ 班长命令安全员"请组织人员到 1 号门口拉警戒绳,引导救护车"。 ④ 班长向调度室汇报"反应器进料阀法兰泄漏有人中毒"。 ⑤ 主操接到"应急响应启动"后,拨打"120 急救"电话。 ⑥ 安全员接到"应急响应启动"后,到 1 号门口拉警戒绳,引导救护车。 ⑦ 班长和外操佩戴正压式呼吸器,携带 F 形扳手,现场处置。 ⑧ 班长和外操将中毒人员抬至安全位置。 ⑨ 班长命令主操和外操"执行紧急停车操作"。 ⑩ 主操将氯化氢进料调节阀 FV103 设手动,开度 0%,氯化氢进料流量 FI103 从 0.45m³/h(标准状况)降至 0m³/h(标准状况),停止进料。 ⑪ 主操将蒸汽进料调节阀 FV102 设手动,开度 0%,蒸汽流量 FI102 从 0.36m³/h(标准状况)降至 0m³/h(标准状况)。 ⑫ 主操将甲醇进料调节阀 FV101 设手动,开度 0%,甲醇进料流量 FI101 从 0.4m³/h(标准状况)降至 0m³/h(标准状况),停止进料。 ⑬ 主操将粗品氯甲烷调节阀 FV104 设手动,开度 0%,粗品氯甲烷 FI104 从 0.47m³/h(标准状况)降至 0m³/h(标准状况),停止出料。 ⑭ 主操将冷却进水调节阀 TV103 设手动,开度 0%。 ⑮ 主操将反应器压力调节阀 PV101 设手动,开度 100%,反应器泄压。 ⑯ 主操将反应器回流调节阀 TV102 设为手动开度 100%,气液分离器液位 LT101 降至 0%。 ⑰ 外操打开反应器排污阀 HV105,将反应器排空。 ⑱ 外操向班长汇报"紧急停车完毕"。 ⑲ 班长向调度室汇报"事故处理完毕,请协调检修处理漏点"。 ⑳ 班长广播宣布"解除事故应急状态"

序号	处置案例	处置原理与操作步骤
5	气液分离器顶出口法兰泄漏应急预案	事故现象:现场报警器报警,气液分离器顶出口法兰泄漏(烟雾发生器喷雾)。 ① 外操巡检发现事故,"气液分离器顶出口法兰泄漏",向班长汇报。(泄漏氯甲烷气体) ② 班长接到汇报后,启动泄漏应急响应。命令安全员"请组织人员到 1 号门口拉警戒绳"。 ③ 班长向调度室汇报"气液分离器顶出口法兰泄漏"。 ④ 安全员接到"应急响应启动"后,到 1 号门口拉警戒绳。 ⑤ 外操佩戴正压式呼吸器,携带 F 形扳手,现场处置。 ⑥ 班长命令主操和外操"执行紧急停车操作"。 ⑦ 主操将氯化氢进料调节阀 FV103 设手动,开度 0%,氯化氢进料流量 FI103 从 0.45m³/h(标准状况)降至 0m³/h(标准状况),停止进料。 ⑧ 主操将蒸汽进料调节阀 FV102 设手动,开度 0%,蒸汽流量 FI102 从 0.36m³/h(标准状况)降至 0m³/h(标准状况)。 ⑨ 主操将甲醇进料调节阀 FV101 设手动,开度 0%,甲醇进料流量 FI101 从 0.4m³/h(标准状况)降至 0m³/h(标准状况),停止进料。 ⑩ 主操将粗品氯甲烷调节阀 FV104 设手动,开度 0%,粗品氯甲烷 FI104 从 0.47m³/h(标准状况)降至 0m³/h(标准状况),停止出料。 ⑪ 主操将冷却进水调节阀 TV103 设手动,开度 0%。 ⑫ 主操将反应器压力调节阀 PV101 设手动,开度 100%,反应器泄压。 ⑬ 主操将反应器回流调节阀 TV102 设手动,开度 100%,气液分离器液位 LT101 降至 0%后,将 TV102 开度设为 0%。 ⑭ 外操关闭分离器进料阀 HV104。 ⑮ 外操向班长汇报"紧急停车完毕"。 ⑯ 班长向调度室汇报"紧急停车完毕,请协调检修处理漏点"。 ⑰ 班长广播宣布"解除事故应急状态"
6	冷凝器出口泄漏着火应急预案(远程急停)	事故现象:现场报警器报警,冷凝器出口泄漏着火(烟雾发生器喷雾,灯带发出红色光芒)。 ① 外操巡检发现事故,"冷凝器出口泄漏着火,火势较大",向班长汇报。(泄漏氯甲烷气体) ② 班长接到汇报后,启动着火应急响应。命令主操启用"远程急停",并拨打"119 火警"电话。 ③ 班长命令安全员"请组织人员到 1 号门口拉警戒绳,引导消防车"。 ④ 班长向调度室汇报"冷凝器出口泄漏着火"。 ⑤ 主操接到"应急响应启动"后,按压"急停"按钮,拨打"119 火警"电话。 ⑥ 安全员接到"应急响应启动"后,到 1 号门口拉警戒绳,引导消防车。 ⑦ 外操佩戴正压式呼吸器,携带 F 形扳手,现场处置。 ⑧ 班长命令主操和外操"执行紧急停车操作"。 ⑨ 主操观察到 SIS 联锁启动,甲醇进料切断阀 XV101 和氯化氢进料切断阀 XV102 紧急切断,反应器压力调节阀 PV101 跳手动开度 100%,反应器泄压。甲醇进料流量 FI101 从 0.4m³/h(标准状况)降至 0m³/h(标准状况),氯化氢进料流量 FI103 从 0.45m³/h(标准状况)降至 0m³/h(标准状况)。 ⑩ 主操将粗品氯甲烷调节阀 FV104 设手动,开度 0%,粗品氯甲烷流量 FI104 从 0.47m³/h(标准状况)降至 0m³/h(标准状况),停止出料。 ⑪ 主操将蒸汽进料调节阀 FV102 设手动,开度 0%,蒸汽流量 FI102 从 0.36m³/h(标准状况)降至 0m³/h(标准状况)。 ⑫ 主操将反应器回流调节阀 TV102 设手动,开度 0%。 ⑬ 主操将冷却进水调节阀 TV103 设手动,开度 0%。 ⑭ 主操将氯化氢进料调节阀 FV103 设手动,开度 0%。 ⑮ 主操将甲醇进料调节阀 FV101 设手动,开度 0%。 ⑯ 外操使用灭火器灭火,火被扑灭。 ⑰ 外操向班长汇报"现场停车完毕,火已扑灭"。 ⑱ 班长向调度室汇报"事故处理完毕,请协调检修处理漏点"。 ⑲ 班长广播宣布"解除事故应急状态"

5.4 硝化工艺实训

5.4.1 硝化工艺基础知识

硝化是有机化合物分子中引入硝基（—NO_2）的反应，最常见的是取代反应。硝化方法可分为直接硝化法、间接硝化法和亚硝化法，分别用于生产硝基化合物、硝铵、硝酸酯和亚硝基化合物等。涉及硝化反应的工艺过程为硝化工艺。工艺危险特点如下：①反应速度快，放热量大。大多数硝化反应是在非均相中进行的，反应组分的不均匀分布容易引起局部过热导致危险。尤其在硝化反应开始阶段，停止搅拌或由于搅拌叶片脱落等造成搅拌失效是非常危险的，一旦搅拌再次开动，就会突然引发局部激烈反应，瞬间释放大量的热量，引起爆炸事故。②反应物料具有燃爆危险性。③硝化剂具有强腐蚀性、强氧化性，与油脂、有机化合物（尤其是不饱和有机化合物）接触能引起燃烧或爆炸。④硝化产物、副产物具有爆炸危险性。

典型工艺如下。

（1）直接硝化

丙三醇与混酸反应制备硝酸甘油；氯苯硝化制备邻硝基氯苯、对硝基氯苯；苯硝化制备硝基苯；蒽醌硝化制备 1-硝基蒽醌；甲苯硝化生产三硝基甲苯（俗称梯恩梯，缩写 TNT）；丙烷等烷烃与硝酸通过气相反应制备硝基烷烃等。

（2）间接硝化法

苯酚采用磺酰基的取代硝化制备苦味酸等。

（3）亚硝化法

2-萘酚与亚硝酸盐反应制备 1-亚硝基-2-萘酚，二苯胺与亚硝酸钠和硫酸水溶液反应制备对亚硝基二苯胺等。

5.4.2 重点监控工艺参数

杂质含量；加料流量，加料温度；硝化反应釜换热器换热介质的流量；硝化釜内温度（应设置多温度探点）；搅拌器的电流、电压，搅拌速率。

5.4.3 硝化工艺装置实训

本装置采用的是甲苯制备三硝基甲苯间歇法工艺。具体硝化工艺实训 PID 图见图 5-6。

定量的硫酸和硝酸加入混酸釜 R101，在搅拌器的作用下充分混合，留待硝化釜备用。

将来自罐区的甲苯送入硝化釜 R102 中，然后启动混酸泵 P-102，流加配制好的定量混酸（混酸中的浓硫酸为催化剂，浓硝酸为硝化剂），发生硝化反应。

硝化产物主要为三硝基甲苯，并含有部分的邻硝基甲苯和对硝基甲苯，打开底阀，硝化产物经产品冷却器 E201 被壳层的冷却水冷却后，去后续分离工段。

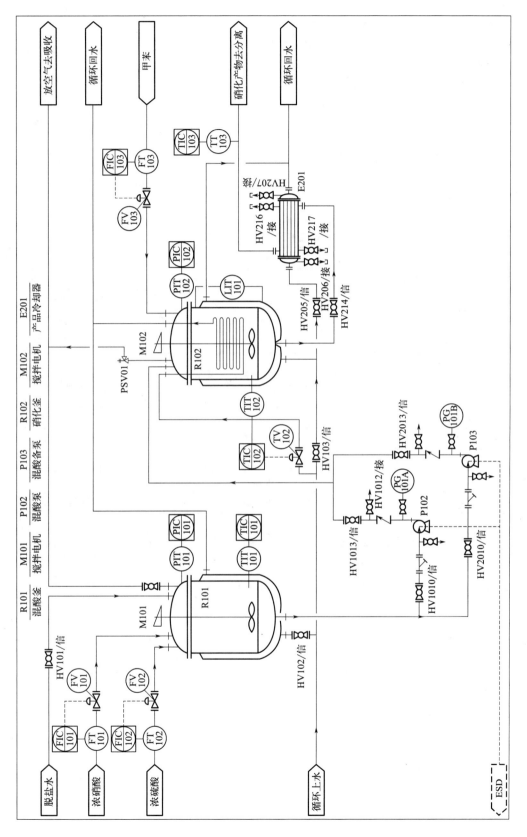

图 5-6　硝化工艺装置实训 PID

由于是吸热反应，硝化釜 R102 与混酸釜 R101 均为夹套式换热器，夹套内通低压蒸汽用于物料的加热。夹套蒸汽的进汽量由釜内温度控制。

硝化过程中严格控制温度。整个反应在常压下进行。

反应方程式如下：

$$CH_3C_6H_5 + 3HNO_3 \xrightarrow{\text{浓硫酸、加热}} CH_3C_6H_2(NO_2)_3 + 3H_2O$$

5.4.4　硝化工艺控制回路与工艺指标

硝化装置控制回路与工艺指标分别见表 5-10 和表 5-11。硝化安全仪表系统（SIS）联锁详细信息见表 5-12。

表 5-10　硝化装置控制回路一览表

位号	注解	联锁位号	联锁注解
FV101	调节浓硝酸进料流量	FIC101	远传显示控制进入混酸釜浓硝酸进料流量
FV102	调节浓硫酸进料流量	FIC102	远传显示控制进入混酸釜浓硫酸进料流量
FV103	调节甲苯进料流量	FIC103	远传显示控制进入硝化釜甲苯进料流量
TV102	调节硝化釜冷却盘管循环水流量	TIC102	远传显示控制硝化釜温度

表 5-11　硝化装置工艺指标一览表

序号	位号	名称	正常值	指标范围	SIS 联锁值
1	TI101	混酸釜温度	40℃	25～45℃	—
2	TI102	硝化釜温度	50℃	40～65℃	高高限 75℃
3	TI103	产品冷却后温度	39℃	30～45℃	—
4	PIT101	混酸釜压力	0.02MPa	≤0.1MPa	—
5	PIT102	硝化釜压力	0.1MPa	0.08～0.15MPa	高高限 0.2MPa
6	PG101A	混酸泵出口压力	0.2MPa	≤0.28MPa	—
7	PG101B	混酸备泵出口压力	0.2MPa	≤0.28MPa	—
8	FT101	浓硝酸进料流量	21.2t/h	≤25t/h	—
9	FT102	浓硫酸进料流量	20.1t/h	≤25t/h	—
10	FT103	甲苯进料流量	18t/h	15～20t/h	高高限 25t/h
11	LIT101	硝化釜液位	60%	≤80%	—

表 5-12　硝化安全仪表系统（SIS）联锁一览表

联锁位号	位号	注解	正常值	范围	联锁值	位号	联锁动作	联锁作用
S1	TI102	硝化釜温度	50℃	40～65℃	高高限 75℃	P102	关	混酸泵跳停
						P103	关	混酸备泵跳停
S2	PIT102	硝化釜压力	0.1MPa	0.08～0.15MPa	高高限 0.2MPa	P102	关	混酸泵跳停
						P103	关	混酸备泵跳停
S3	FT103	甲苯进料流量	18t/h	15～20t/h	高高限 25t/h	P102	关	混酸泵跳停
						P103	关	混酸备泵跳停

联锁位号	位号	注解	正常值	范围	联锁值	位号	联锁动作	联锁作用
S4	PB101	紧急停车按钮	关闭	—	打开	P102	关	混酸泵跳停
						P103	关	混酸备泵跳停

5.4.5　硝化装置开车操作（DCS 结合装置实际操作）

① 外操打开混酸釜上水阀 HV102，向混酸釜投用循环水。

② 外操打开脱盐水进水阀 HV101，将经计量脱盐水送入混酸釜 R101 后，关闭。

③ 外操启动混酸槽搅拌电机 M101。

④ 主操将浓硫酸进料调节阀 FV102 设手动 10%，先缓慢后渐快，将经计量浓硫酸送入混酸釜 R101 后，关闭。控制釜温在 40℃ 以下。

⑤ 主操将浓硝酸进料调节阀 FV101 设手动 10%，先缓慢后渐快，将经计量浓硝酸送入混酸釜 R101 后，关闭。控制釜温在 40℃ 以下。按比例混合好酸待用。

⑥ 外操打开硝化釜上水阀 HV103，向硝化釜投用循环水。

⑦ 主操将盘管进水调节阀 TV102 设手动 50%，向硝化釜投用循环水，反应稳定后设自动控制。

⑧ 主操将甲苯进料调节阀 FV103 设手动 20%，将经计量的甲苯送入硝化釜 R102。

⑨ 外操启动硝化反应釜搅拌电机 M102。

⑩ 外操打开混酸泵进口阀 HV1010，启动混酸泵 P102，打开混酸泵出口阀 HV1013，以一定速率向硝化釜进料，控制釜温 TI102 为 40~60℃。

⑪ 反应结束后，外操关闭混酸泵出口阀 HV1013，停止混酸泵 P102。

⑫ 外操打开冷却器上水阀 HV205，向产品冷却器 E-201 投用循环水。

⑬ 外操打开冷却器进料阀 HV214，将粗产品冷却后，送往下一工序。

5.4.6　硝化装置安全现场应急处置

序号	处置案例	处置原理与操作步骤
1	硝化釜飞温	事故现象:硝化釜温度 TI102 突然升至 65℃,DCS 界面 TI102 闪烁+红字报警。 ① 外操关闭混酸泵出口阀 HV1013,停止向硝化釜进混酸。 ② 主操将盘管进水调节阀 TV102 设手动 70%,硝化釜温度 TI102 从 65℃ 降至 50℃。 ③ 外操打开混酸泵出口阀 HV1013,继续进行混酸反应
2	冷却水中断	事故现象:冷却水中断,硝化釜温度 TI102 升至 65℃,DCS 界面 TI102 闪烁+红字报警。 ① 外操关闭混酸泵出口阀 HV1013,停止混酸泵 P102。 ② 外操打开冷却器进料阀 HV214,向下一工序紧急卸料
3	混酸泵跳停	事故现象:混酸泵 P102 跳停,泵出口压力 PG101A 降至 0,DCS 界面 PG101A 闪烁+红字报警。 ① 外操关闭混酸泵出口阀 HV1013。 ② 外操打开混酸备泵入口阀 HV2010。 ③ 外操启动混酸备泵 P103,打开混酸备泵出口阀 HV2013,混酸泵出口压力 PG101B 升至 0.2MPa

序号	处置案例	处置原理与操作步骤
4	反应釜顶部法兰泄漏有人中毒应急预案（远程急停）	事故现象：现场报警器报警，反应釜顶部法兰泄漏（烟雾发生器喷雾）。 ① 外操巡检发现事故，"反应釜顶部法兰泄漏有人中毒，情况紧急"，向班长汇报。（泄漏二氧化氮气体） ② 班长接到汇报后，启动中毒应急响应。命令主操启用"远程急停"，并拨打"120急救"电话。 ③ 班长命令安全员"请组织人员到1号门口拉警戒绳，引导救护车"。 ④ 班长向调度室汇报"反应釜顶部法兰泄漏有人中毒，情况紧急"。 ⑤ 主操接到"应急响应启动"后，按压"急停"按钮，拨打"120急救"电话。 ⑥ 安全员接到"应急响应启动"后，到1号门口拉警戒绳，引导救护车。 ⑦ 班长和外操佩戴正压式呼吸器，携带F形扳手，现场处置。 ⑧ 班长和外操将中毒人员抬放至安全位置。 ⑨ 班长命令主操和外操"执行紧急停车操作"。 ⑩ 观察到SIS联锁启动，混酸泵P102已停。外操关闭混酸泵出口阀HV1013。 ⑪ 外操打开冷却器进料阀HV214，向下一工序紧急卸料。 ⑫ 外操向班长汇报"紧急停车完毕"。 ⑬ 班长向调度室汇报"事故处理完毕，请协调检修处理漏点"。 ⑭ 班长广播宣布"解除事故应急状态"
5	混酸泵填料泄漏应急预案	事故现象：现场报警器报警，混酸泵填料泄漏（烟雾发生器喷雾）。 ① 外操巡检发现事故，"混酸泵填料泄漏"，向班长汇报。（泄漏硝基苯液体） ② 班长接到汇报后，启动泄漏应急响应。命令安全员"请组织人员到1号门口拉警戒绳"。 ③ 班长向调度室汇报"混酸泵填料泄漏"。 ④ 安全员接到"应急响应启动"后，到1号门口拉警戒绳。 ⑤ 外操携带F形扳手，现场处置。 ⑥ 班长命令主操和外操"执行调泵操作"。 ⑦ 外操关闭混酸泵出口阀HV1013。 ⑧ 外操停止混酸泵P102。 ⑨ 外操打开混酸备泵入口阀HV2010。 ⑩ 外操启动混酸备泵P103。 ⑪ 外操打开混酸备泵出口阀HV2013，混酸备泵出口压力PG101B升至0.2MPa。 ⑫ 外操向班长汇报"调泵完毕"。 ⑬ 班长向调度室汇报"事故处理完毕，请协调检修处理漏点"。 ⑭ 班长广播宣布"解除事故应急状态"
6	冷却器出口法兰泄漏着火应急预案	事故现象：现场报警器报警，冷却器出口法兰泄漏着火（烟雾发生器喷雾，灯带发出红色光芒）。 ① 外操巡检发现事故，"冷却器出口法兰泄漏着火，火势较大"，向班长汇报。（泄漏可燃雾状硝基苯） ② 班长接到汇报后，启动着火应急响应。命令主操拨打"119火警"电话。 ③ 班长命令安全员"请组织人员到1号门口拉警戒绳，引导消防车"。 ④ 班长向调度室汇报"冷却器出口法兰泄漏着火，火势较大"。 ⑤ 主操接到"应急响应启动"后，拨打"119火警"电话。 ⑥ 安全员接到"应急响应启动"后，到1号门口拉警戒绳，引导消防车。 ⑦ 外操佩戴正压式呼吸器，携带F形扳手，现场处置。 ⑧ 班长命令主操和外操"执行紧急停车操作"。 ⑨ 外操关闭冷却器进料阀HV214。 ⑩ 外操使用灭火器灭火，火被扑灭。 ⑪ 外操打开壳程排气阀HV216。 ⑫ 外操打开壳程排液阀HV217。 ⑬ 外操向班长汇报"现场停车完毕，火已扑灭"。 ⑭ 班长向调度室汇报"事故处理完毕，请协调检修处理漏点"。 ⑮ 班长广播宣布"解除事故应急状态"

5.5　合成氨工艺实训

5.5.1　合成氨工艺基础知识

合成氨工艺是氮和氢两种组分按一定比例（1∶3）组成的气体（合成气），在高温、高压（一般为 450～500℃，15～30MPa）下经催化反应生成氨的工艺过程。工艺危险特点如下：①高温、高压使可燃气体爆炸极限扩大，气体物料一旦过氧（亦称透氧），极易在设备和管道内发生爆炸；②高温、高压气体物料从设备管线泄漏时会迅速膨胀，与空气混合形成爆炸性混合物，遇到明火或因高流速物料与裂（喷）口处摩擦产生静电火花会引起着火和空间爆炸；③气体压缩机等转动设备在高温下运行会使润滑油挥发裂解，在附近管道内造成积炭，可导致积炭燃烧或爆炸；④高温、高压可加速设备金属材料发生蠕变，改变金相组织，还会加剧氢气、氮气对钢材的氢蚀及渗氮，加剧设备的疲劳腐蚀，使其机械强度减弱，引发物理爆炸；⑤液氨大规模事故性泄漏会形成低温云团引起大范围人群中毒，遇明火还会发生空间爆炸。

典型工艺如下：

① 节能氨五工艺（AMV）法；

② 德士古水煤浆加压气化法；

③ 凯洛格法；

④ 甲醇与合成氨联合生产的联醇法；

⑤ 纯碱与合成氨联合生产的联碱法；

⑥ 采用变换催化剂、氧化锌脱硫剂和甲烷催化剂的"三催化"气体净化法等。

5.5.2　重点监控工艺参数

合成塔、压缩机、氨储存系统的运行基本控制参数，包括温度、压力、液位、物料流量及比例等。

5.5.3　合成氨装置实训

本装置采用氮和氢按一定比例在高温、高压和催化条件下合成氨的工艺。具体工艺实训 PID 图如图 5-7 所示。

合成气进入压缩机 K101，经两级压缩提压至 14.6MPa，进入换热器 E201 壳程提温后，分三路进入氨合成塔 T101 进行合成反应。反应后的高温混合气经锅炉汽包 V101 降温至 167℃，再经换热器 E201 管程冷却至 37℃后，进入氨分离器 V102。液氨与未反应的合成气在氨分离器中分离，经液控阀送出装置；未反应的合成气去压缩机循环段，重新加入循环。

锅炉水经锅炉水泵送入锅炉汽包 V101，吸收混合气热量，生成蒸汽送去管网。

反应方程式如下：

$$3H_2 + N_2 \underset{\text{高温、高压、催化剂}}{\rightleftharpoons} 2NH_3$$

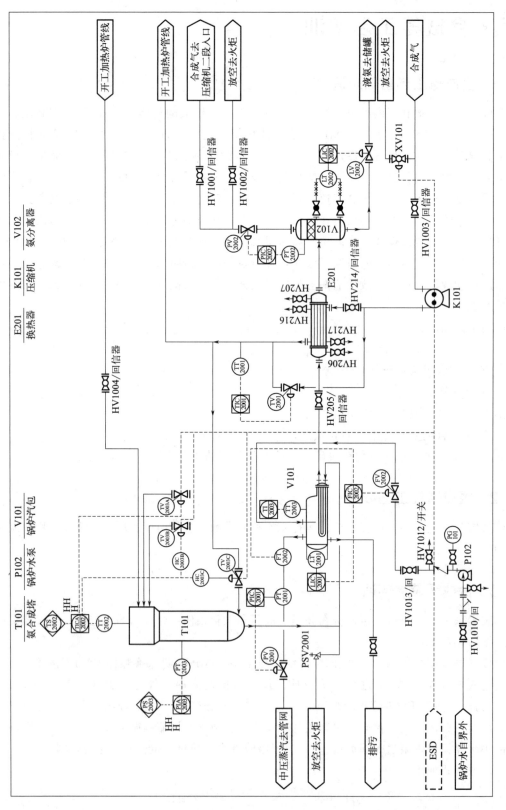

图 5-7 合成氨工艺实训 PID

5.5.4 合成氨工艺控制回路与工艺指标

合成氨装置控制回路和工艺指标分别见表 5-13 和表 5-14。合成氨安全仪表系统（SIS）联锁详细信息见表 5-15。

表 5-13 合成氨装置控制回路一览表

位号	注解	联锁位号	联锁注解
FV2002	调节锅炉进水流量	FIC2002	远传显示控制进入锅炉汽包水流量
		LIC2001	串级联锁远传控制锅炉汽包液位
TV2001	调节氨合成塔进气温度	TIC2001	远传显示控制进入氨合成塔气体温度
TV2003A	调节氨合成塔一段温度	TIC2002	远传显示控制氨合成塔段层催化剂温度
TV2003B	调节氨合成塔二段温度	TIC2002	远传显示控制氨合成塔段层催化剂温度
TV2003C	调节氨合成塔三段温度	TIC2002	远传显示控制氨合成塔段层催化剂温度
PV2001	调节锅炉汽包蒸汽压力	PIC2001	远传显示控制去管网蒸汽压力
PV2002	调节氨分离器压力	PIC2002	远传显示控制去压缩机气体压力
LV2002	调节氨分离器液位	LIC2002	远传显示控制氨分离器液位

表 5-14 合成氨装置工艺指标一览表

序号	位号	名称	正常值	指标范围	SIS 联锁值
1	TI2001	合成气预热温度	191℃	185～200℃	—
2	TI2002	氨合成塔温度	500℃	470～510℃	高高限 520℃
3	TI2003	锅炉汽包温度	220℃	210～230℃	—
4	PI2001	锅炉汽包压力	3.9MPa	≤4.2MPa	—
5	PI2002	氨分离器压力	3.0MPa	≤3.5MPa	—
6	PI2003	氨合成塔压力	14.7MPa	14.7～15.5MPa	高高限 16.0MPa
7	PG101	锅炉水泵出口压力	4.0MPa	≤4.5MPa	—
8	FT2002	锅炉汽包蒸汽输出流量	51.1t/h	≤53t/h	—
9	LI2001	锅炉水液位	60%	10%～80%	低低限 5%
10	LI2002	氨分离器液位	50%	≤80%	高高限 90%

表 5-15 合成氨安全仪表系统（SIS）联锁一览表

联锁位号	位号	注解	正常值	范围	联锁值	位号	联锁动作	联锁作用
S1	TI2002	氨合成塔温度	500℃	470～510℃	高高限 520℃	K101	关	压缩机跳停
						TV2003A/B/C	关	合成塔温控阀
						XV101	开	紧急放空
S2	PI2003	氨合成塔压力	14.7MPa	14.7～15.5MPa	高高限 16.0MPa	K101	关	压缩机跳停
						TV2003A/B/C	关	合成塔温控阀
						XV101	开	紧急放空

联锁位号	位号	注解	正常值	范围	联锁值	位号	联锁动作	联锁作用
S3	LI2001	锅炉水液位	60%	10%～80%	低低限 5%	K101	关	压缩机跳停
						TV2003A/B/C	关	合成塔温控阀
						XV101	开	紧急放空
S4	LI2002	氨分离器液位	50%	≤80%	高高限 90%	K101	关	压缩机跳停
						TV2003A/B/C	关	合成塔温控阀
						XV101	开	紧急放空
S5	PB101	紧急停车按钮	关闭	—	打开	K101	关	压缩机跳停
						TV2003A/B/C	关	合成塔温控阀
						XV101	开	紧急放空

5.5.5 合成氨装置开车操作（DCS 结合装置实际操作）

① 外操打开压缩机进气阀 HV1003。

② 外操启动压缩机 K101。

③ 外操打开壳程进口阀 HV214，打开开工进气阀 HV1004，氢氮混合气经加热炉升温进入氨合成塔 T101。

④ 外操打开管程进口阀 HV205。

⑤ 主操将氨分离器压力控制阀 PV2002 设手动，开度 30%。

⑥ 外操打开合成气去压缩机二段阀 HV1001。混合气从塔底经过锅炉汽包 V101、换热器 E201、氨分离器 V102，回到压缩机二段入口。经压缩机提压，再次进入开工加热炉升温，进入氨合成塔。按照升温速率 1℃/min，使合成塔催化剂循环升温。

⑦ 当氨合成塔温度 TI2002 达到 400℃ 以上后，主操将氨合成塔温控 C 阀 TV2003C 设手动，逐步开至 30%，同时增加新鲜混合气量。

⑧ 停止开工加热炉，外操关闭开工进气阀 HV1004。

⑨ 外操打开锅炉水泵进口阀 HV1010，启动锅炉水泵 P102，打开泵出口阀 HV1013。

⑩ 主操将锅炉进水调节阀 FV2002 设手动，逐步开至 20%，将锅炉水液位 LI2001 加至 60% 后，将 FV2002 设自动，联锁液位值 60%。

⑪ 观察锅炉汽包压力 PI2001 达到 2.5MPa，主操将汽包蒸汽压力控制阀 PV2001 设手动，开度为 10%，中压蒸汽送去管网。

⑫ 观察氨合成塔温度继续升高至 450℃ 左右，主操将氨合成塔温控 A 阀 TV2003A 设手动，开度 20%，控制合成塔一段催化剂温度。将氨合成塔温控 B 阀 TV2003B 设手动，开度 10%，控制合成塔二段催化剂温度。

⑬ 液氨在氨分离器收集，液位 LI2002 达到 50% 时，主操将氨分离器液位控制阀 LV2002 设手动，开度 20%，液氨送去外界。

⑭ 待各指标稳定后，自动调节阀按照参数表设为自动控制。

5.5.6　合成氨装置现场应急处置

序号	处置案例	处置原理与操作步骤
1	氨合成塔超温	事故现象:氨合成塔温度 TI2002 升高至 510℃超出正常指标范围,DCS 界面 TI2002 闪烁＋红字报警。 ① 主操将合成塔温度控制阀 TV2003A,从手动 20％设为手动 25％。 ② 主操将合成塔温度控制阀 TV2003B,从手动 40％设为手动 45％,合成塔温度 TI2002 从 510℃降至 500℃
2	原料气中断	事故现象:原料气供应不足,氨合成塔压力 PI2003 快速降至 5.7MPa;合成塔温度 TI2002 快速降至 350℃;锅炉汽包压力 PI2001 快速降至 0.1MPa,DCS 界面 PI2003、TI2002 和 PI2001 闪烁＋红字报警。 ① 合成封塔,主操将氨合成塔温控阀 TV2003A 设手动,开度从 20％设为 0％。 ② 主操将氨合成塔温控阀 TV2003B 设手动,开度从 40％设为 0％。 ③ 主操将氨合成塔温控阀 TV2003C 设手动,开度从 60％设为 0％。 ④ 外操关闭换热器 E201 管程进口阀 HV205。 ⑤ 主操将汽包蒸汽压力控制阀 PV2001 设手动,开度从 50％设为 0％。 ⑥ 主操将锅炉进水调节阀 FV2002 设手动,开度从 40％设为 0％。 ⑦ 主操将氨分离器液位控制阀 LV2002 设手动,开度从 20％设为 0％
3	氨分离器液位调节阀失灵	事故现象:氨分离器液位 LI2002 显示 80％,高高报警;同时氨合成塔温度 TI2002 降至 495℃,氨合成塔压力 PI2003 升至 15.0MPa,DCS 界面 LI2002 闪烁＋红字报警。 ① 主操将氨分离器液位控制阀 LV2002 设手动。 ② 主操将 LV2002 开度从 20％设为 50％,氨分离器液位 LI2002 从 80％降至 50％。 ③ 主操将 LV2002 开度从 50％设为 30％。DCS 界面 LI2002 闪烁＋红字报警
4	氨分离器入口法兰泄漏有人中毒应急预案	事故现象:现场报警器报警,氨分离器入口法兰泄漏(烟雾发生器喷雾)。 ① 外操巡检发现事故,"氨分离器入口法兰泄漏有人中毒",向班长汇报。(泄漏氨气) ② 班长接到汇报后,启动中毒应急响应。命令主操拨打"120 急救"电话。 ③ 班长命令安全员"请组织人员到 1 号门口拉警戒绳,引导救护车"。 ④ 班长向调度室汇报"氨分离器入口法兰泄漏,有人中毒"。 ⑤ 主操接到"应急响应启动"后,拨打"120 急救"电话。 ⑥ 安全员接到"应急响应启动"后,到 1 号门口拉警戒绳,引导救护车。 ⑦ 班长和外操佩戴正压式呼吸器,携带 F 形扳手,现场处置。 ⑧ 班长和外操将中毒人员抬放至安全位置。 ⑨ 班长命令主操和外操"执行紧急停车操作"。 ⑩ 外操停止压缩机 K101,关闭换热器 E201 管程进口阀 HV205 和壳程进口阀 HV214。 ⑪ 主操将氨合成塔温控阀 TV2003A、TV2003B 和 TV2003C 设手动,开度从 20％、40％和 60％设为 0％。 ⑫ 主操将汽包蒸汽压力控制阀 PV2001 设手动,开度从 50％设为 0％。 ⑬ 主操将氨分离器液位控制阀 LV2002 设手动,待氨分离器液位 LI2002 从 50％降到 0％,开度设为 0％。 ⑭ 主操将锅炉进水调节阀 FV2002 设手动,开度从 40％设为 0％。 ⑮ 外操关闭锅炉水泵出口阀 HV1013,停止锅炉水泵 P102。 ⑯ 外操向班长汇报"紧急停车完毕"。 ⑰ 班长向调度室汇报"事故处理完毕,请协调检修处理漏点" ⑱ 班长广播宣布"解除事故应急状态"
5	汽包蒸汽出口法兰泄漏应急预案	事故现象:现场报警器报警,汽包蒸汽出口法兰泄漏(烟雾发生器喷雾)。 ① 外操巡检发现事故,"汽包蒸汽出口法兰泄漏",向班长汇报。(泄漏水蒸气) ② 班长接到汇报后,启动泄漏应急响应。命令安全员"请组织人员到 1 号门口拉警戒绳"。 ③ 班长向调度室汇报"汽包蒸汽出口法兰泄漏"。 ④ 安全员接到"应急响应启动"后,到 1 号门口拉警戒绳。

序号	处置案例	处置原理与操作步骤
5	汽包蒸汽出口法兰泄漏应急预案	⑤ 外操携带 F 形扳手,现场处置。 ⑥ 班长命令主操和外操"执行紧急停车操作"。 ⑦ 外操停止压缩机 K101,关闭换热器 E201 管程进口阀 HV205 和壳程进口阀 HV214。 ⑧ 主操将氨合成塔温控阀 TV2003A、TV2003B 和 TV2003C 设手动,开度从 20%、40%和 60%设为 0%。 ⑨ 主操将汽包蒸汽压力控制阀 PV2001 设手动,开度从 50%设为 0%。 ⑩ 主操将氨分离器液位控制阀 LV2002 设手动,开度从 20%设为 0%。 ⑪ 主操将锅炉进水调节阀 FV2002 设手动,开度从 40%设为 0%。 ⑫ 外操关闭锅炉水泵出口阀 HV1013,停止锅炉水泵 P102。 ⑬ 外操向班长汇报"紧急停车完毕"。 ⑭ 班长向调度室汇报"事故处理完毕,请协调检修处理漏点"。 ⑮ 班长广播宣布"解除事故应急状态"
6	压缩机出口法兰泄漏着火应急预案（远程急停）	事故现象:现场报警器报警,压缩机出口法兰泄漏着火(烟雾发生器喷雾,灯带发出红色光芒)。 ① 外操巡检发现事故,"压缩机出口法兰泄漏着火,火势较大",向班长汇报。(泄漏氢气) ② 班长接到汇报后,启动着火应急响应。命令主操启用"远程急停",并拨打"119 火警"电话。 ③ 班长命令安全员"请组织人员到 1 号门口拉警戒绳,引导消防车"。 ④ 班长向调度室汇报"压缩机出口法兰泄漏着火"。 ⑤ 主操接到"应急响应启动"后,按压"急停"按钮,拨打"119 火警"电话。 ⑥ 安全员接到"应急响应启动"后,到 1 号门口拉警戒绳,引导消防车。 ⑦ 外操佩戴正压式呼吸器,携带 F 形扳手,现场处置。 ⑧ 班长命令主操和外操"执行紧急停车操作"。 ⑨ 主操观察到 SIS 联锁启动,压缩机 K101 跳停;氨合成塔温控阀 TV2003A/B/C 关闭;紧急放空阀 XV101 打开。 ⑩ 主操将汽包蒸汽压力控制阀 PV2001 设手动,开度从 50%设为 0%。 ⑪ 主操将氨分离器液位控制阀 LV2002 设手动,开度从 20%设为 0%。 ⑫ 主操将锅炉进水调节阀 FV2002 设手动,开度从 40%设为 0%。 ⑬ 外操关闭换热器 E201 管程进口阀 HV205 和壳程进口阀 HV214。 ⑭ 外操关闭锅炉水泵出口阀 HV1013,停止锅炉水泵 P102。 ⑮ 外操使用灭火器灭火,火被扑灭。 ⑯ 外操向班长汇报"现场停车完毕,火已扑灭"。 ⑰ 班长向调度室汇报"事故处理完毕,请协调检修处理漏点"。 ⑱ 班长广播宣布"解除事故应急状态"

5.6 裂解（裂化）工艺实训

5.6.1 裂解（裂化）工艺基础知识

裂解（裂化）是指石油系的烃类原料在高温条件下，发生碳链断裂或脱氢反应，生成烯烃及其他产物的过程。产品以乙烯、丙烯为主，同时副产丁烯、丁二烯等烯烃和裂解汽油、柴油、燃料油等产品。

烃类原料在裂解炉内进行高温裂解，产出组成为氢气、低/高碳烃类、芳烃类以及馏分为 288℃以上的裂解燃料油的裂解气混合物。经过急冷、压缩、激冷、分馏以及干燥和加氢等方法，分离出目标产品和副产品。

在裂解过程中，同时伴随缩合、环化和脱氢等反应。由于所发生的反应很复杂，通常把反应分成两个阶段。第一阶段，原料变成的目的产物为乙烯、丙烯，这种反应称为一次反应。第二阶段，一次反应生成的乙烯、丙烯继续反应转化为炔烃、二烯烃、芳烃、环烷烃，甚至最终转化为氢气和焦炭，这种反应称为二次反应。裂解产物往往是多种组分混合物。影响裂解的基本因素主要为温度和反应的持续时间。化工生产中用热裂解的方法生产小分子烯烃、炔烃和芳香烃，如乙烯、丙烯、丁二烯、乙炔、苯和甲苯等。工艺危险特点如下：①在高温（高压）下进行反应，装置内的物料温度一般超过其自燃点，若漏出会立即引起火灾；②炉管内壁结焦会使流体阻力增加，影响传热，当焦层达到一定厚度时，因炉管壁温度过高，不能继续运行下去，必须进行清焦，否则会烧穿炉管，裂解气外泄，引起裂解炉爆炸；③如果由于断电或引风机机械故障而使引风机突然停转，则炉膛内很快变成正压，从而会从窥视孔或烧嘴等处向外喷火，严重时会引起炉膛爆炸；④如果燃料系统大幅度波动，燃料气压力过低，则可能造成裂解炉烧嘴回火，使烧嘴烧坏，甚至会引起爆炸；⑤有些裂解工艺产生的单体会自聚或爆炸，需要向生产的单体中加阻聚剂或稀释剂等。

典型工艺如下：
① 热裂解制烯烃工艺；
② 重油催化裂化制汽油、柴油、丙烯、丁烯；
③ 乙苯裂解制苯乙烯；
④ 二氟一氯甲烷（HCFC-22）热裂解制四氟乙烯（TFE）；
⑤ 二氟一氯乙烷（HCFC-142b）热裂解制偏氟乙烯（VDF）；
⑥ 四氟乙烯和八氟环丁烷热裂解制六氟乙烯（HFP）等。

5.6.2 重点监控工艺参数

裂解炉进料流量；裂解炉温度；引风机电流；燃料油进料流量；稀释蒸汽比及压力；燃料油压力；滑阀差压超驰控制、主风流量控制、外取热器控制、机组控制、锅炉控制等。

5.6.3 裂解（裂化）工艺装置实训

本装置模拟的化工工艺为：渣油蜡油等原料油裂解制备小分子烯烃的工艺。裂解工艺反应工段和再生工段实训 PID 图分别见图 5-8 和图 5-9。

大蒸馏渣油及罐区来的混合蜡油（原料油）从原料油雾化喷嘴进入提升管反应器 R101 反应区，与经蒸汽预提升的 650～680℃的高温催化剂接触汽化并进行反应，反应油气经粗旋进行气剂粗分离，分离出的油气经单级旋分进一步脱除催化剂细粉后经引风机 C102 至分馏系统。分离出的待生催化剂经沉降室 V101 汽提段汽提，汽提后的待生催化剂经待生催化剂滑阀、待生斜管至再生器 R102。

待生催化剂在主风的作用下进行逆流烧焦，烧掉绝大部分的焦炭，催化剂在 680℃的条件下进行完全再生，烧焦产生的烟气去分离工序。

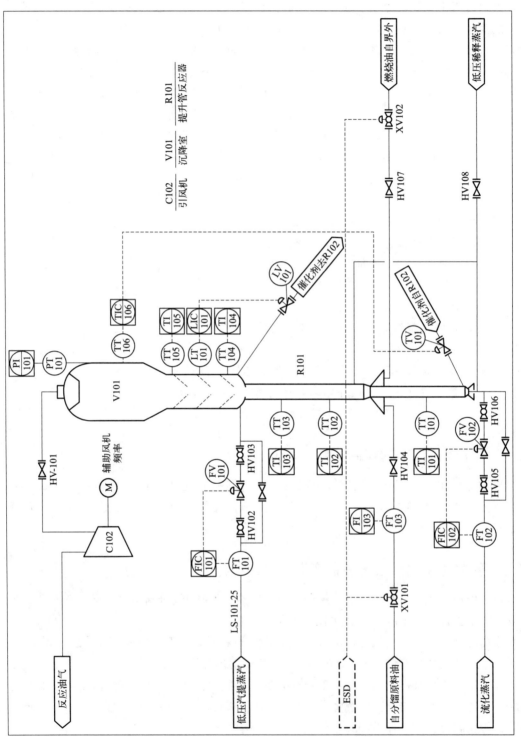

图 5-8 裂解工艺反应工段实训 PID

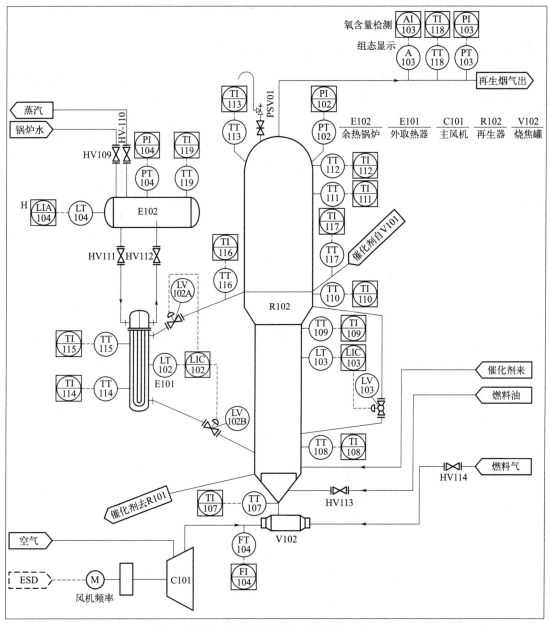

图 5-9　裂解工艺再生工段实训 PID

再生催化剂经外取热器 E101 取走烧焦过程中产生的过剩热量，冷却的催化剂沿外取热器下滑阀返回再生器下部继续烧焦。烧焦后的再生催化剂经再生斜管及再生滑阀至提升管预提升段。

在提升管预提升段，以蒸汽作提升介质，完成再生催化剂加速、整流过程，然后与雾化原料接触反应。

主风机 C101 产生的主风经烧焦罐 V102，进入再生器与待生催化剂接触，进行烧焦反应。

反应方程式如下：

$$C_n H_{2n+2} \xrightarrow{\text{高温、催化剂}} C_m H_{2m} + C_k H_{2k+2}$$

5.6.4 裂解（裂化）工艺控制回路与工艺指标

裂解装置控制回路与工艺指标分别见表 5-16 和表 5-17。裂解安全仪表系统（SIS）联锁详细信息见表 5-18。

表 5-16 裂解装置控制回路一览表

位号	注解	联锁位号	联锁注解
FV101	调节汽提蒸汽流量	FIC101	远传显示控制进入反应器汽提蒸汽流量
FV102	调节流化蒸汽流量	FIC102	远传显示控制进入反应器流化蒸汽流量
LV101	调节反应器沉降室去再生器下滑流量	LIC101	远传显示控制沉降室料位
TV101	调节再生器去提升管反应器下滑流量	TIC106	远传显示控制沉降室温度
LV102A	调节再生器去外取热器下滑流量	LIC102	远传显示控制外取热器料位
LV102B	调节外取热器去再生器下滑流量	LIC102	远传显示控制外取热器料位
LV103	调节再生器料位控制下滑流量	LIC103	远传显示控制再生器料位

表 5-17 裂解装置工艺指标一览表

序号	位号	名称	正常值	指标范围	SIS 联锁值
1	TI101	提升管反应器入口温度	702℃	650～710℃	高高限 720℃
2	TI102	提升管反应器底部温度	693℃	650～700℃	—
3	TI103	提升管反应器上部温度	684℃	650～700℃	—
4	TI104	反应器沉降室底部温度	580℃	560～600℃	—
5	TI105	反应器沉降室中部温度	575℃	560～590℃	—
6	TI106	反应器沉降室上部温度	570℃	560～590℃	—
7	TI107	辅助燃烧室去再生器温度	700℃	650～710℃	—
8	TI108	第二再生器底部温度	698℃	650～710℃	—
9	TI109	第二再生器上部温度	692℃	650～710℃	—
10	TI110	第一再生器底部温度	680℃	650～700℃	高高限 720℃
11	TI111	第一再生器中部温度	676℃	650～690℃	—
12	TI112	第一再生器上部温度	673℃	650～690℃	—
13	TI113	第一再生器顶部温度	671℃	650～690℃	—
14	TI114	外取热器催化剂出口温度	533℃	520～550℃	—
15	TI115	外取热器催化剂入口温度	662℃	650～680℃	—
16	TI116	再生器去外取热器催化剂温度	680℃	660～690℃	—
17	TI117	沉降室去再生器催化剂温度	498℃	480～510℃	—
18	TI118	再生烟气出口温度	650℃	640～670℃	—
19	TI119	外取热器汽包温度	248℃	220～260℃	—
20	PI101	反应器沉降室顶部压力	0.08MPa	≤0.15MPa	—
21	PI102	再生器顶部压力	0.27MPa	≤0.35MPa	—

续表

序号	位号	名称	正常值	指标范围	SIS 联锁值
22	PI103	再生器出口压力	0.2MPa	≤0.3MPa	—
23	PI104	余热锅炉压力	3.9MPa	≤4.2MPa	—
24	FI101	汽提蒸汽去提升管反应器流量	1200m³/h（标准状况）	1000～1400m³/h（标准状况）	—
25	FI102	流化蒸汽去提升管反应器流量	3800m³/h（标准状况）	3600～3900m³/h（标准状况）	—
26	FI103	原料油去提升管反应器流量	49t/h	40～55t/h	低低限 10t/h
27	FI104	风量	2370m³/min（标准状况）	1685～2600m³/min（标准状况）	低低限 1000m³/min（标准状况）
28	LI101	反应器沉降室料位	60%	50%～70%	—
29	LI102	外取热器催化剂料位	60%	50%～70%	—
30	LI103	第二再生器料位	60%	50%～70%	—
31	LI104	余热锅炉液位	60%	50%～70%	—
32	AI103	氧含量	2.5%	≤8%	—

表 5-18　裂解 SIS 安全仪表系统联锁一览表

联锁位号	位号	注解	正常值	范围	联锁值	位号	联锁动作	联锁作用
S1	TI101	提升管反应器入口温度	702℃	650～710℃	高高限 720℃	C101	关	主风机跳停
						XV101	关	原料切断
						XV102	关	燃料切断
S2	TI110	第一再生器底部温度	680℃	650～700℃	高高限 720℃	C101	关	主风机跳停
						XV101	关	原料切断
						XV102	关	燃料切断
S3	FI103	原料油去提升管反应器流量	49t/h	40～55t/h	低限 10t/h	C101	关	主风机跳停
						XV101	关	原料切断
						XV102	关	燃料切断
S4	FI104	风量	2370m³/min（标准状况）	1685～2600m³/min（标准状况）	低低限 1000m³/min（标准状况）	C101	关	主风机跳停
						XV101	关	原料切断
						XV102	关	燃料切断
S5	PB101	紧急停车按钮	关闭	—	打开	C101	关	主风机跳停
						XV101	关	原料切断
						XV102	关	燃料切断

5.6.5　裂解（裂化）装置开车操作（DCS 结合装置实际操作）

① 外操启动主风机 C101，主操将主风机 C101 频率设为 10%，主风机风量 FL104 升至 460m³/min（标准状况），送风进燃烧室，置换装置，再生烟气经再生器顶部送往外界。

② 外操（燃烧室点火）打开燃料气进料阀 HV114，送入燃料气（点火成功），观察升

温速率（小于100℃/h）。（若点火失败，应先置换燃烧室合格后，重新点火。）

③ 观察辅助燃烧室去再生器温度 TI107 升至 300℃时，外操打开燃料油进料阀 HV113，喷入燃料油。

④ 外操关闭燃料气进料阀 HV114。

⑤ 主操将主风机 C101 频率加至 50%，风量 FL104 升至 2370m³/min（标准状况）。

⑥ 外操打开反应油气出气阀 HV101，启动引风机 C102。

⑦ 外操打开流化蒸汽调节阀前阀 HV105 和流化蒸汽调节阀后阀 HV106。

⑧ 主操将流化蒸汽调节阀 FV102 设手动，开度 50%，蒸汽流量稳定后，设自动，联锁值为 3800m³/h（标准状况）。

⑨ 主操将再生滑阀 TV101 设手动，开度 50%，向提升管反应器送入高温催化剂，催化剂被流化蒸汽带向上部。沉降室温度稳定后，将 TV101 设自动，联锁值为 570℃。

⑩ 外操打开原料油进料阀 HV104，向提升管反应器内喷入原料油，稳定后原料油流量 FI103 为 49t/h。

⑪ 外操打开稀释蒸汽阀 HV108。

⑫ 外操打开汽提蒸汽调节阀前阀 HV102 和后阀 HV103。

⑬ 主操将汽提蒸汽调节阀 FV101 设手动，开度 50%，对催化剂进行汽提操作。

⑭ 蒸汽流量稳定后，主操将 FV101 设自动，联锁值为 1200m³/h（标准状况）。

⑮ 主操将反应器沉降室去再生器下滑阀 LV101 设手动，开度 50%，反应器沉降室料位 LI101 升至 60%，主操将 LV101 设自动，联锁值为 60%。

⑯ 主操将再生器料位控制下滑阀 LV103 设自动，联锁值为 60%。

⑰ 外操关闭燃料油进料阀 HV113，正常烧焦。

⑱ 外操打开外取热器出汽阀 HV112 和蒸汽出气阀 HV110。

⑲ 外操打开锅炉水进水阀 HV109，向外取热器汽包加入锅炉水，余热锅炉液位 LI104 升至 60%，打开外取热器进水阀 HV111。

⑳ 再生器催化剂温度偏高，启用外取热器。主操将再生器去外取热器下滑阀 LV102A 设手动，开度 50%，向外取热器进料。

㉑ 观察外取热器催化剂料位 LI102 升至 60%，主操将外取热器去再生器下滑阀 LV102B 设手动，开度 50%，向第二再生器出料。

㉒ 观察外取热器催化剂料位 LI102 稳定后，主操将外取热器去再生器下滑阀 LV102B 设自动，联锁值为 60%。

5.6.6 裂解（裂化）装置现场应急处置

序号	处置案例	处置原理与操作步骤
1	原料中断	事故现象：原料油流量 FI103 从 49t/h 突然下降至 0t/h，DCS 界面 FI103 红字＋闪烁报警。 ① 外操打开燃烧油进料阀 HV107。 ② 由于再生器热负荷降低，停用外取热器。主操将再生器去外取热器下滑阀 LV102A 设手动，开度 0%，停止向外取热器进料。 ③ 主操将外取热器去再生器下滑阀 LV102B 设手动，开度 50%，向第一再生器出料。 ④ 观察外取热器催化剂料位 LI102 降至 0%，主操将 LV102B 开度设为 0%

序号	处置案例	处置原理与操作步骤
2	再生器碳堆积	事故现象:烟气氧含量 AI103 降低,浓度从 2.5% 下降至 1%;再生剂颜色变黑;再生温度 TI108/109/110/111 从 698/692/680/676℃分别降低至 618/612/600/596℃,DCS 界面 TI108/109/110/111 红字+闪烁报警。 ① 降低进料量:外操将原料油进料阀 HV104 关小,流量 FI103 降至 39t/h。 ② 增加汽提蒸汽量:主操将汽提蒸汽调节阀 FV101 联锁值设为 1600m³/h(标准状况),流量 FI101 升至 1600m³/h(标准状况)。 ③ 增加风量:主操将主风机 C101 频率设为 60%,风量 FI104 升至 2800m³/min(标准状况)
3	再生滑阀全关	事故现象:烟气氧含量 AI103 降低,浓度从 2.5% 下降至 1%;再生剂颜色变黑;再生温度 TI108/109/110/111 从 698/692/680/676℃分别降低至 618/612/600/596℃,DCS 界面 TI108/109/110/111 红字+闪烁报警。 ① 主操将再生滑阀 TV101 设为手动,开度 10%。 ② 主操将 TV101 开度设为 20%、40%、60%(分次缓慢加量)
4	烧焦罐泄漏有人中毒应急预案	事故现象:现场报警器报警,烧焦罐泄漏(烟雾发生器喷雾)。 ① 外操巡检发现事故,"烧焦罐泄漏有人中毒",向班长汇报。(泄漏烟气) ② 班长接到汇报后,启动中毒应急响应。命令主操拨打"120 急救"电话。 ③ 班长命令安全员"请组织人员到 1 号门口拉警戒绳,引导救护车"。 ④ 班长向调试室汇报"烧焦罐泄漏有人中毒"。 ⑤ 主操接到"应急响应启动"后,拨打"120 急救"电话。 ⑥ 安全员接到"应急响应启动"后,到 1 号门口拉警戒绳,引导救护车。 ⑦ 班长和外操佩戴正压式呼吸器,携带 F 形扳手,现场处置。 ⑧ 班长和外操将中毒人员抬放至安全位置。 ⑨ 班长命令主操和外操"执行紧急停车操作"。 ⑩ 主操将主风机频率减至 0%。外操停止主风机 C101。 ⑪ 外操关闭原料油进料阀 HV104,停止向提升管反应器内喷入原料油,原料油流量 FL103 降至 0。 ⑫ 外操关闭稀释蒸汽阀 HV108。 ⑬ 主操将再生滑阀 TV101 设手动,开度 0%,停止向提升管反应器送入高温催化剂。 ⑭ 主操将流化蒸汽调节阀 FV102 设手动,开度 0%,流化蒸汽流量 FL102 降至 0。 ⑮ 主操将汽提蒸汽调节阀 FV101 设手动,开度 0%,汽提蒸汽流量 FL101 降至 0。 ⑯ 外操停止引风机 C102,关闭反应油气出气阀 HV101。 ⑰ 主操将反应器沉降室去再生器下滑阀 LV101 设手动,开度 50%;观察沉降室内催化剂料位下降至 0%,将 LV101 开度设为 0%。 ⑱ 主操将再生器去外取热器下滑阀 LV102A 设手动,开度 0%;将外取热器去再生器下滑阀 LV102B 设手动,开度 50%,向第一再生器出料;观察外取热器催化剂料位 LI102 降至 0%,将 LV102B 开度设为 0%。 ⑲ 主操向班长汇报"紧急停车完毕"。 ⑳ 班长向调试室汇报"事故处理完毕,请联系检修处置漏点"。 ㉑ 班长广播宣布"解除事故应急状态"
5	外取热器蒸汽出口法兰泄漏应急预案	事故现象:现场报警器报警,外取热器蒸汽出口法兰泄漏(烟雾发生器喷雾)。 ① 外操巡检发现事故,"外取热器蒸汽出口法兰泄漏",向班长汇报。(泄漏水蒸气) ② 班长接到汇报后,启动泄漏应急响应。命令安全员"请组织人员到 1 号门口拉警戒绳"。 ③ 班长向调试室汇报"外取热器蒸汽出口法兰泄漏"。 ④ 安全员接到"应急响应启动"后,到 1 号门口拉警戒绳。 ⑤ 外操携带 F 形扳手,现场处置。 ⑥ 班长命令主操和外操"执行切除外取热器操作"。 ⑦ 主操将再生器去外取热器下滑阀 LV102A 设手动,开度 0%。 ⑧ 主操将外取热器去再生器下滑阀 LV102B 设手动,开度 50%,向第一再生器出料。 ⑨ 观察外取热器催化剂料位 LI102 降至 0%,主操将 LV102B 开度设为 0%。

序号	处置案例	处置原理与操作步骤
5	外取热器蒸汽出口法兰泄漏应急预案	⑩ 外操关闭外取热器进水阀 HV111。 ⑪ 外操向班长汇报"切除外取热器完毕"。 ⑫ 班长向调试室汇报"事故处理完毕,请协调检修处理漏点"。 ⑬ 班长广播宣布"解除事故应急状态"
6	沉降室油气出口法兰泄漏着火应急预案(远程急停)	事故现象:现场报警器报警,沉降室油气出口法兰泄漏着火(烟雾发生器喷雾,灯带发出红色光芒)。 ① 外操巡检发现事故,"沉降室油气出口法兰泄漏着火,火势较大",向班长汇报。(泄漏裂解油气) ② 班长接到汇报后,启动着火应急响应。命令主操启用"远程急停",并拨打"119 火警"电话。 ③ 班长命令安全员"请组织人员到 1 号门口拉警戒绳,引导消防车"。 ④ 班长向调试室汇报"沉降室油气出口法兰泄漏着火,火势较大"。 ⑤ 主操接到"应急响应启动"后,按压"急停"按钮,拨打"119 火警"电话。 ⑥ 安全员接到"应急响应启动"后,到 1 号门口拉警戒绳,引导消防车。 ⑦ 外操佩戴正压式呼吸器,携带 F 形扳手,现场处置。 ⑧ 班长命令主操和外操"执行紧急停车操作"。 ⑨ 主操观察到 SIS 联锁启动,主风机 C101 跳停;原料切断阀 XV101 远程关闭;燃料切断阀 XV102 远程关闭,原料油流量 FI103 由 49t/h 降至 0t/h。 ⑩ 主操将再生滑阀 TV101 设手动,开度 0%,停止向提升管反应器送入高温催化剂。 ⑪ 主操将流化蒸汽调节阀 FV102 设手动,开度 0%,流化蒸汽流量 FI102 降至 0。 ⑫ 主操将汽提蒸汽调节阀 FV101 设手动,开度 0%,汽提蒸汽流量 FI101 降至 0。 ⑬ 外操关闭原料油进料阀 HV104。 ⑭ 外操关闭稀释蒸汽阀 HV108。 ⑮ 外操停止引风机 C102,关闭反应油气出气阀 HV101。 ⑯ 主操将反应器沉降室去再生器下滑阀 LV101 设手动,开度 50%;观察沉降室内催化剂料位下降至 0%,将 LV101 开度设为 0%。 ⑰ 主操将再生器去外取热器下滑阀 LV102A 设手动,开度 0%;将外取热器去再生器下滑阀 LV102B 设手动,开度 50%,向第一再生器出料;观察外取热器催化剂料位 LI102 降至 0%,将 LV102B 开度设为 0%。 ⑱ 外操使用灭火器灭火,火被扑灭。 ⑲ 外操向班长汇报"现场停车完毕,火已扑灭"。 ⑳ 班长向调试室汇报"事故处理完毕,请协调检修处理漏点"。 ㉑ 班长广播宣布"解除事故应急状态"

5.7 氟化工艺

5.7.1 氟化工艺基础知识

氟化反应是分子中引入氟原子的反应,涉及氟化反应的工艺过程为氟化工艺。氟化反应属于强放热反应,反应过程中放出大量的热可使反应物分子结构遭到破坏,甚至着火爆炸。氟化剂通常为氟气、卤族氟化物、惰性元素氟化物、高价金属氟化物、氟化氢、氟化钾等。工艺危险特点如下:①反应物料具有燃爆危险性;②氟化反应为强放热反应,不及时排除反应热量,易导致超温超压,引发设备爆炸事故;③多数氟化剂具有强腐蚀性、剧毒,在生产、贮存、运输、使用等过程中,容易因泄漏、操作不当、误接触以及其他意外而造成危险。

典型工艺如下：

（1）直接氟化

黄磷氟化制备五氟化磷等。

（2）金属氟化物或氟化氢气体氟化

SbF_3、AgF_2、CoF_3 等金属氟化物与烃反应制备氟化烃；氟化氢气体与氢氧化铝反应制备氟化铝等。

（3）置换氟化

三氯甲烷氟化制备二氟一氯甲烷；四氯嘧啶与氟化钠制备 2,4,6-三氟-5-氯嘧啶等。

（4）其他氟化物的制备

浓硫酸与氟化钙（萤石）制备无水氟化氢等。

5.7.2　重点监控工艺参数

氟化反应釜内温度、压力；氟化反应釜内搅拌速率；氟化物流量；助剂流量；反应物的配料比；氟化物浓度。

5.7.3　氟化工艺实训

本装置模拟的化工工艺为：干法制备氟化铝。氟化工艺实训 PID 图见图 5-10。

干燥的萤石颗粒在高速螺旋输送机带动下，与按比例配比的发烟硫酸一起进入回转炉反应器 R101。烟道气经夹套间接加热来满足反应所需的热量，使炉温达到 $400\sim640℃$。反应物料在炉中向前移动，萤石颗粒与浓硫酸持续发生反应，产生粗氟化氢气体。物料在炉内滞留时间为 $12\sim13h$ 才能使 CaF_2 的反应率达到 98% 以上。固体硫酸钙作为副产品从炉尾部排出，在高速螺旋输送机带动下，经过石灰石中和、尾气吸收和冷却后进入石膏渣仓。

反应方程式如下：

$$CaF_2 + H_2SO_4 \longrightarrow 2HF\uparrow + CaSO_4$$

反应产生的粗氢氟酸进入氟化氢净化器 C101 除尘、除水，经加热器升温后，进入流化床反应器底床的气室。在 $560℃$ 的高温下，气态氟化氢和氢氧化铝在流化床反应器 R102 中反应生成氟化铝（利用反应热除去氢氧化铝的水分）。反应方程式如下：

$$2Al(OH)_3 \xrightarrow{\text{高温}} Al_2O_3 + 3H_2O\uparrow$$

$$Al_2O_3 + 6HF \xrightarrow{\text{高温}} 2AlF_3 + 3H_2O\uparrow$$

底床氟化铝经氟化铝冷却器 E103 冷却后，用气动输送泵 J101 送往成品包装。

流化床尾气经旋风分离器回收部分氟化铝粉尘，尾气经冷凝净化器和中央吸收器净化达标后排空。

5.7.4　氟化工艺控制回路与工艺指标

氟化装置控制回路与工艺指标分别见表 5-19 和表 5-20。氟化安全仪表系统（SIS）联锁详细信息见表 5-21。

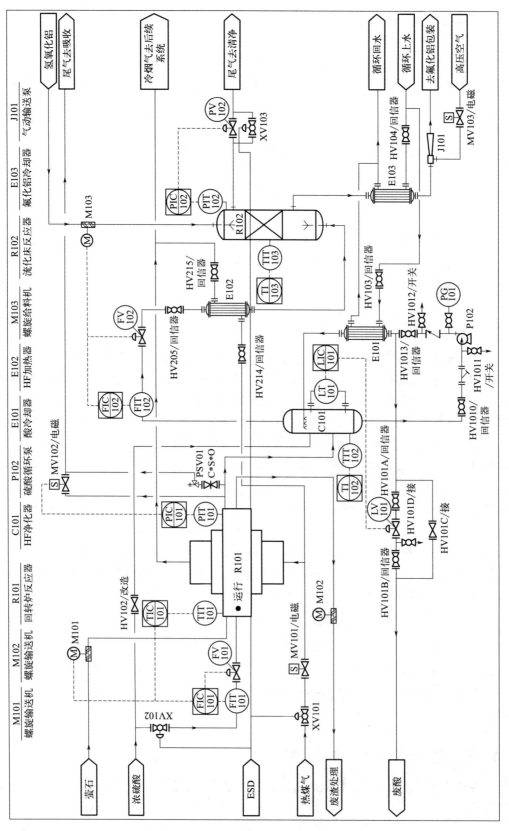

图 5-10　氟化工艺实训 PID

表 5-19　氟化装置控制回路一览表

位号	注解	联锁位号	联锁注解
LV101	调节 HF 净化器废酸出口流量	LIC101	远传显示控制进入 HF 净化器液位
M101	螺旋输送机状态	FIC101	远传显示控制浓硫酸流量
PV102	调节流化床反应器尾气出口压力	PIC102	远传显示控制流化床反应器压力
FV101	调节进入回转炉反应器浓硫酸流量	FIC101	远传显示控制浓硫酸流量
		TIC101	串级联锁远传控制回转反应炉温度
FV102	调节流化床反应器进口 HF 流量	FIC102	远传显示控制进加热器 HF 流量
		LIC101	串级联锁远传螺旋输送机状态
M103	螺旋给料机状态	FIC101	串级联锁加热器 HF 进料状态

表 5-20　氟化装置工艺指标一览表

序号	位号	名称	正常值	指标范围	SIS 联锁值
1	TIT101	回转反应炉温度	180℃	175～200℃	高高限 240℃
2	TIT102	HF 净化器底部温度	120℃	175～150℃	—
3	TIT103	流化床反应器温度	560℃	550～580℃	
4	PIT101	回转炉反应器压力	1.6MPa	1.4～2.0MPa	
5	PIT102	流化床反应器压力	1.2MPa	≤1.6MPa	高高限 1.8MPa
6	PG101	硫酸循环泵出口压力	1.4MPa	≤1.8MPa	
7	FIT101	浓硫酸进料流量	5.2t/h	4.8～5.4t/h	
8	FIT102	HF 气体流量	2.1m³/h（标准状况）	1.8～2.2m³/h（标准状况）	
9	LT101	HF 净化器液位	0.6	40%～80%	

表 5-21　氟化安全仪表系统（SIS）联锁一览表

联锁位号	位号	注解	正常值	范围	联锁值	位号	联锁动作	联锁作用
S1	TIT101	回转炉反应器温度	180℃	175～200℃	高高限 240℃	XV101	关	切断热煤气进料
						XV102	关	切断浓硫酸进料
						XV103	开	紧急流化床放空
S2	PIT102	流化床反应器压力	1.2MPa	≤1.6MPa	高高限 1.8MPa	XV101	关	切断热煤气进料
						XV102	关	切断浓硫酸进料
						XV103	开	紧急流化床放空
S3	M103	螺旋给料机	运行	—	停止	XV101	关	切断热煤气进料
						XV102	关	切断浓硫酸进料
						XV103	开	紧急流化床放空
S4	PB101	紧急停车按钮	关闭	—	打开	XV101	关	切断热煤气进料
						XV102	关	切断浓硫酸进料
						XV103	开	紧急流化床放空

5.7.5　氟化装置开车操作（DCS 结合装置实际操作）

① 外操打开氟化铝冷却器上水阀 HV104 和酸冷却器上水阀 HV103，分别向氟化铝冷却器 E101 和酸冷却器 E103 提供冷却水。

② 外操打开净化器硫酸进料阀 HV102，向氟化氢净化器内喷淋。

③ 当氟化氢净化器液位 LT101 升至 60％时，外操打开硫酸循环泵进口阀 HV1010，打开泵后排污阀 HV1012，排污后关闭。

④ 外操启动硫酸循环泵 P102，打开硫酸循环泵出口阀 HV1013，硫酸经酸冷却器 E101，再次进入氟化氢净化器内喷淋。

⑤ 外操打开废酸排液后阀 HV101B 和前阀 HV101A，主操适时打开废酸排液调节阀 LV101，将废酸排向外界。

⑥ 主操启动回转炉反应器 R101 回转运行。

⑦ 主操启动螺旋输送机 M101，将粉碎好的萤石颗粒输送进回转炉反应器 R101。

⑧ 主操打开热煤气进气切断阀 MV101，向回转炉反应器供热。

⑨ 主操打开硫酸进料调节阀 FV101，向回转炉反应器喷入浓硫酸，炉温 TIT101 保持在 180～200℃，充分反应。

⑩ 主操启动螺旋输送机 M102，将反应副产品从炉尾部排出，送往废渣处理系统。

⑪ 外操打开加热器管程进口阀 HV205、加热器壳程进口阀 HV214、加热器壳程出口阀 HV215。

⑫ 主操打开氟化氢气体流量调节阀 FV102，净化后氟化氢进入流化床反应器 R102。

⑬ 主操启动螺旋给料机 M103，向 560℃高温下的流化床反应器内送入氢氧化铝。

⑭ 观察流化床反应器的压力，主操适时打开流化床压力调节阀 PV102，释放尾气去清净系统。

⑮ 主操打开高压空气进气阀 MV103，将反应后产品氟化铝吹去包装系统。

5.7.6　氟化装置现场应急处置

序号	处置案例	处置原理与操作步骤
1	氢氧化铝给料机跳停	事故现象:氢氧化铝螺旋给料机 M103 突然停止运行,SIS 联锁启动,热煤气进料切断阀 XV101 关闭,浓硫酸进料切断阀 XV102 关闭,流化床紧急放空阀 XV103 打开,流化床反应器压力 PIT102 降至 0,DCS 界面 PIT102 闪烁+红字报警。 ① 主操将流化床压力调节阀 PV102 设为手动,开度 0％。 ② 主操关闭硫酸进料调节阀 FV101,设为手动,开度 0％。 ③ 主操停止螺旋输送机 M101,停止萤石进入回转炉反应器 R101。 ④ 主操关闭热煤气进气切断阀 MV101
2	酸冷却器冷却水中断	事故现象:氟化氢净化器底部温度 TIT102 从 120℃升至 150℃,DCS 界面 TIT102 闪烁+红字报警。 ① 外操将 HV102 开大,开度从 50％提高至 100％。 ② 主操将废酸排液调节阀 LV101 设手动,开度 80％,观察氟化氢净化器液位 LT101,保持 60％

序号	处置案例	处置原理与操作步骤
3	回转炉反应器飞温	事故现象:回转炉反应器温度 TIT101 从 180℃升至 230℃,硫酸进料调节阀 FV101 开度值从自动 50%关到 10%,DCS 界面 TIT101 闪烁＋红字报警。 ① 主操将热煤气进气切断阀 MV101 关小,开度从 50%关至 20%。30s 不操作,回转反应炉器温度高高 SIS 联锁启动,考试结束。 ② 主操观察回转炉反应器温度 TIT101 开始下降,同时将硫酸进料调节阀 FV101 设为手动,开度逐步开大至 20%、30%、50%,回转炉反应器温度 TIT101 稳定在 180℃
4	加热器管程出口法兰泄漏应急预案	事故现象:现场报警器报警,加热器管程出口法兰泄漏(烟雾发生器喷雾)。 ① 外操巡检发现事故,"加热器管程出口法兰泄漏",向班长汇报。(泄漏 HF 气体) ② 班长接到汇报后,启动泄漏应急响应。命令安全员"请组织人员到 1 号门口拉警戒绳"。 ③ 班长向调试室汇报"加热器管程出口法兰泄漏"。 ④ 安全员接到"应急响应启动"后,到 1 号门口拉警戒绳。 ⑤ 外操佩戴正压式呼吸器,穿防化服,携带 F 形扳手,现场处置。 ⑥ 班长命令主操和外操"执行紧急停车操作"。 ⑦ 主操打开紧急泄压阀 MV102,系统泄压。 ⑧ 主操将硫酸进料调节阀 FV101 设手动,开度 0%,浓硫酸进料流量 FIT101 降至 0。 ⑨ 主操关闭热煤气进气切断阀 MV101。 ⑩ 主操停止螺旋输送机 M101。 ⑪ 主操停止回转炉反应器 R101 运行。 ⑫ 主操停止螺旋输送机 M102。 ⑬ 主操将流化床压力调节阀 PV102 设手动,开度 100%。 ⑭ 主操将氟化氢气体流量调节阀 FV102 设手动,开度 0%,氟化氢气体流量 FIT102 降至 0。 ⑮ 主操停止螺旋给料机 M103。 ⑯ 外操关闭净化器硫酸进料阀 HV102。 ⑰ 主操将废酸排液调节阀 LV101 设手动,开度 0%。 ⑱ 外操关闭废酸排液后阀 HV101B 和前阀 HV101A。 ⑲ 外操关闭硫酸循环泵出口阀 HV1013,停止硫酸循环泵 P102,关闭硫酸循环泵进口阀 HV1010。外操打开泵前排污阀 HV1011 和泵后排污阀 HV1012,排污后关闭。 ⑳ 主操关闭高压空气进气阀 MV103。 ㉑ 外操关闭氟化铝冷却器上水阀 HV104 和酸冷却器上水阀 HV103;关闭加热器壳程进口阀 HV214 和出口阀 HV215;关闭加热器管程进口阀 HV205。 ㉒ 外操向班长汇报"紧急停车完毕"。 ㉓ 班长向调试室汇报"事故处理完毕,请联系检修处置漏点"。 ㉔ 班长广播宣布"解除事故应急状态"
5	循环硫酸泵出口法兰泄漏伤人应急预案	事故现象:现场报警器报警,循环硫酸泵出口硫酸泄漏(烟雾发生器喷雾)。 ① 外操巡检发现事故,"循环硫酸泵出口法兰泄漏伤人",向班长汇报。(泄漏硫酸) ② 班长接到汇报后,启动伤人应急响应。命令主操拨打"120 急救"电话。 ③ 班长命令安全员"请组织人员到 1 号门口拉警戒绳,引导救护车"。 ④ 班长向调试室汇报"循环硫酸泵出口法兰泄漏伤人"。 ⑤ 主操接到"应急响应启动"后,拨打"120 急救"电话。 ⑥ 安全员接到"应急响应启动"后,到 1 号门口拉警戒绳,引导救护车。 ⑦ 班长和外操佩戴正压式呼吸器,携带 F 形扳手,现场处置。 ⑧ 班长和外操将受伤人员抬放至安全位置。 ⑨ 班长命令主操和外操"执行紧急停车操作"。 ⑩ 外操关闭净化器硫酸进料阀 HV102。 ⑪ 主操将废酸排液调节阀 LV101 设手动,开度 0%。 ⑫ 外操关闭废酸排液后阀 HV101B 和前阀 HV101A。 ⑬ 外操停止硫酸循环泵 P102,关闭硫酸循环泵进口阀 HV1010。外操打开泵前排污阀 HV1011 和泵后排污阀 HV1012,排污后关闭。

序号	处置案例	处置原理与操作步骤
5	循环硫酸泵出口法兰泄漏伤人应急预案	⑭ 主操将硫酸进料调节阀 FV101 设手动,开度 0%,浓硫酸进料流量 FIT101 降至 0。 ⑮ 主操停止螺旋输送机 M101。 ⑯ 主操关闭热煤气进气切断阀 MV101。 ⑰ 主操停止回转炉反应器 R101 运行。 ⑱ 主操停止螺旋输送机 M102。 ⑲ 主操停止螺旋给料机 M103。 ⑳ 主操将流化床压力调节阀 PV102 设手动,开度 100%。 ㉑ 主操关闭高压空气进气阀 MV103。 ㉒ 外操关闭氟化铝冷却器上水阀 HV104 和酸冷却器上水阀 HV103;关闭加热器壳程进口阀 HV214 和出口阀 HV215;关闭加热器管程进口阀 HV205。 ㉓ 外操向班长汇报"紧急停车完毕"。 ㉔ 班长向调试室汇报"事故处理完毕,请协调检修处理漏点"。 ㉕ 班长广播宣布"解除事故应急状态"
6	回转炉反应器入口法兰泄漏着火应急预案（远程急停）	事故现象:现场报警器报警,回转炉反应器入口法兰泄漏着火(烟雾发生器喷雾,灯带发出红色光芒)。 ① 外操巡检发现事故,"回转炉反应器入口法兰泄漏着火,火势较大",向班长汇报。(泄漏烟气) ② 班长接到汇报后,启动着火应急响应。命令主操启用"远程急停",并拨打"119 火警"电话。 ③ 班长命令安全员"请组织人员到 1 号门口拉警戒绳,引导消防车"。 ④ 班长命令外操使用消防炮对着火点进行降温,保持火不被熄灭。 ⑤ 班长向调试室汇报"回转炉反应器入口法兰泄漏着火,火势较大"。 ⑥ 主操接到"应急响应启动"后,按压"急停"按钮,拨打"119 火警"电话。 ⑦ 安全员接到"应急响应启动"后,到 1 号门口拉警戒绳,引导消防车。 ⑧ 外操佩戴正压式呼吸器,携带 F 形扳手,使用消防炮对着火点周围进行降温,保持火不被熄灭。 ⑨ 班长命令主操和外操"执行紧急停车操作"。 ⑩ 主操观察到 SIS 联锁启动,热煤气进料切断阀 XV101 关闭,浓硫酸进料切断阀 XV102 关闭,流化床紧急放空阀 XV103 打开,流化床反应器压力 PIT102 降至 0,DCS 界面 PIT102 闪烁+红字报警。 ⑪ 主操停止螺旋输送机 M101。 ⑫ 主操停止回转炉反应器 R101 运行。 ⑬ 主操停止螺旋输送机 M102。 ⑭ 主操停止螺旋给料机 M103。 ⑮ 主操将流化床压力调节阀 PV102 设手动,开度 100%。 ⑯ 主操将氟化氢气体流量调节阀 FV102 设手动,开度 0%,氟化氢气体流量 FIT102 降至 0。 ⑰ 外操关闭净化器硫酸进料阀 HV102。 ⑱ 主操将废酸排液调节阀 LV101 设手动,开度 0%。 ⑲ 外操关闭废酸排液后阀 HV101B 和前阀 HV101A。 ⑳ 外操关闭硫酸循环泵出口阀 HV1013,停止硫酸循环泵 P102,关闭硫酸循环泵进阀 HV1010。外操打开泵前排污阀 HV1011 和泵后排污阀 HV1012,排污后关闭。 ㉑ 主操关闭高压空气进气阀 MV103,主操关闭热煤气进气切断阀 MV101。 ㉒ 主操将硫酸进料调节阀 FV101 设手动,开度 0%。 ㉓ 外操关闭氟化铝冷却器上水阀 HV104 和酸冷却器上水阀 HV103;关闭加热器壳程进口阀 HV214 和出口阀 HV215;关闭加热器管程进口阀 HV205。 ㉔ 外操使用灭火器灭火,火被扑灭。 ㉕ 外操向班长汇报"现场停车完毕,火已扑灭"。 ㉖ 班长向调试室汇报"事故处理完毕,请协调检修处理漏点"。 ㉗ 班长广播宣布"解除事故应急状态"

5.8　加氢工艺

5.8.1　加氢工艺基础知识

加氢工艺是在有机化合物分子中加入氢原子的反应，主要包括不饱和键加氢、芳环化合物加氢、含氧化合物加氢、含氮化合物加氢、氢解等。工艺危险特点如下：①反应物料具有燃爆危险性；②加氢反应为强烈的放热反应；③氢气在高温高压下与钢材接触，钢材内的碳原子易与氢气发生反应生成碳氢化合物使钢制设备强度降低，发生氢脆；④催化剂再生和活化过程中易引发飞温和爆炸。

典型工艺如表 5-22 所示。

表 5-22　加氢典型工艺与工艺实例对应表

典型工艺	工艺实例
不饱和炔烃、烯烃加氢	环戊二烯加氢生产环戊烯
芳烃加氢	苯加氢生产环己烷 苯酚加氢生产环己醇
含氧化合物加氢	一氧化碳加氢生产甲醇 丁醛加氢生产丁醇 辛烯醛加氢生产辛醇
含氮化合物加氢	己二腈加氢生产己二胺 硝基苯催化加氢生产苯胺
油品加氢	馏分油加氢裂化生产石脑油、柴油和尾油 渣油加氢改质 减压馏分油加氢改质 催化（异构）脱蜡生产低凝柴油、润滑油基础油等

5.8.2　重点监控工艺参数

氢气温度及流速；冷却介质流量及出口温度；反应釜内温度、压强；反应釜密封性；环境温度；系统氧含量；出口气体成分及浓度等。

5.8.3　加氢工艺实训

本装置模拟苯气相氢化法工艺。具体工艺实训 PID 图如图 5-11 所示。新鲜氢气经循环氢压缩机 K101 加压至 3.5MPa 与罐区经过预处理的粗苯一起进入汽化器 E101 管程进行混合汽化，混合物从加氢固定床反应器顶部进入，在 Ni、Mo 催化剂的作用下，发生加氢饱和反应。反应产物环己烷从反应器底部出来进入产品冷却器 E102 壳程，经冷却水降温，冷却至 25～30℃，此时环己烷部分液化，气液两相混合物按次序进入第一闪蒸槽 V101、第二闪蒸槽 V102 进行气液分离。未反应的氢气，从第一闪蒸槽顶部被回收循环利用；分离出来的液态环己烷从第二闪蒸槽底部送去脱轻塔精馏提纯。导热油通入汽化器 E101 壳程为反应原料汽化提供热量。冷却水通入产品冷却器 E102 管程为冷却环己烷提供冷量。

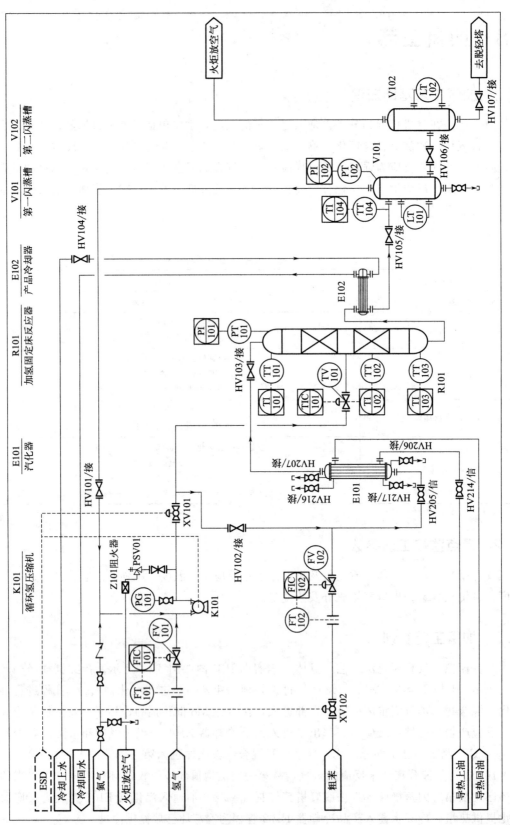

图 5-11 加氢工艺实训 PID

反应方程式如下：

$$C_6H_6 + 3H_2 \xrightarrow{\text{催化剂}} C_6H_{12}$$

5.8.4 加氢工艺控制回路与工艺指标

加氢装置控制回路与工艺指标分别见表 5-23 和表 5-24。加氢安全仪表系统（SIS）联锁详细信息见表 5-25。

表 5-23 加氢装置控制回路一览表

位号	注解	联锁位号	联锁注解
FV101	调节氢气流量	FIC101	远传显示控制进入汽化器氢气流量
FV102	调节粗苯流量	FIC102	远传显示控制进入汽化器粗苯流量
TV101	调节加氢固定床反应器上温度	TIC101	远传显示控制固定床反应温度

表 5-24 加氢装置工艺指标一览表

序号	位号	名称	正常值	指标范围	SIS 联锁值
1	TT101	加氢固定床反应器进气温度	281℃	270～290℃	—
2	TT102	加氢固定床反应器反应温度	320℃	310～330℃	高高限 350℃
3	TT103	加氢固定床反应器出气温度	325℃	315～335℃	高高限 350℃
4	TT104	产品冷却器出口温度	40℃	30～45℃	—
5	PG101	循环氢压缩机出口压力	3.4MPa	≤3.6MPa	—
6	PT101	加氢固定床反应器压力	2.9MPa	≤3.1MPa	高高限 3.5MPa
7	PT102	第一闪蒸槽压力	2.5MPa	≤2.8MPa	—
8	FT101	氢气流量	600m³/h（标准状况）	≤620m³/h（标准状况）	高高限 650m³/h（标准状况）
9	FT102	粗苯流量	12.7t/h	≤13t/h	—
10	LT101	第一闪蒸槽液位	50%	≤50%	—
11	LT102	第二闪蒸槽液位	50%	≤50%	—

表 5-25 加氢安全仪表系统（SIS）联锁一览表

联锁位号	位号	注解	正常值	范围	联锁值	位号	联锁动作	联锁作用
S1	TT102	加氢固定床反应器反应温度	320℃	310～330℃	高高限 350℃	K101	关	循环氢压缩机跳停
						XV101	关	切断氢气进料
						XV102	关	切断粗苯进料
S2	TT103	加氢固定床反应器出气温度	325℃	315～335℃	高高限 350℃	K101	关	循环氢压缩机跳停
						XV101	关	切断氢气进料
						XV102	关	切断粗苯进料

联锁位号	位号	注解	正常值	范围	联锁值	位号	联锁动作	联锁作用
S3	PT101	加氢固定床反应器反应压力	2.9MPa	≤3.1MPa	高高限3.5MPa	K101	关	循环氢压缩机跳停
						XV101	关	切断氢气进料
						XV102	关	切断粗苯进料
S4	FT101	氢气流量	600m³/h（标准状况）	≤620m³/h（标准状况）	高高限650m³/h（标准状况）	K101	关	循环氢压缩机跳停
						XV101	关	切断氢气进料
						XV102	关	切断粗苯进料
S5	PB101	紧急停车按钮	关闭	—	打开	K101	关	循环氢压缩机跳停
						XV101	关	切断氢气进料
						XV102	关	切断粗苯进料

5.8.5 加氢装置开车操作

① 导热油、冷却水系统已经自循环，随时可以接入系统。

② 主操将氢气流量调节阀 FV101 设手动，开度 50%，向循环氢压缩机进口供氢。循环氢压缩机运转正常后，FV101 设自动控制，联锁值 600m³/h（标准状况）。

③ 外操启动循环氢压缩机 K101，低转速运行。

④ 外操打开氢气汽化进口阀 HV102。

⑤ 外操打开汽化器管程进料阀 HV205。

⑥ 外操打开加氢固定床反应器进料阀 HV103。

⑦ 外操打开第一闪蒸槽进料阀 HV105。

⑧ 外操打开第二闪蒸槽进料阀 HV106，打通系统，并吹扫和置换。

⑨ 主操将加氢固定床反应器上温度调节阀 TV101 设手动，开度 10%，置换控温管线 2min 后，关闭。正常生产时 TV101 设自动控制，联锁温度值 320℃。

⑩ 置换合格后，外操打开循环氢阀 HV101，关闭第二闪蒸槽进料阀 HV106。

⑪ 外操打开产品冷却上水阀 HV104，向产品冷却器 E102 提供冷却水。

⑫ 主操提高循环氢压缩机 K101 转速至 1500r/min，循环氢压缩机出口压力 PG101 升至 3.4MPa。

⑬ 外操打开汽化器壳程进料阀 HV214，向汽化器 E101 通入导热油。

⑭ 主操将粗苯流量调节阀 FV102 设手动，开度 50%，向系统进料。正常生产时 FV102 设自动控制，联锁值 12.7t/h。

⑮ 控制各路调节阀，将反应指标控制到位，观察第一闪蒸槽 V101 液位 LT101 升至 50%，外操打开第二闪蒸槽进料阀 HV106。

⑯ 观察第二闪蒸槽 V102 液位 LT102 升至 50%，外操打开产品出料阀 HV107，将环己烷粗品送去下一工序。

5.8.6　加氢装置作业现场应急处置

序号	处置案例	处置原理与操作步骤
1	汽化器管程出口法兰泄漏有人中毒应急预案（远程急停）	事故现象:现场报警器报警,汽化器管程出口法兰泄漏(烟雾发生器喷雾)。 ① 外操巡检发现事故,"汽化器管程出口法兰泄漏有人中毒,十分危险",向班长汇报。(泄漏氢苯混合物) ② 班长接到汇报后,启动中毒应急响应。命令主操启用"远程急停",并拨打"120急救"电话。 ③ 班长命令安全员,"请组织人员到1号门口拉警戒绳,引导救护车"。 ④ 班长向调试室汇报"汽化器管程出口法兰泄漏有人中毒,十分危险"。 ⑤ 主操接到"应急响应启动"后,按压"急停"按钮,拨打"120急救"电话。 ⑥ 安全员接到"应急响应启动"后,到1号门口拉警戒绳,引导救护车。 ⑦ 班长和外操佩戴正压式呼吸器,携带F形扳手,现场处置。 ⑧ 班长和外操将中毒人员抬放至安全位置。 ⑨ 班长命令主操和外操"执行紧急停车操作"。 ⑩ 主操观察到SIS联锁启动,循环氢压缩机K101跳停,氢气流量FT101从600m³/h(标准状况)降到0m³/h(标准状况);氢气切断阀XV101关闭;苯切断阀XV102关闭,粗苯流量FT102从12.7t/h降至0t/h。 ⑪ 主操将加氢固定床反应器上温度调节阀TV101设手动,开度0%。 ⑫ 主操将氢气流量调节阀FV101设手动,开度0%。 ⑬ 主操将粗苯流量调节阀FV102设手动,开度0%。 ⑭ 外操关闭汽化器壳程进料阀HV214,停止向汽化器E101通入导热油。 ⑮ 外操关闭氢气汽化进口阀HV102。 ⑯ 外操关闭循环氢阀HV101。 ⑰ 外操关闭汽化器管程进料阀HV205。 ⑱ 外操关闭加氢固定床反应器进料阀HV103。 ⑲ 外操关闭产品冷却上水阀HV104。 ⑳ 观察第一闪蒸槽V101液位LT101降至10%,外操关闭第二闪蒸槽进料阀HV106。 ㉑ 观察第二闪蒸槽V102液位LT102降至10%,外操关闭产品出料阀HV107,停止将环己烷粗品送去下一工序。 ㉒ 外操关闭第一闪蒸槽进料阀HV105。 ㉓ 外操向班长汇报"紧急停车完毕"。 ㉔ 班长向调试室汇报"事故处理完毕,请协调检修处理漏点"。 ㉕ 班长广播宣布"解除事故应急状态"
2	循环氢压缩机跳停	事故现象:循环氢压缩机K101跳停,氢气流量FT101从600m³/h(标准状况)降至0m³/h(标准状况),DCS界面压缩机K101和FT101红字+闪烁报警。 ① 主操将粗苯流量调节阀FV102设手动,开度0%,停止向系统进料。粗苯流量FT102从12.7t/h降至0t/h。 ② 主操将加氢固定床反应器上温度调节阀TV101设手动,开度0%。 ③ 外操关闭汽化器壳程进料阀HV214,停止向汽化器E101通入导热油。 ④ 外操关闭加氢固定床反应器进料阀HV103。 ⑤ 外操关闭第一闪蒸槽进料阀HV105,封塔
3	加氢固定床反应器温度超高	事故现象:加氢固定床反应器进气温度TT101从281℃升至285℃,加氢固定床反应器反应温度TT102从320℃升至330℃,加氢固定床反应器出气温度TT103从325℃升至330℃,DCS界面TT101、TT102、TT103红字+闪烁报警。 ① 主操将加氢固定床反应器上温度调节阀TV101设手动,开度30%,加大冷氢进塔量。 ② 观察固定床层温度变化,温度回落到正常指标。主操将反应器上温度调节阀TV101设自动,联锁温度值320℃

序号	处置案例	处置原理与操作步骤
4	装置 长时间停电	事故现象：循环氢压缩机 K101 跳停，氢气流量 FT101 从 600m³/h（标准状况）降至 0m³/h（标准状况），粗苯流量 FT102 从 12.7t/h 降至 0t/h，DCS 界面循环氢压缩机 K101、FT101 和 FT102 红字＋闪烁报警。 ① 主操将粗苯流量调节阀 FV102 设手动，开度 0%，停止向系统进料。 ② 主操将加氢固定床反应器上温度调节阀 TV101 设手动，开度 0%。 ③ 主操将氢气流量调节阀 FV101 设手动，开度 0%。 ④ 外操关闭汽化器壳程进料阀 HV214，停止向汽化器 E101 通入导热油。 ⑤ 外操关闭加氢固定床反应器进料阀 HV103。 ⑥ 外操关闭第一闪蒸槽进料阀 HV105，封塔。 ⑦ 外操关闭产品冷却器上水阀 HV104，停止向产品冷却器 E102 供冷却水

5.9 重氮化工艺实训

5.9.1 重氮化工艺基础知识

重氮化反应是指一级胺与亚硝酸在低温下作用，生成重氮盐的反应。脂肪族、芳香族和杂环的一级胺都可以进行重氮化反应。涉及重氮化反应的工艺过程为重氮化工艺。通常重氮化试剂是由亚硝酸钠和盐酸作用临时制备的。除盐酸外，也可以使用硫酸、高氯酸和氟硼酸等无机酸。脂肪族重氮盐很不稳定，即使在低温下也能迅速自发分解，芳香族重氮盐较为稳定。工艺危险特点如下：①重氮盐（特别是含有硝基的重氮盐）在温度稍高或光照的作用下极易分解，有的甚至在室温时亦能分解；在干燥状态下，有些重氮盐不稳定，活性强，受热或摩擦、撞击等作用能发生分解甚至爆炸。②重氮化生产过程所使用的亚硝酸钠是无机氧化剂，175℃时能发生分解、与有机物反应导致着火或爆炸。③反应原料具有燃爆危险性。

典型工艺如下：

（1）顺法

对氨基苯磺酸钠与 2-萘酚制备酸性橙-Ⅱ染料；芳香族伯胺与亚硝酸钠反应制备芳香族重氮化合物等。

（2）反加法

间苯二胺生产二氟硼酸间苯二重氮盐；苯胺与亚硝酸钠反应生产苯胺基重氮苯等。

（3）亚硝酰硫酸法

2-氰基-4-硝基苯胺、2-氰基-4-硝基-6-溴苯胺、2,4-二硝基-6-溴苯胺、2,6-二氰基-4-硝基苯胺和 2,4-二硝基-6-氰基苯胺为重氮组分，与端氨基含醚基的偶合组分经重氮化、偶合成单偶氮分散染料；

2-氰基-4-硝基苯胺为原料制备蓝色分散染料等。

（4）硫酸铜触媒法

间氨基苯酚与弱酸（醋酸、草酸等）或易于水解的无机盐和亚硝酸钠反应制备邻、间氨基苯酚的重氮化合物等。

（5）盐析法

氨基偶氮化合物通过盐析法进行重氮化反应生产多偶氮染料等。

5.9.2　重点监控工艺参数

重氮化反应釜内温度、压力、液位、pH 值；重氮化反应釜内搅拌速率；亚硝酸钠流量；反应物质的配料比；后处理单元温度等。

5.9.3　重氮化工艺装置实训

本装置模拟的化工工艺为：苯胺与亚硝酸钠反应制备盐酸苯肼的工艺。重氮化工艺实训 PID 图见图 5-12。

将计量的盐酸加入重氮化反应釜 R-101，将计量的苯胺按一定速率加入重氮化反应釜，同时将计量的亚硝酸盐水按一定速率加入反应釜，在盐酸介质中低温下充分搅拌进行重氮化反应，生成重氮苯胺盐酸盐。

苯胺重氮化反应式如下：

$$Ar—NH_2 + HCl \longrightarrow Ar—NH_2 \cdot HCl$$

$$NaNO_2 + HCl \longrightarrow HNO_2 + NaCl$$

$$Ar—NH_2 + 2HCl + NaNO_2 \longrightarrow Ar—N=NCl + NaCl + 2H_2O$$

向重氮盐还原釜 R-102 加入适量亚硫酸氢铵、碳酸氢铵等，再将前釜产物重氮苯胺盐酸盐送入重氮盐还原釜，充分搅拌生成重氮苯二磺酸钠。

重氮盐还原反应式如下：

$$Ar—N=NCl + NH_4HSO_3 + NH_4HCO_3 \longrightarrow Ar-N=NSO_3NH_4 + NH_4Cl + CO_2\uparrow + H_2O$$

$$Ar—N=NSO_3NH_4 + NH_4HSO_3 \longrightarrow Ar—N(SO_3NH_4)NHSO_3NH_4$$

$$Ar—N(SO_3NH_4)NHSO_3NH_4 + H_2O \longrightarrow Ar—NH—NHSO_3NH_4 + NH_4HSO_4$$

重氮苯二磺酸钠经还原液输出泵，送入回流塔 C101，在盐酸介质中通过回流塔塔底加热器 E103 提温浓缩，经酸析，生成盐酸苯肼，被回流塔塔釜泵 P103 送至过滤系统。回流塔塔顶冷凝器 E104 冷凝回收气相中带溢出物料。

酸析成盐反应式如下：

$$Ar—NH—NHSO_3NH_4 + HCl + 2H^+ \longrightarrow Ar—NHNH_2 \cdot HCl + NH_4HSO_3$$

$$NH_4HSO_3 + HCl \longrightarrow NH_4Cl + H_2O + SO_2\uparrow$$

循环冷冻水通入重氮化反应釜和重氮盐还原釜盘管、夹套提供冷量。

循环水通入回流塔塔顶冷凝器 E104 管程提供冷量。

蒸汽通入重氮盐还原釜夹套和回流塔塔底加热器壳程 E103 提供热量。

5.9.4　重氮化工艺控制回路与工艺指标

重氮化装置控制回路与工艺指标分别见表 5-26 和表 5-27。重氮化安全仪表系统（SIS）联锁详细信息见表 5-28。

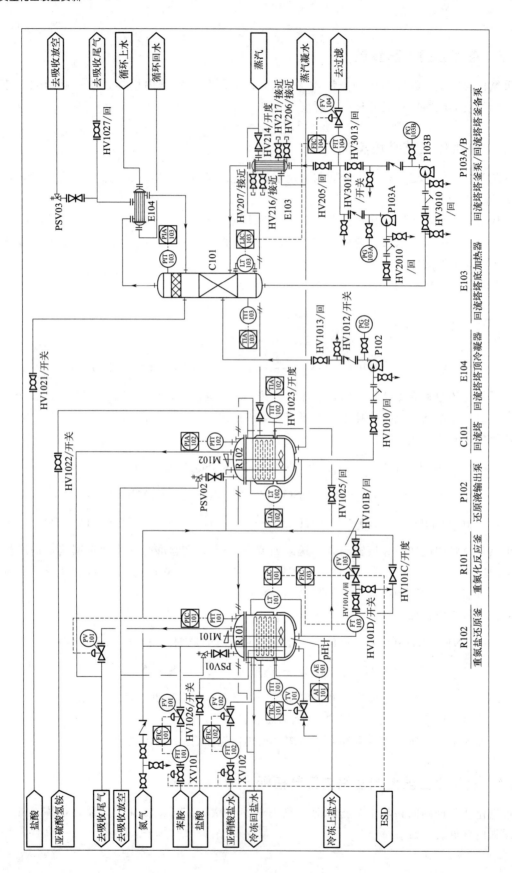

图 5-12　重氮化工艺实训 PID

表 5-26　重氮化装置控制回路一览表

位号	注解	联锁位号	联锁注解
FV101	调节苯胺进料流量	FIC101	远传显示控制进入重氮化反应釜苯胺进料流量
FV102	调节亚硝酸盐水流量	FIC102	远传显示控制进入重氮化反应釜亚硝酸盐水流量
FV103	调节去重氮盐还原釜流量	FIC103	远传显示控制进入重氮盐还原釜液量
		LIC101	串级联锁远传控制重氮化反应釜液位
FV104	调节回流塔出料流量	FIC104	远传显示控制盐酸苯肼出料流量
		LIC103	串级联锁远传控制回流塔液位
TV101	调节冷冻水上水流量	TIC101	远传显示控制重氮化反应釜温度
PV101	调节放空压力	PIC101	远传显示控制重氮化反应釜压力

表 5-27　重氮化装置工艺指标一览表

序号	位号	名称	正常值	指标范围	SIS 联锁值
1	TI101	重氮化反应釜温度	2℃	0～8℃	高高限 10℃
2	TI102	重氮盐还原釜温度	83℃	78～88℃	—
3	TI103	回流塔温度	100℃	95～100℃	—
4	PIT101	重氮化反应釜压力	0.12MPa	≤0.15MPa	高高限 0.20MPa
5	PIT102	重氮盐还原釜压力	0.1MPa	≤0.15MPa	—
6	PIT103	回流塔压力	0.1MPa	≤0.15MPa	—
7	AE101	重氮化釜式 pH 计	6.2	5.9～6.8	—
8	PG102	还原液输出泵出口压力	0.8MPa	0.6～0.9MPa	—
9	PG103A	回流塔塔釜泵出口压力	0.8MPa	0.6～0.9MPa	—
10	PG103B	回流塔塔釜泵出口压力	0.8MPa	0.6～0.9MPa	—
11	FIT101	苯胺进料流量	$0.3m^3/min$（标准状况）	$0.2～0.4m^3/min$（标准状况）	—
12	FIT102	亚硝酸盐水进料流量	13.8L/min	≤15L/min	高高限 17L/min
13	FIT103	去重氮盐还原釜流量	$0.35m^3/min$（标准状况）	$0.2～0.4m^3/min$（标准状况）	—
14	FIT104	回流塔出料流量	$0.43m^3/min$（标准状况）	$0.4～0.5m^3/min$（标准状况）	—
15	LI101	重氮化反应釜液位	60%	50%～70%	—
16	LI102	重氮盐还原釜液位	60%	50%～70%	—
17	LI103	回流塔液位	60%	50%～70%	—

表 5-28　重氮化安全仪表系统（SIS）联锁一览表

联锁位号	位号	注解	正常值	范围	联锁值	位号	联锁动作	联锁作用
S1	TI101	重氮化反应釜温度	2℃	0～8℃	高高限 10℃	FV103	开	重氮盐还原釜调节阀全开
						XV101	关	切断苯胺进料
						XV102	关	切断亚硝酸盐水进料

联锁位号	位号	注解	正常值	范围	联锁值	位号	联锁动作	联锁作用
S2	PIT101	重氮化反应釜压力	0.12 MPa	≤0.15 MPa	高高限 0.20MPa	FV103	开	重氮盐还原釜调节阀全开
						XV101	关	切断苯胺进料
						XV102	关	切断亚硝酸盐水进料
S3	FIT102	亚硝酸盐水进料流量	13.8 L/min	≤15 L/min	高高限 17L/min	FV103	开	重氮盐还原釜调节阀全开
						XV101	关	切断苯胺进料
						XV102	关	切断亚硝酸盐水进料
S4	PB101	紧急停车按钮	关闭	—	打开	FV103	开	重氮盐还原釜调节阀全开
						XV101	关	切断苯胺进料
						XV102	关	切断亚硝酸盐水进料

5.9.5 重氮化装置开车操作（DCS 结合装置实际操作）

① 循环冷冻水系统已投用，主操将冷冻水上水阀 TV101 设为手动 50%，向重氮化反应釜供冷却水。

② 外操打开盐酸进釜阀 HV1026，向重氮化反应釜里加入盐酸并计量，使重氮化反应釜液位 LI101 达到 50%后，关闭。

③ 主操启动反应釜搅拌器 M101，将苯胺进料阀 FV101 设为手动 10%，向重氮化反应釜低速加入计量的苯胺。

④ 主操将亚硝酸盐水进料阀 FV102 设为手动 5%，向重氮化反应釜低速加入计量的亚硝酸盐水，观察反应釜内温度 TI101，保持温度 0~5℃。观察反应釜内压力 PI101，保持 0.12MPa，放空调节阀 PV101 设为自动。反应结束后，继续搅拌 30min（培训时 5s）。

⑤ 外操打开亚硫酸氢铵进料阀 HV1022，向重氮盐还原釜里加入亚硫酸氢铵、碳酸氢铵，当重氮盐还原釜液位 LI102 达到 40%后，关闭。

⑥ 主操启动还原釜搅拌器 M102。

⑦ 蒸汽系统已投用，外操打开还原釜蒸汽阀 HV1023，向重氮盐还原釜供蒸汽；

⑧ 观察重氮盐还原釜温度 TI102 达到 80℃，外操关闭还原釜蒸汽阀 HV1023，打开冷冻水去还原釜阀 HV1025。

⑨ 外操打开还原釜进料前阀 HV101A 和还原釜进料后阀 HV101B。

⑩ 主操将去重氮盐还原釜阀 FV103 设为手动 5%，向重氮盐还原釜低速加入反应釜液，观察还原釜内温度 TI102，保持温度 80~85℃。反应结束后，继续搅拌 30min（培训时 5s）。

⑪ 外操打开稀盐酸进料阀 HV1021，向回流塔加入计量的盐酸后，关闭。

⑫ 外操打开还原液输出泵进口阀 HV1010，打开泵后排气阀 HV1012，排污后关闭。

⑬ 外操启动还原液输出泵 P102，打开还原液输出泵出口阀 HV1013，将还原液送入回流塔。

⑭ 外操打开回流塔塔底加热器蒸汽阀 HV214，启用回流塔塔底加热器。

⑮ 外操打开回流塔放空阀 HV1027。

⑯ 外操打开回流塔塔釜泵进口阀 HV2010,启动回流塔塔釜泵 P103,打开回流塔塔釜泵出口阀 HV205。

⑰ 主操适时将回流塔出料阀 FV104 设为手动 20％,向过滤系统出料。

5.9.6　重氮化装置现场应急处置

序号	处置案例	处置原理与操作步骤
1	冷冻水中断	事故现象:重氮化反应釜温度 TI101 从 2℃快速升至 15℃,DCS 界面 TI101 红字＋闪烁报警。 ① 主操将冷冻水上水阀 TV101 设为手动 100％。 ② 主操将亚硝酸盐水调节阀 FV102 设为手动 0％,停止向重氮化反应釜加入亚硝酸盐水,继续搅拌 30min(培训时 5s)。
2	重氮化反应釜 压力超高	事故现象:重氮化反应釜压力 PIT101 从 0.12MPa 升至 0.18MPa,DCS 界面 PIT101 红字＋闪烁报警。 ① 主操将亚硝酸盐水调节阀 FV102 设为手动 0％,停止向重氮化反应釜加入亚硝酸盐水。 ② 主操将放空调节阀 PV101 设为手动 100％,泄压后设自动调节,联锁压力值 0.12MPa
3	回流塔 塔釜泵跳停	事故现象:回流塔塔釜泵出口压力 PG103A 从 0.8MPa 降至 0MPa,DCS 界面 PG103A 红字＋闪烁报警。 ① 外操打开回流塔塔釜备泵入口阀 HV3010。 ② 外操打开回流塔塔釜备泵出口排气阀 HV3012,排气结束后,关闭。 ③ 外操启动回流塔塔釜备泵 P103B。 ④ 外操打开回流塔塔釜备泵出口阀 HV3013,回流塔塔釜备泵出口压力 PG103B 升至 0.8MPa
4	回流塔塔底加热器管程出口法兰泄漏有人中毒应急预案	事故现象:现场报警器报警,回流塔塔底加热器管程出口法兰泄漏(烟雾发生器喷雾)。 ① 外操巡检发现事故,"加热器管程出口法兰泄漏有人中毒",向班长汇报。(泄漏盐酸苯肼溶液) ② 班长接到汇报后,启动中毒应急响应。命令主操拨打"120 急救"电话。 ③ 班长命令安全员"请组织人员到 1 号门口拉警戒绳,引导救护车"。 ④ 班长向调试室汇报"加热器管程出口法兰泄漏有人中毒"。 ⑤ 主操接到"应急响应启动"后,拨打"120 急救"电话。 ⑥ 安全员接到"应急响应启动"后,到 1 号门口拉警戒绳,引导救护车。 ⑦ 班长和外操佩戴正压式呼吸器,携带 F 形扳手,现场处置。 ⑧ 班长和外操将中毒人员抬放至安全位置。 ⑨ 班长命令主操和外操"执行紧急停车操作"。 ⑩ 外操关闭加热器蒸汽阀 HV214。 ⑪ 主操将回流塔出料阀 FV104 设为手动 0％。 ⑫ 外操关闭回流塔塔釜泵出口阀 HV205。 ⑬ 外操停止回流塔塔釜泵 P103A。 ⑭ 外操向班长汇报"紧急停车完毕"。 ⑮ 班长向调试室汇报"事故处理完毕,请联系检修处置漏点"。 ⑯ 班长广播宣布"解除事故应急状态"
5	重氮化反应釜 出口法兰泄漏 应急预案 (远程急停)	事故现象:现场报警器报警,重氮化反应釜出口法兰泄漏(烟雾发生器喷雾)。 ① 外操巡检发现事故,"重氮化反应釜出口法兰泄漏",向班长汇报。(泄漏重氮苯胺盐酸盐溶液) ② 班长接到汇报后,启动泄漏应急响应。命令主操启用"远程急停"。 ③ 班长命令安全员"请组织人员到 1 号门口拉警戒绳"。 ④ 班长向调试室汇报"重氮化反应釜出口法兰泄漏"。 ⑤ 主操接到"应急响应启动"后,按压"急停"按钮。 ⑥ 安全员接到"应急响应启动"后,到 1 号门口拉警戒绳

序号	处置案例	处置原理与操作步骤
5	重氮化反应釜出口法兰泄漏应急预案（远程急停）	⑦ 外操佩戴正压式呼吸器，携带 F 形扳手，现场处置。 ⑧ 班长命令主操和外操"执行紧急停车操作"。 ⑨ 主操观察到 SIS 联锁启动，苯胺切断阀 XV101 关闭，亚硝酸盐水切断阀 XV102 关闭，去重氮盐还原釜调节阀 FV103 设为手动 100%，向重氮盐还原釜卸料。 ⑩ 外操打开冷冻水去还原釜阀 HV1025，向重氮盐还原釜提供冷却水。 ⑪ 主操启动重氮盐还原釜搅拌器 M102。 ⑫ 主操将亚硝酸盐水进料阀 FV102 设为手动 0%。 ⑬ 主操将冷冻水上水阀 TV101 设为手动 0%。 ⑭ 主操停止重氮化反应釜搅拌器 M101。 ⑮ 主操向班长汇报"紧急停车完毕"。 ⑯ 班长向调度室汇报"事故处理完毕，请协调检修处理漏点"。 ⑰ 班长广播宣布"解除事故应急状态"
6	还原液输出泵出口阀法兰泄漏着火应急预案	事故现象：现场报警器报警，还原液输出泵出口阀法兰泄漏着火（烟雾发生器喷雾，灯带发出红色光芒）。 ① 外操巡检发现事故，"还原液输出泵出口阀法兰泄漏着火，火势较大"，向班长汇报。（泄漏盐酸苯肼溶液） ② 班长接到汇报后，启动着火应急响应。命令主操拨打"119 火警"电话。 ③ 班长命令安全员"请组织人员到 1 号门口拉警戒绳，引导消防车"。 ④ 班长向调试室汇报"还原液输出泵出口阀法兰泄漏着火，火势较大"。 ⑤ 主操接到"应急响应启动"后，拨打"119 火警"电话。 ⑥ 安全员接到"应急响应启动"后，到 1 号门口拉警戒绳，引导消防车。 ⑦ 外操佩戴正压式呼吸器，携带 F 形扳手，现场处置。 ⑧ 班长命令主操和外操"执行紧急停车操作"。 ⑨ 外操急停还原液输出泵 P102，泵出口压力 PG102 从 0.8MPa 降至 0MPa。 ⑩ 外操关闭还原液输出泵进口阀 HV1010。 ⑪ 外操使用灭火器灭火，火被扑灭。 ⑫ 外操向班长汇报"现场停车完毕，火已扑灭"。 ⑬ 班长向调试室汇报"事故处理完毕，请协调检修处理漏点"。 ⑭ 班长广播宣布"解除事故应急状态"

5.10 氧化工艺实训

5.10.1 氧化工艺基础知识

氧化反应是有电子转移的化学反应中失电子的过程，即氧化数升高的过程。多数有机化合物的氧化反应表现为反应原料得到氧或失去氢。涉及氧化反应的工艺过程为氧化工艺。常用的氧化剂有：空气、氧气、双氧水、氯酸钾、高锰酸钾、硝酸盐等。工艺危险特点如下：①反应原料及产品具有燃爆危险性；②反应气相组成容易达到爆炸极限，具有闪爆危险；③部分氧化剂具有燃爆危险性，如氯酸钾，高锰酸钾、铬酸酐等都属于氧化剂，如遇高温或受撞击、摩擦以及与有机物、酸类接触，皆能引起火灾爆炸；④产物中易生成过氧化物，化学稳定性差，受高温、摩擦或撞击作用易分解、燃烧或爆炸。

典型工艺如下：

① 乙烯氧化制环氧乙烷；

② 甲醇氧化制备甲醛；

③ 对二甲苯氧化制备对苯二甲酸；

④ 异丙苯经氧化-酸解联产苯酚和丙酮；

⑤ 环己烷氧化制环己酮；

⑥ 天然气氧化制乙炔；

⑦ 丁烯、丁烷、C_4 馏分或苯的氧化制顺丁烯二酸酐；

⑧ 邻二甲苯或萘的氧化制备邻苯二甲酸酐；

⑨ 均四甲苯的氧化制备均苯四甲酸二酐；

⑩ 苊的氧化制 1,8-萘二甲酸酐；

⑪ 3-甲基吡啶氧化制 3-吡啶甲酸（烟酸）；

⑫ 4-甲基吡啶氧化制 4-吡啶甲酸（异烟酸）；

⑬ 2-乙基己醇（异辛醇）氧化制备 2-乙基己酸（异辛酸）；

⑭ 对氯甲苯氧化制备对氯苯甲醛和对氯苯甲酸；

⑮ 甲苯氧化制备苯甲醛、苯甲酸；

⑯ 对硝基甲苯氧化制备对硝基苯甲酸；

⑰ 环十二醇/酮混合物的开环氧化制备十二碳二酸；

⑱ 环己酮/醇混合物的氧化制己二酸；

⑲ 乙二醛硝酸氧化法合成乙醛酸；

⑳ 丁醛氧化制丁酸；

㉑ 氨氧化制硝酸等。

5.10.2　重点监控工艺参数

氧化反应釜内温度和压力；氧化反应釜内搅拌速率；氧化剂流量；反应物料的配比；气相氧含量；过氧化物含量等。

5.10.3　氧化工艺装置实训

本装置模拟的化工工艺为：铁钼法制甲醛的工艺。氧化工艺氧化工段和吸收工段装置实训 PID 图分别见图 5-13 和图 5-14。

净化空气经加压风机 K101，与被甲醇蒸发器 E101 汽化的甲醇混合后，进入甲醇固定床反应器 R101，在铁钼催化的作用下甲醇被氧气氧化成甲醛。反应后产物气态甲醛从反应器下部流出，经甲醇蒸发器 E101 壳程降温后，进入甲醛吸收塔 C101。经脱盐水和循环液的吸收，生成浓度为 54% 的稀甲醛溶液。被产品循环泵 P102 经稀甲醛冷却器 E105 冷却后，送去甲醛后处理工序。甲醛吸收塔尾气一部分回至加压风机入口，另一部分经尾气处理器 E104 高温分解后，排向大气。反应为放热反应，通入导热油将甲醇固定床反应器的热量带走，控制反应温度。导热油的热量在导热油废热锅炉 E102 内，由锅炉水蒸发的副产中压蒸汽带走。稀甲醛冷却器 E105 管程通入循环水作冷却剂。

反应方程式如下：

$$2CH_3OH + O_2 \xrightarrow{\text{催化剂}} 2CH_2O + 2H_2O$$

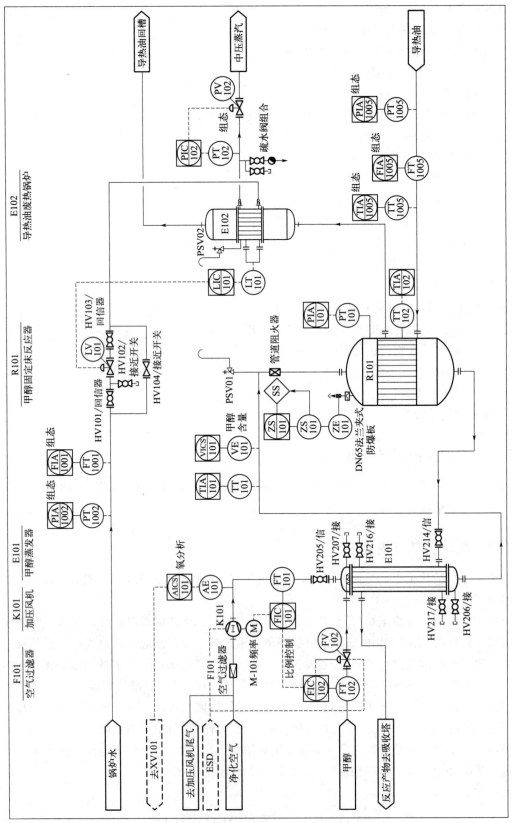

图 5-13　氧化工艺氧化工段装置实训 PID

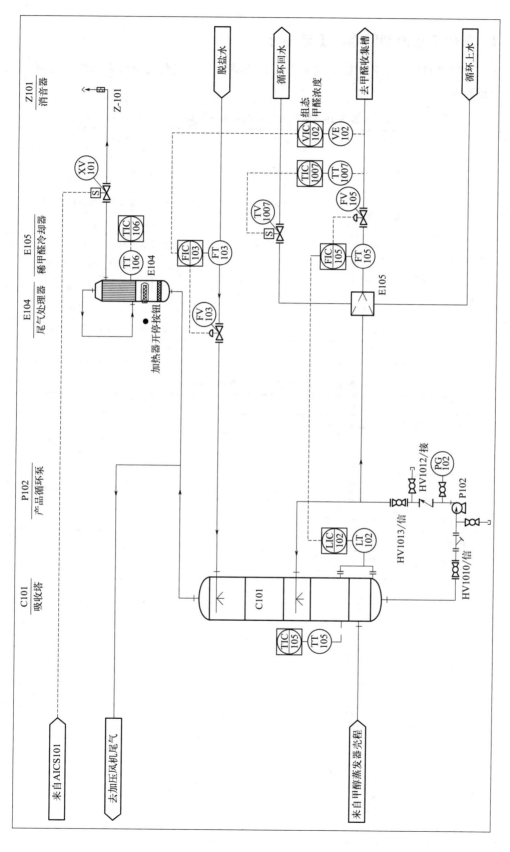

图 5-14 氧化工艺吸收工段装置实训 PID

5.10.4 氧化工艺控制回路与工艺指标

氧化装置控制回路与工艺指标分别见表 5-29 和表 5-30。氧化安全仪表系统（SIS）联锁详细信息见表 5-31。

表 5-29 氧化装置控制回路一览表

位号	注解	联锁位号	联锁注解
FV102	调节甲醇流量	FIC102	远传显示控制进入甲醇蒸发器甲醇流量
		FIC101	串级联锁远传控制进入甲醇蒸发器空气流量
FV103	调节脱盐水进塔流量	FIC103	远传显示控制进入吸收塔脱盐水流量
		VIC102	串级联锁远传控制出料甲醛浓度
TV1007	调节循环水流量	TIC1007	远传显示控制甲醛出料温度
FV105	调节甲醛出料流量	FIC105	远传显示控制进入甲醛收集槽蒸汽流量
		LIC102	串级联锁远传控制吸收塔液位
PV102	调节蒸汽出料压力	PIC102	远传显示控制蒸汽出料压力
LV101	调节锅炉进水流量	LIC101	远传显示控制导热油废热锅炉水液位
XV101	调节尾气放空流量	AIC101	串级联锁远传控制氧含量

表 5-30 氧化装置工艺指标一览表

序号	位号	名称	正常值	指标范围	SIS联锁值
1	TI101	甲醇固定床反应器进料温度	150℃	145～160℃	—
2	TI102	甲醇固定床反应器温度	225℃	215～235℃	高高限 245℃
3	TI105	吸收塔温度	65℃	≤70℃	—
4	TI106	尾气处理温度	480℃	470～490℃	—
5	TI1007	甲醛冷却后温度	56℃	≤60℃	—
6	TI1005	导热油入口温度	265℃	250～275℃	—
7	PI101	甲醇固定床反应器压力	0.05MPa	≤0.05MPa	高高限 0.2MPa
8	PI102	导热油废热锅炉蒸汽压力	1.8MPa	1.6～2.0MPa	—
9	PG102	产品循环泵出口压力	0.28MPa	≤0.32MPa	—
10	PI1002	导热油废热锅炉水压力	2.0MPa	1.8～2.2MPa	—
11	PI1005	导热油入口压力	0.12MPa	0.1～0.2MPa	—
12	VI101	甲醇含量	6.0%	5%～8%	—
13	VI102	甲醛浓度	53%	≥50%	—
14	AI101	氧含量	10.5%	9%～12%	—
15	FI101	风量	33t/h	30～35t/h	—
16	FI102	甲醇流量	1.0t/h	≥1.2t/h	高高限 1.5t/h
17	FI103	脱盐水进塔流量	1.2t/h	1.0～1.4t/h	—
18	FI105	甲醛出料流量	1.2t/h	1.0～1.4t/h	—
19	FI1001	导热油废热锅炉水流量	2.6t/h	2.5～3.0t/h	—
20	FI1005	导热油入口流量	36m³/h	32～38m³/h	—
21	LI101	导热油废热锅炉水液位	60%	50%～70%	—
22	LI102	吸收塔液位	50%	40%～70%	—

表 5-31 氧化安全仪表系统（SIS）联锁一览表

联锁位号	位号	注解	正常值	范围	联锁值	位号	联锁动作	联锁作用
S1	TI102	甲醇固定床反应器温度	225℃	215~235℃	高高限 245℃	K101	关	加压风机跳停
						FV102	关	切断甲醇进料
S2	PI101	甲醇固定床反应器压力	0.05 MPa	≤0.05 MPa	高高限 0.2MPa	K101	关	加压风机跳停
						FV102	关	切断甲醇进料
S3	FI102	甲醇流量	1.0t/h	≤1.2t/h	高高限 1.5t/h	K101	关	加压风机跳停
						FV102	关	切断甲醇进料
S4	PB101	紧急停车按钮	关闭	—	打开	K101	关	加压风机跳停
						FV102	关	切断甲醇进料

5.10.5 氧化装置开车操作（DCS结合装置实际操作）

① 开车默认，甲醇固定床反应器催化剂床层温度 TI102 升至 185℃；导热油压力 PI1005 在 0.12MPa；导热油温度 TI1005 为 265℃；导热油流量 FI1005 为 36m³/h。

② 导热油废热锅炉建立液位：外操打开锅炉水液位调节阀 LV101 前阀 HV101。

③ 外操打开 LV101 后阀 HV103。

④ 主操将 LV101 设自动，联锁液位值为 40%；此时，LV101 阀门开启，开度值 30% 左右，锅炉水流量 FI1001 升至 5t/h；液位 LI101 升至 40%；液位到达 40% 后，LV101 开度值变化为 0，锅炉水流量 FI1001 从 5t/h 逐步降低至 0t/h。锅炉水压力 PI1002 一直显示 2.0MPa。

⑤ 循环冷却水投用：主操将甲醛出料温控阀 TV1007 设手动，开度 30%。

⑥ 吸收塔启用：主操打开尾气放空阀 XV101，开度 20%。（提前打开尾气放空，便于吸收塔补水）

⑦ 主操将脱盐水进塔流量调节阀 FV103 设手动，开度 30%，此时脱盐水流量 FI103 升至 1.2t/h；吸收塔液位 LI102 逐步升至 50%。

⑧ 启动 P102：外操打开产品循环泵 P102 入口阀 HV1010；启动循环泵 P102，泵出口压力达到 0.28MPa；打开泵出口阀 HV1013，吸收塔开启循环。

⑨ 主操将甲醛出料流量调节阀 FV105 设置串级联锁液位值 50%；吸收液填充整个物料管线，此时出料流量 FI105 升至 1.2t/h。

⑩ 开加压风机：外操打开加压风机出口阀（甲醇蒸发器管程进料阀）HV205。

⑪ 外操启动加压风机 K101，转速设定在 5%，维持最低转速运行；此时进风流量 FI101 升至 33t/h，氧含量分析 AI101 为 21%。

⑫ 主操启用尾气处理器 E104，点击"加热开启"按钮，温度控制为 480℃。

⑬ 启动甲醇进料：主操打开甲醇进料阀（甲醇流量调节阀）FV102，开度设置在 5%，甲醇流量 FI102 在 1.0t/h；甲醇含量 VI101 保持在 2.5%~6% 范围内变动，VI101 为 3%；氧含量 AI101 从 21% 下降至 19%。

注意：当氧浓度大于 12% 时，甲醇进口含量不得超过 6.5%。甲醇进料后，甲醇固定床反应器 R101 床层温度 TI102 开始逐步上升，从 185℃逐步上升至 225℃；随着反应的继续，氧含量 AI101 开始逐步下降，下降至 10.5%。反应器压力 PI101 从 0.01MPa 逐步上升至 0.05MPa。

5.10.6 氧化装置现场应急处置

序号	处置案例	处置原理与操作步骤
1	导热油废热锅炉进水流量调节阀失灵	事故现象:导热油废热锅炉进水调节阀 LV101 自动调节失灵,开关幅度过大,锅炉水液位 LIC101 波动较大,DCS 界面 LI101 间断红字＋闪烁报警。 ① 外操打开锅炉进水调节旁路阀 HV104。 ② 主操将锅炉进水调节阀 LV101 设手动,开度为 0%,此时锅炉水液位 LI101 维持 50%稳定。 ③ 外操关闭锅炉进水调节前阀 HV101 和后阀 HV103。 ④ 外操打开锅炉进水调节排净阀 HV102
2	甲醇进料含量高于 11%	事故现象:甲醇含量 VI101 从 8.5%升至 11.5%,DCS 界面 VI101 红字＋闪烁报警。 ① 主操将甲醇流量调节阀 FV102 设手动,开度从 5%下调至 3%,甲醇流量 FI102 从 1.0t/h 降至 0.6t/h,甲醇含量 VI101 从 11.5%下降至 6.5%。 ② 主操将甲醇流量调节阀 FV102 设自动,联锁流量值 0.6t/h
3	成品甲醛出料温度高报警	事故现象:成品甲醛冷却后温度 TI1007 从 56℃升高到 58℃,DCS 界面 TI1007 红字＋闪烁报警。 ① 主操将甲醛出料温控阀 TV1007 设手动,开度为 30%。 ② 成品甲醛冷却后温度 TI1007 降至 56℃,主操将甲醛出料温控阀 TV1007 设自动,联锁温度值 56℃
4	循环泵出口阀法兰泄漏有人中毒应急预案	事故现象:现场报警器报警,循环泵出口阀法兰泄漏(烟雾发生器喷雾)。 ① 外操巡检发现事故,"循环泵出口阀法兰泄漏有人中毒",向班长汇报。(泄漏稀甲醛溶液) ② 班长接到汇报后,启动中毒应急响应。命令主操拨打"120 急救"电话。 ③ 班长命令安全员"请组织人员到 1 号门口拉警戒绳,引导救护车"。 ④ 班长向调度室汇报"循环泵出口阀法兰泄漏有人中毒"。 ⑤ 主操接到"应急响应启动"后,拨打"120 急救"电话。 ⑥ 安全员接到"应急响应启动"后,到 1 号门口拉警戒绳,引导救护车。 ⑦ 班长和外操佩戴正压式呼吸器,携带 F 形扳手,现场处置。 ⑧ 班长和外操将中毒人员抬放至安全位置。 ⑨ 班长命令主操和外操"执行紧急停车操作"。 ⑩ 主操将甲醇流量调节阀 FV102 设手动 0%,甲醇流量 FI102 降至 0。 ⑪ 外操停加压风机 K101,风量 FI101 降至 0。 ⑫ 外操急停产品循环泵 P102,泵出口压力 PG102 降至 0。 ⑬ 外操关闭产品循环泵 P102 进口阀 HV1010。 ⑭ 外操关闭产品循环泵 P102 出口阀 HV1013。 ⑮ 主操将脱盐水进塔流量调节阀 FV103 设手动 0%,脱盐水进塔流量 FI103 降至 0。 ⑯ 主操将甲醛出料流量调节阀 FV105 设手动 0%,甲醛出料流量 FI105 降至 0。 ⑰ 主操将甲醛出料温控阀 TV1007 设手动 0%。 ⑱ 主操将锅炉进水调节阀 LV101 设手动 0%,锅炉水流量 FI1001 降至 0。 ⑲ 主操将蒸汽压力调节阀 PV102 设手动 0%。 ⑳ 外操关闭甲醇蒸发器管程进料阀 HV205 和甲醇蒸发器壳程进料阀 HV214。 ㉑ 外操向班长汇报"紧急停车完毕"。 ㉒ 班长向调度室汇报"事故处理完毕,请协调检修处理漏点"。 ㉓ 班长广播宣布"解除事故应急状态"

序号	处置案例	处置原理与操作步骤
5	导热油废热锅炉蒸汽出口法兰泄漏应急预案	事故现象:现场报警器报警,导热油废热锅炉蒸汽出口法兰泄漏(烟雾发生器喷雾)。 ① 外操巡检发现事故,"导热油废热锅炉蒸汽出口法兰泄漏",向班长汇报。(泄漏水蒸气) ② 班长接到汇报后,启动泄漏应急响应。命令安全员"请组织人员到 1 号门口拉警戒绳"。 ③ 班长向调度室汇报"导热油废热锅炉蒸汽出口法兰泄漏"。 ④ 安全员接到"应急响应启动"后,到 1 号门口拉警戒绳。 ⑤ 外操携带 F 形扳手,现场处置。 ⑥ 班长命令主操和外操"执行紧急停车操作"。 ⑦ 主操将甲醇流量调节阀 FV102 设手动 0%,甲醇流量 FI102 降至 0。 ⑧ 外操停加压风机 K101,风量 FI101 降至 0。 ⑨ 主操将脱盐水进塔流量调节阀 FV103 设手动 0%,脱盐水进塔流量降至 0。 ⑩ 主操将甲醛出料流量调节阀 FV105 设手动 0%,甲醛出料流量 FI105 降至 0。 ⑪ 主操将甲醛出料温控阀 TV1007 设手动 0%。 ⑫ 外操关闭产品循环泵出口阀 HV1013。 ⑬ 外操停止产品循环泵 P102,泵出口压力 PG102 降至 0。 ⑭ 外操关闭产品循环泵进口阀 HV1010。 ⑮ 主操将锅炉进水调节阀 LV101 设手动 0%,锅炉水流量 FI1001 降至 0。 ⑯ 主操将蒸汽压力调节阀 PV102 设手动 0%。 ⑰ 外操关闭甲醇蒸发器管程进料阀 HV205 和甲醇蒸发器壳程进料阀 HV214。 ⑱ 外操向班长汇报"紧急停车完毕"。 ⑲ 班长向调度室汇报"事故处理完毕,请协调检修处理漏点"。 ⑳ 班长广播宣布"解除事故应急状态"
6	甲醇固定床反应器入口法兰泄漏着火应急预案(远程急停)	事故现象:现场报警器报警,甲醇固定床反应器入口法兰泄漏着火(烟雾发生器喷雾,灯带发出红色光芒)。 ① 外操巡检发现事故,"甲醇固定床反应器入口法兰泄漏着火,火势较大",向班长汇报。(泄漏有毒可燃雾状甲醇) ② 班长接到汇报后,启动着火应急响应。命令主操启用"远程急停",并拨打"119 火警"电话。 ③ 班长命令安全员"请组织人员到 1 号门口拉警戒绳,引导消防车"。 ④ 班长向调度室汇报"甲醇固定床反应器入口法兰泄漏着火"。 ⑤ 主操接到"应急响应启动"后,按压"急停"按钮,拨打"119 火警"电话。 ⑥ 安全员接到"应急响应启动"后,到 1 号门口拉警戒绳,引导消防车。 ⑦ 外操佩戴正压式呼吸器,携带 F 形扳手,现场处置。 ⑧ 班长命令主操和外操"执行紧急停车操作"。 ⑨ 主操观察到 SIS 联锁启动,加压风机 K101 跳停,风量 FI101 降至 0;甲醇流量调节阀 FV102 手动 0%,甲醇流量 FI102 降至 0。 ⑩ 主操将脱盐水进塔流量调节阀 FV103 设手动 0%,脱盐水进塔流量 FI103 降至 0。 ⑪ 主操将甲醛出料流量调节阀 FV105 设手动 0%,甲醛出料流量 FI105 降至 0。 ⑫ 主操将甲醛出料温控阀 TV1007 设手动 0%。 ⑬ 外操关闭产品循环泵出口阀 HV1013。 ⑭ 外操停止产品循环泵 P102,泵出口压力 PG102 降至 0。 ⑮ 外操关闭产品循环泵进口阀 HV1010。 ⑯ 主操将锅炉进水调节阀 LV101 设手动 0%,锅炉水流量 FI1001 降至 0。 ⑰ 主操将蒸汽压力调节阀 PV102 设手动 0%。 ⑱ 外操关闭甲醇蒸发器管程进料阀 HV205 和甲醇蒸发器壳程进料阀 HV214。 ⑲ 外操使用灭火器灭火,火被扑灭。 ⑳ 外操向班长汇报"现场停车完毕,火已扑灭"。 ㉑ 班长向调度室汇报"事故处理完毕,请协调检修处理漏点"。 ㉒ 班长广播宣布"解除事故应急状态"

5.11　过氧化工艺

5.11.1　过氧化工艺基础知识

过氧化工艺是指将过氧基（—O—O—）引入有机化合物分子的工艺过程。此外，酰基、烷基等基团将过氧化氢的氢原子取代，生成相应的有机过氧化物的工艺过程也属于过氧化工艺。

过氧化工艺用于制备有机过氧化物，有机过氧化物可用作聚合物生产的催化剂、聚合反应中的自由基型引发剂、聚乙烯树脂交联剂；此外，在漂白剂、固化剂、防腐剂、除臭剂、氧化剂等领域也有着广泛的应用。但是，过氧化工艺中涉及性质非常不稳定的过氧基和过氧化产物，若操作不当，引发火灾爆炸的危险性较大。

在生产过程中，典型的过氧化工艺主要有以下几种：①双氧水的生产；②乙酸在硫酸存在下与双氧水作用，制备过氧乙酸水溶液；③酸酐与双氧水作用直接制备过氧乙酸；④苯甲酰氯与双氧水的碱性溶液制备过氧化苯甲酰；⑤叔丁醇与双氧水制备叔丁基过氧化氢；⑥异丙苯经空气氧化制备过氧化氢异丙苯等。

5.11.2　重点监控工艺参数

过氧化工艺的重点监控单元为过氧化反应釜，工艺过程中的重点监控参数有：过氧化反应釜内的温度、搅拌速率；（过）氧化剂流量；体系的 pH 值；原料配料比；过氧化物的浓度；气相氧含量等。

5.11.3　过氧化工艺装置实训

本装置模拟的化工工艺为：蒽醌法生产过氧化氢。过氧化工艺实训 PID 图如图 5-15 所示。

来自罐区的工作液，经工作液预热器 E101，将其预热到需要的温度后与氢气同时进入氢化塔 T101 顶部。整个氢化塔由三节催化剂床组成，每节塔顶部设有液体分布器、气液分布器，以使进入塔内的气体和液体分布均匀。根据工艺需要，氢化时可使用三节催化剂床中的任意一节（单独）或两节（串联），必要时也可同时使用三节（串联），这主要根据氢化效率及生产能力的要求及催化剂活性而定。

从氢化塔出来的氢化液流经气液分离器 V101 和氢化液冷却器 E201，冷却到一定温度后进入氧化塔 T201 上节底部。氧化塔由三节空塔组成，从中、下节塔底部通入新鲜空气，并通过分散器分散。向塔内通入的空气量，根据氧化效率及尾气中剩余氧含量（一般为 6%～9%）而加以控制。进入上节塔底部的氢化液和气体混合后，由塔上部经连通管进入中节塔底部，和加入的新鲜空气一起并流而上，继续氧化，从中节塔上部出来的氢化液进入下节塔底部，与进来的新鲜空气一起并流向上，由下节塔顶部进入氧化液分离器 V201 分除气体，被完全氧化了的工作液（称氧化液）经自控仪表控制分离器内达到一定液位后，被送入萃取塔 T301。

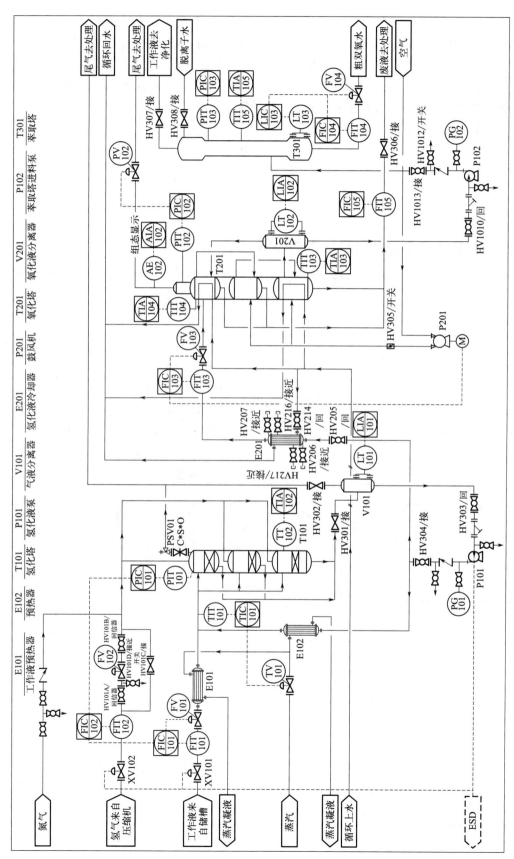

图 5-15　过氧化工艺实训 PID

含有 H_2O_2 的氧化液从萃取塔底部进入后，被筛板分散成小球向塔顶漂浮，同时含有一定量磷酸和硝酸铵的纯水通过泵送至萃取塔顶，并通过每层塔板的降液管连续向下流动，与向上漂浮的氧化液进行逆流萃取。在此过程中，水为连续相，氧化液为分散相。水从塔顶流向塔底的过程中，其 H_2O_2 浓度逐渐升高，并从塔底流出，而氧化液在多次分散聚合向上漂浮的过程中，其 H_2O_2 含量逐渐降低，最后从塔顶流出。

反应方程式如下：

5.11.4 过氧化工艺控制回路与工艺指标

过氧化装置控制回路与工艺指标分别见表 5-32 和表 5-33。过氧化安全仪表系统（SIS）联锁详细信息见表 5-34。

表 5-32 过氧化装置控制回路一览表

位号	注解	联锁位号	联锁注解
FV101	调节工作液流量	FIC101	远传显示控制进入氢化塔工作液流量
		FIC102	串级联锁远传控制进入氢化塔氢气流量
FV102	调节氢气流量	FIC102	远传显示控制进入氢化塔氢气流量
		FIC101	串级联锁远传控制进入氢化塔工作液流量
FV103	调节氧化塔进料流量	FIC103	远传显示控制氧化塔进料流量
		P201	串级联锁远传控制鼓风机运行状态
FV104	调节萃取塔釜出料流量	FIC104	远传显示控制出萃取塔粗双氧水流量
		LIC103	串级联锁远传控制萃取塔液位
TV101	调节进预热器蒸汽流量	TIC101	远传显示控制出预热器物料温度
PV102	调节氧化塔尾气压力	PIC102	远传显示控制氧化塔压力

表 5-33 过氧化装置工艺指标一览表

序号	位号	名称	正常值	指标范围	SIS联锁值
1	TIT101	工作液进料温度	60℃	50～80℃	高高限90℃
2	TIT102	氢化塔温度	70℃	60～80℃	—
3	TIT103	氧化塔下部温度	49℃	40～60℃	高高限65℃
4	TIT104	氧化塔顶部温度	45℃	40～55℃	高高限60℃
5	TIT105	萃取塔温度	28℃	25～30℃	—
6	PIT101	氢化塔压力	0.2MPa	0.1～0.3MPa	高高限0.4MPa
7	PIT102	氧化塔顶压力	0.25MPa	0.15～0.35MPa	高高限0.4MPa
8	PIT103	萃取塔压力	0.12MPa	0.1～0.2MPa	—
9	PG101	氢化液泵出口压力表	1.0MPa	0.8～1.5MPa	—
10	PG102	萃取塔进料泵出口压力表	1.0MPa	0.8～1.5MPa	—

续表

序号	位号	名称	正常值	指标范围	SIS 联锁值
11	FIT101	工作液流量	580m³/h	≤600m³/h	—
12	FIT102	氢气流量	1105m³/h（标准状况）	≤1200m³/h（标准状况）	—
13	FIT103	氧化塔进料流量	580m³/h	≤600m³/h	—
14	FIT104	萃取塔出料流量	5t/h	4.5~5.2t/h	—
15	FIT105	氧化塔底出料流量	80m³/h（标准状况）	≤85m³/h	—
16	LT101	气液分离器液位	60%	50%~70%	—
17	LT102	氧化液分离器液位	60%	50%~70%	—
18	LT103	萃取塔液位	80%	80%	—
19	AE102	氧化塔氧含量分析	7%	5%~15%	高高限 18%

表 5-34　过氧化安全仪表系统（SIS）联锁一览表

联锁位号	位号	注解	正常值	范围	联锁值	位号	联锁动作	联锁作用
S1	TIT101	工作液进料温度	60℃	50~80℃	高高限 90℃	P101	关	氢化液泵跳停
						XV101	关	切断工作液进料
						XV102	关	切断氢气进料
S2	TIT103	氧化塔下部温度	49℃	40~60℃	高高限 65℃	P101	关	氢化液泵跳停
						XV101	关	切断工作液进料
						XV102	关	切断氢气进料
S3	TIT104	氧化塔顶部温度	45℃	40~55℃	高高限 60℃	P101	关	氢化液泵跳停
						XV101	关	切断工作液进料
						XV102	关	切断氢气进料
S4	FL101	间二甲苯进料流量	750kg/h	650~850kg/h	高高限 1000kg/h	P101	关	氢化液泵跳停
						XV101	关	切断工作液进料
						XV102	关	切断氢气进料
S5	PIT101	氢化塔压力	0.2MPa	0.1~0.3MPa	高高限 0.4MPa	P101	关	氢化液泵跳停
						XV101	关	切断工作液进料
						XV102	关	切断氢气进料
S6	PIT102	氧化塔顶压力	0.25MPa	0.15~0.35MPa	高高限 0.4MPa	P101	关	氢化液泵跳停
						XV101	关	切断工作液进料
						XV102	关	切断氢气进料
S7	AE102	氧化塔氧含量分析	7%	5%~15%	高高限 18%	P101	关	氢化液泵跳停
						XV101	关	切断工作液进料
						XV102	关	切断氢气进料
S8	PB101	紧急停车按钮	关闭	—	打开	P101	关	氢化液泵跳停
						XV101	关	切断工作液进料
						XV102	关	切断氢气进料

5.11.5 过氧化装置开车操作（DCS 结合装置实际操作）

① 循环水系统已投用，外操打开氢化液冷却器壳程进口阀 HV214。

② 主操将蒸汽调节阀 TV101 设手动，开度 50%，投用工作液预热器和预热器。

③ 主操将工作液流量调节阀 FV101 设手动，开度 50%，工作液流量 FIT101 升至 580m³/h，向氢化塔进料。

④ 外操打开氢化塔出料阀 HV301。

⑤ 当气液分离器液位 LT101 升到 60% 时，外操打开氢化液泵进口阀 HV303。

⑥ 外操启动氢化液泵 P101，打开氢化液泵出口阀 HV304，泵出口压力 PG101 升至 1.0MPa。

⑦ 外操打开氢气调节阀前阀 HV101A 和后阀 HV101B。

⑧ 主操将氢气流量调节阀 FV102 设手动，开度 60%，氢气流量 FIT102 升至 1105m³/h，向氢化塔进气。

⑨ 外操打开气液分离器排气阀 HV302。

⑩ 外操打开氢化液冷却器管程进口阀 HV205。

⑪ 主操将氧化塔进料调节阀 FV103 设手动，开度 50%，氧化塔进料流量升至 580m³/h，向氧化塔进料。

⑫ 外操启动鼓风机 P201，打开风机出口蝶阀 HV305，向氧化塔中充入新鲜空气。

⑬ 主操将氧化塔压力控制阀 PV102 设为自动，与氧化塔压力 PIC102（设为 0.25MPa）联锁。

⑭ 氧化液进入氧化液分离罐，当氧化液分离器液位 LT102 升到 60% 时，外操打开萃取塔顶部出料阀 HV307。

⑮ 外操打开萃取塔进料泵进口阀 HV1010，启动萃取塔进料泵 P102，打开泵出口阀 HV1013，泵出口压力 PG102 升至 1.0MPa。

⑯ 当萃取塔液位 LT103 升到 80% 时，外操打开脱离子水阀 HV308，向塔内加入脱离子水。

⑰ 水相聚集在萃取塔底部，主操将萃取塔出料调节阀 FV104 设为自动，与萃取塔液位 LT103（设为 60%）联锁，向净化单元出料。

⑱ 外操适时打开氧化塔底排污阀 HV306。

5.11.6 过氧化装置现场应急处置

序号	处置案例	处置原理与操作步骤
1	氢气流量调节阀失灵	事故现象：氢气流量调节阀 FV102 自动调节失灵，开关幅度过大，氢气流量 FIT102 数值 1105m³/h(标准状况)上下波动剧烈，DCS 界面 FIT102 红字＋闪烁报警。 ① 外操打开氢气调节旁路阀 HV101C。 ② 主操将氢气流量调节阀 FV102 设为手动，开度为 0%。氢气流量 FIT102 显示数值 1105m³/h(标准状况)，平稳波动。 ③ 外操关闭氢气调节阀前阀 HV101A 和后阀 HV101B

续表

序号	处置案例	处置原理与操作步骤
2	鼓风机跳停	事故现象：鼓风机 P201 跳停，氧化塔顶压力 PIT102 从 0.25MPa 降至 0MPa，DCS 界面 PIT102 红字＋闪烁报警。 ① 主操将氧化塔进料调节阀 FV103 设为手动，开度为 0%，氧化塔进料流量从 580m³/h 降至 0m³/h。 ② 主操将氢气流量调节阀 FV102 设为手动，开度为 0%，氢气流量 FIT102 从 1105m³/h(标准状况)降至 0m³/h，停止向氢化塔进气。 ③ 主操将工作液流量调节阀 FV101 设为手动，开度为 0%，工作液流量 FIT101 从 580m³/h 降至 0m³/h，停止向氢化塔进料。 ④ 外操关闭萃取塔进料泵出口阀 HV1013，停止萃取塔进料泵 P102，泵出口压力 PG102 从 1.0MPa 降至 0MPa。 ⑤ 外操关闭脱离子水阀 HV308。 ⑥ 主操将萃取塔出料调节阀 FV104 设为手动，开度为 0%。 ⑦ 外操现场检查鼓风机 P201 没问题后，关闭风机出口蝶阀 HV305，重新启动鼓风机 P201，打开风机出口蝶阀 HV305，氧化塔顶压力 PIT102 升至 0.25MPa。 ⑧ 主操将工作液流量调节阀 FV101 设为手动，开度为 50%，工作液流量 FIT101 升至 580m³/h，向氢化塔进料。 ⑨ 主操将氢气流量调节阀 FV102 设为手动，开度为 60%，氢气流量 FIT102 升至 1105m³/h，向氢化塔进气。 ⑩ 主操将氧化塔进料调节阀 FV103 设为手动，开度为 50%，氧化塔进料流量 FIT103 升至 580m³/h，向氧化塔进料。 ⑪ 外操启动萃取塔进料泵 P102，打开泵出口阀 HV1013，泵出口压力 PG101 升至 1.0MPa。 ⑫ 外操打开脱离子水阀 HV308。 ⑬ 主操将萃取塔出料调节阀 FV104 设为自动，与萃取塔液位 LT103(设为 60%)联锁
3	氢化塔飞温	事故现象：氢化塔温度 TIT102 从 70℃升高到 85℃，DCS 界面 TIT102 红字＋闪烁报警。 ① 主操将氢气流量调节阀 FV102 设为手动，开度为 50%，氢化塔温度 TIT102 从 85℃降至 70℃。 ② 主操将氢气流量调节阀 FV102 设为自动，流量值 921m³/h(标准状况)
4	预热器蒸汽进口法兰泄漏伤人应急预案	事故现象：现场报警器报警，预热器蒸汽进口法兰泄漏(烟雾发生器喷雾)。 ① 外操巡检发现事故，"预热器蒸汽进口法兰泄漏伤人"，向班长汇报。(泄漏蒸汽) ② 班长接到汇报后，启动应急预案。命令主操拨打"120急救"电话。 ③ 班长命令安全员"请组织人员到1号门口拉警戒绳，引导救护车"。 ④ 班长向调试室汇报"预热器蒸汽进口法兰泄漏伤人"。 ⑤ 主操接到"伤人应急预案启动"后，拨打"120急救"电话。 ⑥ 安全员接到"伤人应急预案启动"后，到1号门口拉警戒绳，引导救护车。 ⑦ 班长和外操携带F形扳手，现场处置。 ⑧ 班长和外操将受伤人员抬放到安全位置。 ⑨ 班长命令主操和外操"执行紧急停车操作"。 ⑩ 主操将蒸汽调节阀 TV101 设为手动，开度为 0%，停用工作液预热器和预热器。 ⑪ 主操将氢气流量调节阀 FV102 设为手动，开度为 0%，氢气流量 FIT102 从 1105m³/h(标准状况)降至 0m³/h(标准状况)，停止向氢化塔进气。 ⑫ 外操关闭氢气调节阀前阀 HV101A 和后阀 HV101B。 ⑬ 外操关闭气液分离器排气阀 HV302。 ⑭ 主操将工作液流量调节阀 FV101 设为手动，开度为 0%，工作液流量 FIT101 从 580m³/h 降至 0m³/h，停止向氢化塔进料。 ⑮ 外操关闭氢化液冷却器管程进口阀 HV205。

序号	处置案例	处置原理与操作步骤
4	预热器蒸汽进口法兰泄漏伤人应急预案	⑯ 外操关闭氢化液泵出口阀 HV304,停止氢化液泵 P101,关闭泵进口阀 HV303,泵出口压力 PG101 从 1.0MPa 降至 0MPa。 ⑰ 外操关闭氢化塔出料阀 HV301。 ⑱ 主操将氧化塔进料调节阀 FV103 设为手动,开度为 0%。 ⑲ 外操关闭萃取塔进料泵出口阀 HV1013,停止萃取塔进料泵 P102,关闭泵进口阀 HV1010,泵出口压力 PG102 从 1.0MPa 降至 0MPa。 ⑳ 外操关闭氧化塔底排污阀 HV306、萃取塔顶部出料阀 HV307 和脱离子水阀 HV308。 ㉑ 主操将萃取塔出料调节阀 FV104 设为手动,开度为 0%。 ㉒ 外操关闭风机出口蝶阀 HV305,停止鼓风机 P201,停止向氧化塔中充入新鲜空气。 ㉓ 主操将氧化塔压力控制阀 PV102 设为手动,开度为 0%。 ㉔ 外操关闭氢化液冷却器壳程进口阀 HV214,停用循环水系统。 ㉕ 外操向班长汇报"紧急停车完毕"。 ㉖ 班长向调试室汇报"事故处理完毕,请联系检修处置漏点"。 ㉗ 班长广播宣布"解除事故应急状态"
5	萃取塔顶工作液泄漏应急预案	事故现象:现场报警器报警,萃取塔顶工作液泄漏(烟雾发生器喷雾)。 ① 外操巡检发现事故,"萃取塔顶工作液泄漏",向班长汇报。(泄漏工作液) ② 班长接到汇报后,启动泄漏应急预案。命令安全员"请组织人员到 1 号门口拉警戒绳"。 ③ 班长向调试室汇报"萃取塔顶工作液泄漏"。 ④ 安全员接到"泄漏应急预案启动"后,到 1 号门口拉警戒绳。 ⑤ 外操佩戴正压式呼吸器,携带 F 形扳手,现场处置。 ⑥ 班长命令主操和外操"执行紧急停车操作"。 ⑦ 外操关闭萃取塔进料泵出口阀 HV1013,停止萃取塔进料泵 P102,关闭泵进口阀 HV1010,泵出口压力 PG102 从 1.0MPa 降至 0MPa。 ⑧ 主操将氧化塔进料调节阀 FV103 设为手动,开度为 0%,氧化塔进料流量 FIT103 从 580m³/h 降至 0m³/h。 ⑨ 主操将氢气流量调节阀 FV102 设为手动,开度为 0%,氢气流量 FIT102 从 1105m³/h 降至 0m³/h,停止向氢化塔进气。 ⑩ 外操关闭氢气调节阀前阀 HV101A 和后阀 HV101B。 ⑪ 外操关闭气液分离器排气阀 HV302。 ⑫ 主操将工作液流量调节阀 FV101 设为手动,开度为 0%,工作液流量 FIT101 从 580m³/h 降至 0m³/h,停止向氢化塔进料。 ⑬ 主操将蒸汽调节阀 TV101 设为手动,开度为 0%,停用工作液预热器和预热器。 ⑭ 外操关闭冷却器管程进口阀 HV205。 ⑮ 外操关闭氢化液泵出口阀 HV304,停止氢化液泵 P101,关闭泵进口阀 HV303,泵出口压力 PG101 从 1.0MPa 降至 0MPa。 ⑯ 外操关闭氢化塔出料阀 HV301。 ⑰ 外操关闭氧化塔底排污阀 HV306、萃取塔顶部出料阀 HV307 和脱离子水阀 HV308。 ⑱ 主操将萃取塔出料调节阀 FV104 设为手动,开度为 0%。 ⑲ 外操关闭风机出口蝶阀 HV305,停止鼓风机 P201,停止向氧化塔中充入新鲜空气。 ⑳ 主操将氧化塔压力控制阀 PV102 设为手动,开度为 0%。 ㉑ 外操关闭冷却器壳程进口阀 HV214,停用循环水系统。 ㉒ 外操向班长汇报"紧急停车完毕"。 ㉓ 班长向调试室汇报"事故处理完毕,请协调检修处理漏点"。 ㉔ 班长广播宣布"解除事故应急状态"

续表

序号	处置案例	处置原理与操作步骤
6	氢化塔顶法兰泄漏着火应急预案（远程急停）	事故现象现场报警器报警,氢化塔顶法兰泄漏着火(烟雾发生器喷雾,灯带发出红色光芒)。 ① 外操巡检发现事故,"氢化塔顶法兰泄漏着火,火势较大",向班长汇报。(泄漏氢气) ② 班长接到汇报后,启动着火应急预案。命令主操启用"远程急停",并拨打"119 火警"电话。 ③ 班长命令安全员"请组织人员到 1 号门口拉警戒绳,引导消防车"。 ④ 班长向调试室汇报"氢化塔顶法兰泄漏着火,火势较大"。 ⑤ 主操接到"着火应急预案启动"后,按压"急停"按钮,拨打"119 火警"电话。 ⑥ 安全员接到"着火应急预案启动"后,到 1 号门口拉警戒绳,引导消防车。 ⑦ 外操佩戴正压式呼吸器,携带 F 形扳手,现场处置。 ⑧ 班长命令主操和外操"执行紧急停车操作"。 ⑨ 主操观察到 SIS 联锁启动,氢化液泵 P101 跳停,泵出口压力 PG101 从 1.0MPa 降至 0MPa,氧化塔进料流量 FIT103 从 580m³/h 降至 0m³/h。工作液切断阀 XV101 关闭,工作液流量 FIT101 从 580m³/h 降至 0m³/h。氢气切断阀 XV102 关闭,氢气流量 FIT102 从 1105m³/h(标准状况)降至 0m³/h(标准状况)。 ⑩ 主操将蒸汽调节阀 TV101 设为手动,开度为 0%,停用工作液预热器和预热器。 ⑪ 外操关闭风机出口蝶阀 HV305,停止鼓风机 P201。 ⑫ 主操将氧化塔压力控制阀 PV102 设为手动,开度为 0%。 ⑬ 外操关闭萃取塔进料泵出口阀 HV1013,停止萃取塔进料泵 P102,关闭泵进口阀 HV1010,泵出口压力 PG102 从 1.0MPa 降至 0MPa。 ⑭ 主操将萃取塔出料调节阀 FV104 设为手动,开度为 0%。 ⑮ 外操关闭氢化塔出料阀 HV301。 ⑯ 外操关闭氧化塔底排污阀 HV306、萃取塔顶部出料阀 HV307 和脱离子水阀 HV308。 ⑰ 外操关闭冷却器壳程进口阀 HV214,停用循环水系统。 ⑱ 主操将氢气流量调节阀 FV102 设为手动,开度为 0%。 ⑲ 主操将工作液流量调节阀 FV101 设为手动,开度为 0%。 ⑳ 主操将氧化塔进料调节阀 FV103 设为手动,开度为 0% ㉑ 外操关闭氢气调节阀前阀 HV101A 和后阀 HV101B。 ㉒ 外操关闭气液分离器排气阀 HV302。 ㉓ 外操关闭氢化液冷却器管程进口阀 HV205。 ㉔ 外操关闭氢化液泵出口阀 HV304,关闭泵进口阀 HV303。 ㉕ 外操使用灭火器灭火,火被扑灭。 ㉖ 外操向班长汇报"现场停车完毕,火已扑灭"。 ㉗ 班长向调试室汇报"事故处理完毕,请协调检修处理漏点"。 ㉘ 班长广播宣布"解除事故应急状态"

5.12　胺基化工艺

5.12.1　胺基化工艺基础知识

胺基化是在分子中引入氨基（R_2N-）的反应,包括 $R-CH_3$ 烃类化合物（R：氢、烷基、芳基）在催化剂存在下,与氨和空气的混合物进行高温氧化反应,生成腈类等化合物的反应。涉及上述反应的工艺过程为胺基化工艺。胺基化工艺的特点如下：①反应介质具有燃爆危险性。在常压下 20℃时,氨气的爆炸极限为 15%～27%,随着温度、压力的升高,爆炸极限的范围增大。因此，在一定的温度、压力和催化剂的作用下，氨的氧化反应放出大量热，一旦氨气与空气比失调，就可能发生爆炸事故。②由于氨呈碱性，具有强腐蚀性，在混有少量水分或湿气的情况下无论是气态或液态氨都会与铜、银、锡、锌及其合金发生化学作用；氨易与氧化银或氧化汞反应生成爆炸性化合物（雷酸盐）。

典型工艺如下：

① 邻硝基氯苯与氨水反应制备邻硝基苯胺；

② 对硝基氯苯与氨水反应制备对硝基苯胺；

③ 间甲酚与氯化铵的混合物在催化剂和氨水作用下生成间甲苯胺；

④ 甲醇在催化剂和氨气作用下制备甲胺；

⑤ 1-硝基蒽醌与过量的氨水在氯苯中制备 1-氨基蒽醌；

⑥ 2,6-蒽醌二磺酸氨解制备 2,6-二氨基蒽醌；

⑦ 苯乙烯与胺反应制备 N-取代苯乙胺；

⑧ 环氧乙烷或亚乙基亚胺与胺或氨发生开环加成反应，制备氨基乙醇或二胺；

⑨ 甲苯经氨氧化制备苯甲腈；

⑩ 丙烯氨氧化制备丙烯腈等。

5.12.2 重点监控工艺参数

胺基化反应釜内温度、压力；胺基化反应釜内搅拌速率；物料流量；反应物质的配料比；气相氧含量等。

5.12.3 胺基化工艺实训

本装置模拟的化工工艺为：间二甲苯氨氧化工艺一步制得产品间苯二甲腈。胺基化工艺实训 PID 图见图 5-16。

液氨经蒸发后与间二甲苯一起进入混合进料加热器 E103，汽化后的混合物被过热至一定的温度后，进入挡板流化床反应器 R101。净化空气被罗茨风机 K101 经空气加热器 E104、电加热器 F101 提温后，送入反应器底部。混合气体通过 V_2O_5 等催化剂层，在温度为 400~500℃和压力为 34.5~206.8kPa 的条件下，与间二甲苯发生氨氧化反应，生成间苯二甲腈。反应产物经油冷器 E105 降至一定温度后，进入物料捕集器 V106，形成间苯二甲腈晶体送去分离工序，尾气从物料捕集器顶逸出去吸收系统。来自汽包 V102 的锅炉水，经热水泵 P102 送入流化床反应器将反应热带出，在汽包内生产蒸汽去外界。导热油送入油冷器 E105 管程、混合进料加热器 E103 管程、空气加热器 E104 壳程为物料升温提供热量。循环水送入物料捕集器 V106 壳程，为物料冷却提供冷量。

反应方程式：

$$C_6H_4(CH_3)_2 + 2NH_3 + 3O_2 \xrightarrow{\text{催化剂}} C_6H_4(C\equiv N)_2 + 6H_2O$$

5.12.4 胺基化工艺控制回路与工艺指标

胺基化装置控制回路与工艺指标分别见表 5-35 和表 5-36。胺基化安全仪表系统（SIS）联锁详细信息见表 5-37。

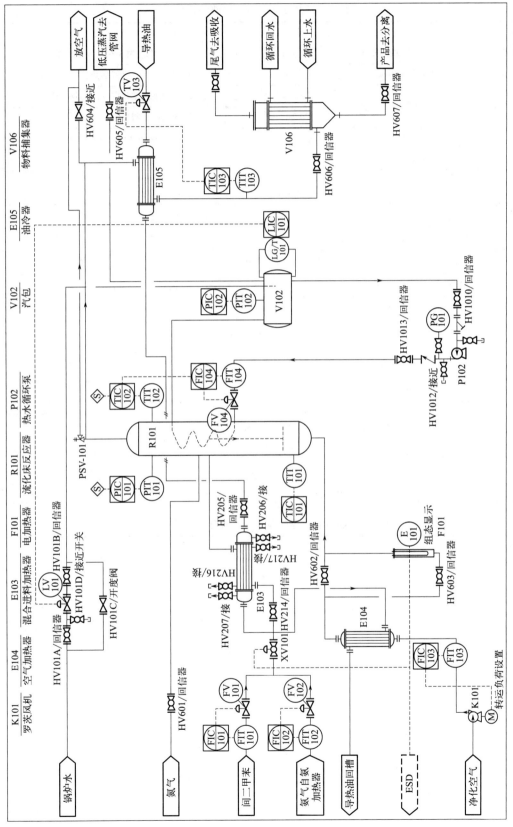

图 5-16　胺基化工工艺实训 PID

表 5-35　胺基化装置控制回路一览表

位号	注解	联锁位号	联锁注解
FV101	调节间二甲苯进料流量	FIC101	远传显示控制进入混合进料加热器间二甲苯进料流量
FV102	调节氨进料流量	FIC102	远传显示控制进入混合进料加热器氨进料流量
FV104	调节锅炉出水流量	FIC104	远传显示控制进入流化床反应器物料流量
		TIC102	串级联锁远传控制流化床反应器温度
LV101	调节锅炉进水流量	LIC101	远传显示控制进入汽包锅炉水液位
TV103	调节导热油流量	TIC103	远传显示控制进入油冷器物料温度

表 5-36　胺基化装置工艺指标一览表

序号	位号	名称	正常值	指标范围	SIS联锁值
1	TI101	流化床反应器底部温度	220℃	200～250℃	高高限300℃
2	TI102	流化床反应器顶部温度	420℃	400～450℃	高高限500℃
3	TI103	油冷器出口温度	180℃	≥170℃	—
4	PI101	流化床反应器顶部压力	98.8kPa	70～200kPa	高高限300kPa
5	PI102	汽包压力	0.3MPa	≤0.45MPa	—
6	PG101	热水泵出口压力	0.45MPa	≤0.55MPa	—
7	FI101	间二甲苯进料流量	750kg/h	650～850kg/h	高高限1000kg/h
8	FI102	氨进料流量	245kg/h	200～345kg/h	高高限500kg/h
9	FI103	风进气流量	2.3m^3/h（标准状况）	1.8～2.6m^3/h（标准状况）	—
10	FI104	锅炉水流量	4.1t/h	2.0～4.5t/h	—
11	LI101	汽包液位	60%	10%～80%	—

表 5-37　胺基化安全仪表系统（SIS）联锁一览表

联锁位号	位号	注解	正常值	范围	联锁值	位号	联锁动作	联锁作用
S1	TI101	流化床反应器底部温度	220℃	200～250℃	高高限300℃	K101	关	罗茨风机跳停
						F101	关	电加热器跳停
						XV101	关	切断混合进料
S2	TI102	流化床反应器顶部温度	420℃	400～450℃	高高限500℃	K101	关	罗茨风机跳停
						F101	关	电加热器跳停
						XV101	关	切断混合进料
S3	PI101	流化床反应器顶部压力	98.8kPa	70～200kPa	高高限300kPa	K101	关	罗茨风机跳停
						F101	关	电加热器跳停
						XV101	关	切断混合进料
S4	FI101	间二甲苯进料流量	750kg/h	650～850kg/h	高高限1000kg/h	K101	关	罗茨风机跳停
						F101	关	电加热器跳停
						XV101	关	切断混合进料

联锁位号	位号	注解	正常值	范围	联锁值	位号	联锁动作	联锁作用
						K101	关	罗茨风机跳停
S5	PB101	紧急停车按钮	关闭	—	打开	F101	关	电加热器跳停
						XV101	关	切断混合进料

5.12.5 胺基化装置开车操作

① 循环水系统已投用，导热油系统启动，外操打开混合进料加热器管程进料阀 HV205，打通导热油回到油槽管路。

② 主操将导热油去油冷器调节阀 TV103 设手动 50%。

③ 外操打开混合进料加热器壳程进料阀 HV214、油冷器出料阀 HV606，打通反应系统。

④ 外操打开锅炉水调节阀前后阀 HV101A 和 HV101B，主操将锅炉水调节阀 LV101 设自动，与汽包液位联锁，联锁值 60%。

⑤ 观察汽包液位 LI101 升至 60% 时，外操打开热水泵进口阀 HV1010。

⑥ 外操启动热水泵 P102，打开热水泵出口阀 HV1013。

⑦ 主操将反应冷却调节阀 FV104 设置手动 10%。

⑧ 外操启动罗茨风机 K101，打开空气加热器空气出口阀 HV602。

⑨ 外操打开电加热器进口阀 HV603。主操增加电加热器功率。

⑩ 主操将间二甲苯进料调节阀 FV101 设手动 40%，向混合进料加热器进料。

⑪ 主操将氨进料调节阀 FV102 设手动 60%，向混合进料加热器进料；加热后的混合气在流化床反应器反应，流化床反应器顶部温度 TI102 上升至 420℃，流化床反应器顶部压力 PI101 为 98.8kPa。

⑫ 汽包压力 PI102 逐步从 0MPa 上升至 0.3MPa，外操打开蒸汽去低压蒸汽管网阀 HV605，向低压蒸汽管网输送蒸汽。

⑬ 反应产物出流化床反应器顶部，经油冷器降温，进入物料捕集器，形成间苯二甲腈晶体，外操打开产品出料阀 HV607，晶体进入分离工段进一步处理。

5.12.6 胺基化装置工艺现场应急处置

序号	处置案例	处置原理与操作步骤
1	空气加热器导热油中断	事故现象:空气加热器导热油中断,进入流化床反应器空气温度下降,流化床反应器底部温度 TI101 从 220℃降至 180℃,DCS 界面 TI101 红字+闪烁报警。 ① 主操将电加热器 F101 的功率从 20% 加到 50%。 ② 外操关闭加热器空气出口阀 HV602,此时流化床反应器底部温度 TI101 上升至 220℃
2	罗茨风机跳停	事故现象:罗茨风机 K101 跳停,风进气流量 FL103 从 2.3m³/h(标准状况)降至 0m³/h(标准状况),DCS 界面 FI103 红字+闪烁报警。 ① 主操将间二甲苯进料调节阀 FV101 设手动,开度 0%,间二甲苯进料流量 FI101 从 750kg/h 降至 0kg/h。 ② 主操将氨进料调节阀 FV102 设手动,开度 0%,氨气进料流量 FI102 从 245kg/h 降至 0kg/h。

序号	处置案例	处置原理与操作步骤
2	罗茨风机跳停	③ 外操现场检查罗茨风机 K101 没问题后,启动罗茨风机,风进气流量 FI103 升至 2.3m³/h(标准状况)。 ④ 主操将间二甲苯进料调节阀 FV101 设自动,联锁值 750kg/h。 ⑤ 主操将氨进料调节阀 FV102 设自动,联锁值 245kg/h,重新向混合进料加热器进料
3	汽包液位控制阀阀卡	事故现象:汽包液位 LI101 从 60% 不断降至 25%,液位低低报警,DCS 界面 LI101 红字+闪烁报警。 ① 外操打开调节阀旁路阀 HV101C,汽包液位 LI101 上升至 60%。 ② 外操关闭调节阀前阀 HV101A。 ③ 外操关闭调节阀后阀 HV101B。 ④ 外操打开调节阀排净阀 HV101D
4	流化床反应器飞温	事故现象:流化床反应器温度 TI102 从 420℃ 升高到 450℃,DCS 界面 TI102 红字+闪烁报警。 ① 主操将反应冷却调节阀 FV104 设手动,开度 50%,流化床反应器温度 TI102 降至 420℃,锅炉水流量计 FI104 升至 5t/h。30s 不操作,流化床反应器温度高高 SIS 联锁启动,考试结束。[SIS 联锁启动:罗茨风机 K101 跳停,风进气流量 FI103 从 2.3m³/h(标准状况)降至 0m³/h(标准状况);F101 电加热器跳停;混合切断阀 XV101 关闭,间二甲苯进料流量 FI101 从 750kg/h 降至 0kg/h;氨进料流量 FI102 从 245kg/h 降至 0kg/h] ② 主操将反应冷却调节阀 FV104 设自动串级外环控制,联锁值为 420℃,此时锅炉水流量 FI104 维持在 5t/h 左右
5	油冷器油出口法兰泄漏伤人应急预案	事故现象:现场报警器报警,油冷器油出口法兰泄漏(烟雾发生器喷雾)。 ① 外操巡检发现事故,"油冷器油出口法兰泄漏伤人",向班长汇报。(泄漏热油) ② 班长接到汇报后,启动伤人应急响应。命令主操拨打"120 急救"电话。 ③ 班长命令安全员"请组织人员到 1 号门口拉警戒绳,引导救护车"。 ④ 班长向调试室汇报"油冷器油出口法兰泄漏伤人"。 ⑤ 主操接到"应急响应启动"后,拨打"120 急救"电话。 ⑥ 安全员接到"应急响应启动"后,到 1 号门口拉警戒绳,引导救护车。 ⑦ 班长和外操携带 F 形扳手,现场处置。 ⑧ 班长和外操将受伤人员抬放至安全位置。 ⑨ 班长命令主操和外操"执行紧急停车操作"。 ⑩ 主操将导热油去油冷器调节阀 TV103 设手动 0%。 ⑪ 主操将间二甲苯进料调节阀 FV101 设手动 0%,间二甲苯进料流量 FI101 从 750kg/h 降至 0kg/h。 ⑫ 主操将氨进料调节阀 FV102 设手动 0%,氨进料流量 FI102 从 245kg/h 降至 0kg/h。 ⑬ 主操将电加热器 F101 的功率降至 0。外操停止罗茨风机 K101,风进气流量 FI103 从 2.3m³/h(标准状况)降至 0m³/h(标准状况)。 ⑭ 主操将锅炉水调节阀 LV101 设手动 0%。 ⑮ 由于反应停止,汽包压力 PI102 逐步从 0.3MPa 降至 0.1MPa,外操关闭低压蒸汽管网阀 HV605,防止蒸汽反串。 ⑯ 主操将反应冷却调节阀 FV104 设手动 0%,锅炉水流量 FI104 从 4.1t/h 降至 0t/h。 ⑰ 外操停止热水泵 P102,热水泵出口压力 PG101 从 0.45MPa 降至 0MPa。 ⑱ 外操向班长汇报"紧急停车完毕"。 ⑲ 班长向调试室汇报"事故处理完毕,请联系检修处置漏点"。 ⑳ 班长广播宣布"解除事故应急状态"
6	流化床反应器顶部法兰泄漏应急预案	事故现象:现场报警器报警,流化床反应器顶部法兰泄漏(烟雾发生器喷雾)。 ① 外操巡检发现事故,"流化床反应器顶部法兰泄漏",向班长汇报。(泄漏氨气等) ② 班长接到汇报后,启动泄漏应急响应。命令安全员"请组织人员到 1 号门口拉警戒绳"。

序号	处置案例	处置原理与操作步骤
6	流化床反应器顶部法兰泄漏应急预案	③ 班长向调试室汇报"流化床反应器顶部法兰泄漏"。 ④ 安全员接到"应急响应启动"后,到 1 号门口拉警戒绳。 ⑤ 外操佩戴正压式呼吸器,穿防化服,携带 F 形扳手,现场处置。 ⑥ 班长命令主操和外操"执行紧急停车操作"。 ⑦ 主操将间二甲苯进料调节阀 FV101 设手动 0%,间二甲苯进料流量 FI101 从 750kg/h 降至 0kg/h。 ⑧ 主操将氨进料调节阀 FV102 设手动 0%,氨进料流量 FI102 从 245kg/h 降至 0kg/h。 ⑨ 主操将电加热器 F101 的功率降至 0。外操停止罗茨风机 K101,风进气流量 FI103 从 2.3m³/h(标准状况)降至 0m³/h(标准状况)。 ⑩ 外操打开流化床反应器放空阀 HV604,流化床反应器压力 PI101 从 98.8kPa 降至 0kPa,关闭。 ⑪ 外操打开氮气进气阀 HV601,置换流化床反应器,保持微正压 PI101 为 50kPa。 ⑫ 主操将锅炉水调节阀 LV101 设手动 0%。 ⑬ 由于反应停止,汽包压力 PI102 逐步从 0.3MPa 下降至 0.1MPa,外操关闭低压蒸汽管网阀 HV605,防止蒸汽反串。 ⑭ 主操将反应冷却调节阀 FV104 设手动 0%,锅炉水流量 FI104 从 4.1t/h 降至 0t/h。 ⑮ 外操停止热水泵 P102,热水泵出口压力 PG101 从 0.45MPa 降至 0MPa。 ⑯ 主操将导热油去油冷器调节阀 TV103 设手动 0%。 ⑰ 主操向班长汇报"紧急停车完毕"。 ⑱ 班长向调试室汇报"事故处理完毕,请协调检修处理漏点"。 ⑲ 班长广播宣布"解除事故应急状态"
7	混合进料加热器气出口法兰泄漏着火应急预案(远程急停)	事故现象:加热器气出口法兰泄漏着火应急预案(远程急停)。 ① 外操巡检发现事故,"加热器气出口法兰泄漏着火,火势较大",向班长汇报。(泄漏氨气等) ② 班长接到汇报后,启动着火应急响应。命令主操启用"远程急停",并拨打"119 火警"电话。 ③ 班长命令安全员"请组织人员到 1 号门口拉警戒绳,引导消防车"。 ④ 班长向调试室汇报"加热器气出口法兰泄漏着火,火势较大"。 ⑤ 主操接到"应急响应启动"后,按压"急停"按钮,拨打"119 火警"电话。 ⑥ 安全员接到"应急响应启动"后,到 1 号门口拉警戒绳,引导消防车。 ⑦ 外操佩戴正压式呼吸器,穿防化服,携带 F 形扳手,现场处置。 ⑧ 班长命令主操和外操"执行紧急停车操作"。 ⑨ 主操观察到 SIS 联锁启动,罗茨风机 K101 跳停,风进气流量 FI103 从 2.3m³/h(标准状况)降至 0m³/h(标准状况);F101 电加热器跳停;混合切断阀 XV101 关闭,间二甲苯进料流量 FI101 从 750kg/h 降至 0kg/h,氨进料流量 FI102 从 245kg/h 降至 0kg/h。 ⑩ 主操将锅炉水调节阀 LV101 设手动 0%。 ⑪ 主操将反应冷却调节阀 FV104 设手动 0%,锅炉水流量 FI104 从 4.1t/h 降至 0t/h。 ⑫ 主操将导热油去油冷器调节阀 TV103 设手动 0%。 ⑬ 主操将间二甲苯进料调节阀 FV101 设手动 0%。 ⑭ 主操将氨进料调节阀 FV102 设手动 0%。 ⑮ 外操关闭混合进料加热器壳程进料阀 HV214。 ⑯ 外操关闭低压蒸汽管网阀 HV605,防止蒸汽反串。 ⑰ 外操停止热水泵 P102,热水泵出口压力 PG101 从 0.45MPa 降至 0MPa。 ⑱ 外操使用灭火器灭火,火被扑灭。 ⑲ 外操向班长汇报"现场停车完毕,火已扑灭"。 ⑳ 班长向调试室汇报"事故处理完毕,请协调检修处理漏点"。 ㉑ 班长广播宣布"解除事故应急状态"

5.13 磺化工艺实训

5.13.1 磺化工艺基础知识

磺化是向有机化合物分子中引入磺酸基（—SO$_3$H）的反应。磺化方法分为三氧化硫磺化法、共沸去水磺化法、氯磺酸磺化法、烘焙磺化法和亚硫酸盐磺化法等。涉及磺化反应的工艺过程为磺化工艺。磺化反应除了增加产物的水溶性和酸性外，还可以使产品具有表面活性。芳烃经磺化后，其中的磺酸基可进一步被其他基团［如羟基（—OH）、氨基（—NH$_2$）、氰基（—CN）等］取代，生产多种衍生物。工艺危险特点如下：①原料具有燃爆危险性。磺化剂具有氧化性、强腐蚀性。如果投料顺序颠倒、投料速度过快、搅拌不良、冷却效果不佳等，都有可能造成反应温度异常升高，使磺化反应变为燃烧反应，引起火灾或爆炸事故。②氧化硫易冷凝堵管，泄漏后易形成酸雾，危害较大。

典型工艺如下：

（1）三氧化硫磺化法

气体三氧化硫和十二烷基苯等制备十二烷基苯磺酸钠；

硝基苯与液态三氧化硫制备间硝基苯磺酸；

甲苯磺化生产对甲基苯磺酸和对位甲酚；

对硝基甲苯磺化生产对硝基甲苯邻磺酸等。

（2）共沸去水磺化法

苯磺化制备苯磺酸；

甲苯磺化制备甲基苯磺酸等。

（3）氯磺酸磺化法

芳香族化合物与氯磺酸反应制备芳磺酸和芳磺酰氯；

乙酰苯胺与氯磺酸生产对乙酰氨基苯磺酰氯等。

（4）烘焙磺化法

苯胺磺化制备对氨基苯磺酸等。

（5）亚硫酸盐磺化法

2,4-二硝基氯苯与亚硫酸氢钠制备 2,4-二硝基苯磺酸钠；

1-硝基蒽醌与亚硫酸钠作用得到 α-蒽醌硝酸等。

5.13.2 重点监控工艺参数

磺化反应釜内温度；磺化反应釜内搅拌速率；磺化剂流量；冷却水流量。

5.13.3 磺化工艺装置实训

本装置模拟的化工工艺为：十二烷基苯与 SO$_3$ 制备十二烷基苯磺酸。磺化工艺反应工段和尾气吸收工段实训 PID 图分别见图 5-17 和图 5-18。

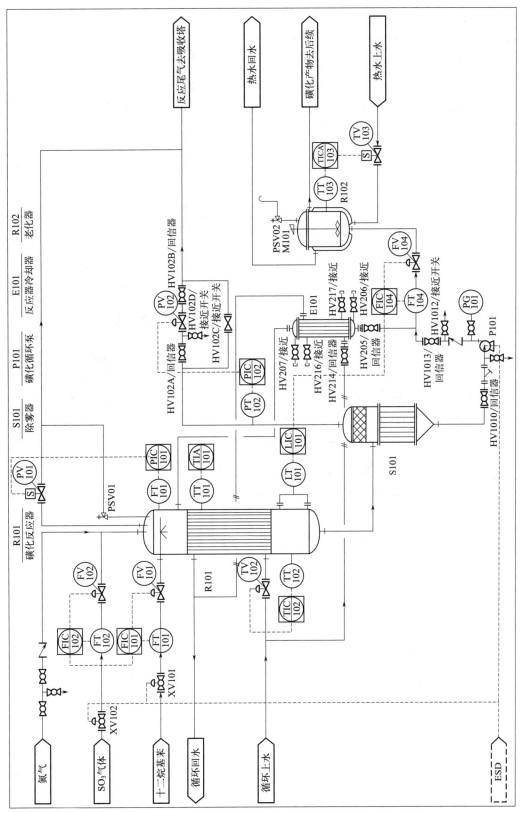

图 5-17　磺化工艺反应工段实训 PID

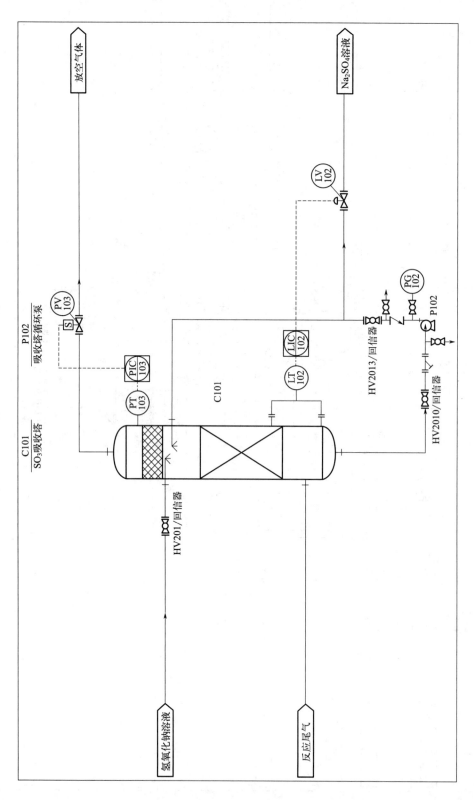

图 5-18 磺化工艺尾气吸收工段实训 PID

十二烷基苯从列管式磺化反应器 R101 顶部进入，并分配到每根管子的内表面形成均匀薄膜，与从管顶部中心进入的稀释过的 SO_3 混合气体并流而下，在两相表面上发生磺化反应，反应过程的热量由壳层的冷却水带出。从磺化反应器底部出来的气液混合体进入除雾器 S101 进行气液分离，分离后的尾气进入尾气吸收工段。分离后的液相由磺化循环泵 P101 送入老化器 R102。

老化在由除雾器、磺化循环泵、反应器冷却器 E101、磺化反应器组成的回路中完成，停留时间为 30min 左右。该回路的操作特点是在开工、停工、切换产品时，用烷基苯吸收三氧化硫气体，这样就生成有价值的表面活性剂，而不是通过传统的三氧化硫吸收塔产生副产品硫酸。特别是在装置需要频繁开车时，可以使反应器中不合格产品的生成降至最低。老化可使磺化反应充分。

从磺化单元收集来的尾气，有机物和部分 SO_3 可通过静电除雾器除去，残余的 SO_2、SO_3 尾气在 SO_3 吸收塔 C101 内与氢氧化钠溶液逆向接触，通过吸收反应生成硫酸钠。定时取样测量 pH 值，将合格溶液泵送至亚硫酸盐氧化单元。尾气经处理后，SO_2 含量低于 5ppm（$1ppm=10^{-6}$）和 SO_3 含量低于 15ppm，排放到大气中。

反应方程式如下：

$$C_{12}H_{25}C_6H_5 + SO_3 \xrightarrow{\text{催化剂}} C_{12}H_{25}C_6H_4SO_3H$$

$$2NaOH + SO_3 = Na_2SO_4 + H_2O$$

5.13.4　磺化工艺控制回路与工艺指标

磺化装置控制回路与工艺指标分别见表 5-38 和表 5-39。磺化安全仪表系统（SIS）联锁详细信息见表 5-40。

表 5-38　磺化装置控制回路一览表

位号	注解	联锁位号	联锁注解
FV101	调节十二烷基苯进料流量	FIC101	远传显示控制进入磺化反应器十二烷基苯流量
		FIC102	比例联锁 SO_3 流量
FV102	调节 SO_3 进气流量	FIC102	远传显示控制进入磺化反应器 SO_3 流量
		FIC101	比例联锁十二烷基苯流量
FV104	调节磺化反应器出料流量	FIC104	远传显示控制进入老化器产品流量
		LIC101	串级联锁远传磺化反应器液位
TV102	调节进入磺化反应器循环水流量	TIC102	远传显示控制磺化反应器温度
TV103	调节进入老化器热水流量	TIC103	远传显示控制老化器温度
PV101	调节磺化反应器放空压力	PIC101	远传显示控制磺化反应器压力
PV102	调节除雾器尾气压力	PIC102	远传显示控制除雾器压力
PV103	调节吸收塔尾气压力	PIC103	远传显示控制吸收塔压力
LV102	调节吸收塔出料流量	LIC102	远传显示控制反应器液位

表 5-39　磺化装置工艺指标一览表

序号	位号	名称	正常值	指标范围	SIS联锁值
1	TI101	磺化反应器上部温度	45℃	≤50℃	高高限 60℃
2	TI102	磺化反应器底部温度	47℃	≤55℃	高高限 60℃
3	TI103	老化器温度	50℃	45～60℃	—
4	PI101	磺化反应器顶部压力	126kPa	≤300kPa	—
5	PI102	除雾器排气压力	108kPa	≤300kPa	—
6	PI103	吸收塔顶压力	85kPa	≤300kPa	—
7	PG101	磺化循环泵出口压力	0.35MPa	≤0.45MPa	—
8	PG102	吸收塔循环泵出口压力	0.35MPa	≤0.45MPa	—
9	FI101	十二烷基苯进料流量	3275kg/h	3200～3400kg/h	—
10	FI102	SO_3 气体流量计	1065kg/h	≤1200kg/h	高高限 1300kg/h
11	FI104	磺化产物出料流量	4325kg/h	4000～4500kg/h	—
12	LI101	磺化反应器液位	60%	50%～70%	—
13	LI102	吸收塔液位	60%	50%～70%	—

表 5-40　磺化安全仪表系统（SIS）联锁一览表

联锁位号	位号	注解	正常值	范围	联锁值	位号	联锁动作	联锁作用
S1	TI101	磺化反应器上部温度	45℃	≤50℃	高高限 60℃	P101	关	磺化循环泵跳停
						XV101	关	切断十二烷基苯进料
						XV102	开	切断 SO_3 进气
S2	TI102	磺化反应器底部温度	47℃	≤55℃	高高限 60℃	P101	关	磺化循环泵跳停
						XV101	关	切断十二烷基苯进料
						XV102	开	切断 SO_3 进气
S3	FI102	SO_3 气体流量计	1065kg/h	≤1200kg/h	高高限 1300kg/h	P101	关	磺化循环泵跳停
						XV101	关	切断十二烷基苯进料
						XV102	开	切断 SO_3 进气
S4	PB101	紧急停车按钮	关闭	—	打开	P101	关	磺化循环泵跳停
						XV101	关	切断十二烷基苯进料
						XV102	开	切断 SO_3 进气

5.13.5　磺化装置开车操作（DCS结合装置实际操作）

① 尾气吸收系统开车：外操打开氢氧化钠进料阀 HV201（开度由实际生产确定），向吸收塔里进料，吸收塔液位 LI102 上涨。

② 观察吸收塔液位 LI102 升至 60%，外操打开吸收塔循环泵进口阀 HV2010，启动吸收塔循环泵 P102，打开泵出口阀 HV2013。

③ 需要出料时，主操将吸收塔液位调节阀 LV102 设自动，联锁值为 60%。

④ 主操将吸收塔压力控制阀 PV103 设自动，联锁压力值为 200kPa。

⑤ 循环水系统已投用，主操将反应温度控制阀 TV102 设手动，开度 50%，向磺化反应器供冷却水。

⑥ 主操将磺化反应器压力放空阀 PV101 设自动，联锁压力值为 200kPa。

⑦ 主操将十二烷基苯进料调节阀 FV101 设手动，开度 50%，向磺化反应器进料，流量 FI101 稳定后，将 FV101 设自动，联锁流量值为 3275kg/h。

⑧ 主操将 SO_3 进气调节阀 FV102 设手动，开度 50%，向磺化反应器进料。流量 FI102 稳定后，将 FV102 设自动，联锁流量值为 1065kg/h。

⑨ 磺化反应器底部温度 TI102 稳定在 47℃后，主操将温度控制阀 TV102 设自动，联锁温度值为 47℃。

⑩ 外操打开除雾压力调节阀前阀 HV102A 和后阀 HV102B。

⑪ 主操将除雾压力调节阀 PV102 设自动，联锁压力值为 200kPa。

⑫ 外操打开反应器冷却器进水阀 HV214 和反应器冷却器管程进料阀 HV205。

⑬ 观察磺化反应器液位 LI101 升至 60%，外操打开磺化循环泵进口阀 HV1010，启动磺化循环泵 P101，打开泵出口阀 HV1013。

⑭ 主操将反应出料调节阀 FV104 设手动，开度 50%，出料流量 FI104 升至 4325kg/h，磺化反应器液位稳定在 60%，将 FV104 设自动，联锁流量值为 4325kg/h。老化后磺化产物送往后续工段。

⑮ 主操将老化器温度调节阀 TV103 设手动，开度 50%，向老化器夹套供热水。

⑯ 主操启动老化器搅拌器 M101。

⑰ 老化器温度 TI103 稳定在 50℃后，主操将老化器温度调节阀 TV103 设自动，联锁温度值为 50℃。

5.13.6 磺化装置现场应急处置

序号	处置案例	处置原理与操作步骤
1	磺化反应器超温	事故现象:磺化反应器上部温度 TI101 从 45℃快速升至 55℃,磺化反应器底部温度 TI102 从 47℃快速升至 57℃,DCS 界面 TI101 和 TI102 数值显示红色+闪烁报警。 ① 主操将十二烷基苯进料调节阀 FV101 设手动,开度 0%,停止向磺化反应器进料,流量 FI101 从 3275kg/h 降至 0kg/h。 ② 主操将 SO_3 进气调节阀 FV102 设手动,开度 0%,停止向磺化反应器进料,流量 FI102 从 1065kg/h 降至 0kg/h。 ③ 主操将反应温度控制阀 TV102 设手动,开度 100%。 ④ 观察反应器温度被控制住,主操将十二烷基苯进料调节阀 FV101 设手动,开度 50%,向磺化反应器进料,流量稳定后,将 FV101 设自动,联锁值为 3275kg/h。 ⑤ 主操将 SO_3 进气调节阀 FV102 设手动,开度 50%,向磺化反应器进料,流量稳定后,将 FV102 设自动,联锁值为 1065kg/h。 ⑥ 主操将反应温度控制阀 TV102 开度设 80%。 ⑦ 磺化反应器底部温度 TI102 稳定在 47℃后,主操将 TV102 设自动,联锁值为 47℃
2	原料 SO_3 中断	事故现象:SO_3 气体流量 FI102 从 1065kg/h 突然降至 0kg/h,DCS 界面 FI102 数值显示红色+闪烁报警。 ① 主操将十二烷基苯进料调节阀 FV101 设手动,开度 0%,停止向磺化反应器进料,流量 FI101 从 3275kg/h 降至 0kg/h。 ② 主操将 SO_3 进气调节阀 FV102 设手动,开度 0%,停止向磺化反应器进料。 ③ 主操将反应出料调节阀 FV104 设手动,开度 0%,使磺化产物在除雾器、磺化循环泵、反应器冷却器和磺化反应器回路中循环老化

序号	处置案例	处置原理与操作步骤
3	冷却水中断	事故现象:磺化反应器上部温度 TI101 从 45℃快速升至 55℃,磺化反应器底部温度 TI102 从 47℃快速升至 57℃,老化器温度 TI103 从 50℃快速升至 60℃,DCS 界面 TI101、TI102 和 TI103 数值显示红色+闪烁报警。 ① 主操将十二烷基苯进料调节阀 FV101 设手动,开度 0%,停止向磺化反应器进料,流量 FI101 从 3275kg/h 降至 0kg/h。 ② 主操将 SO_3 进气调节阀 FV102 设手动,开度 0%,停止向磺化反应器进料,流量 FI102 从 1065kg/h 降至 0kg/h。 ③ 外操关闭反应器冷却器管程进料阀 HV205。 ④ 磺化反应器向下游卸料,观察磺化反应器液位 LI101 降至 0%,外操关闭磺化循环泵出口阀 HV1013,停止磺化循环泵 P101
4	除雾压力调节阀法兰泄漏有人中毒应急预案	事故现象:现场报警器报警,除雾压力调节阀法兰泄漏(烟雾发生器喷雾)。 ① 外操巡检发现事故,"除雾压力调节阀法兰泄漏有人中毒",向班长汇报。(泄漏 SO_3、SO_2 气体) ② 班长接到汇报后,启动中毒应急响应。命令主操打"120 急救"电话。 ③ 班长命令安全员"请组织人员到 1 号门口拉警戒绳,引导救护车"。 ④ 班长向调试室汇报"除雾压力调节阀法兰泄漏有人中毒"。 ⑤ 主操接到"应急响应启动"后,打"120 急救"电话。 ⑥ 安全员接到"应急响应启动"后,到 1 号门口拉警戒绳,引导救护车。 ⑦ 班长和外操佩戴正压式呼吸器,携带 F 形扳手,现场处置。 ⑧ 班长和外操将中毒人员抬放至安全位置。 ⑨ 班长命令主操和外操"执行切换旁路操作"。 ⑩ 外操接班长命令后,打开除雾压力调节阀旁路阀 HV102C(适量),除雾器压力 PI102 从 108kPa 降至 80kPa。 ⑪ 主操将除雾压力调节阀 PV102 设手动,开度 0%,除雾器压力 PI102 从 80kPa 微升至 85kPa。 ⑫ 外操关闭除雾压力调节阀前阀 HV102A。 ⑬ 外操关闭除雾压力调节阀后阀 HV102B。 ⑭ 外操向班长汇报"切换旁路操作执行完毕"。 ⑮ 班长向调试室汇报"切阀完毕,请协调检修处理漏点"。 ⑯ 班长广播宣布"解除事故应急状态"
5	磺化循环泵出口阀法兰泄漏应急预案(远程急停)	事故现象:现场报警器报警,磺化循环泵出口阀法兰泄漏(烟雾发生器喷雾)。 ① 外操巡检发现事故,"磺化循环泵出口阀法兰泄漏严重",向班长汇报。(泄漏十二烷基苯磺酸液体) ② 班长接到汇报后,启动泄漏应急响应。命令主操启用"远程急停"。 ③ 班长命令安全员"请组织人员到 1 号门口拉警戒绳"。 ④ 班长向调度室汇报"磺化循环泵出口阀法兰泄漏严重"。 ⑤ 主操接到"应急响应启动"后,按压"急停"按钮。 ⑥ 安全员接到"应急响应启动"后,到 1 号门口拉警戒绳。 ⑦ 外操佩戴正压式呼吸器,携带 F 形扳手,现场处置。 ⑧ 班长命令主操和外操"执行反应器停车操作"。 ⑨ 主操观察到 SIS 联锁启动,磺化循环泵 P101 跳停;十二烷基进料切断阀 XV101 和 SO_3 进气切断阀 XV102 关闭。SO_3 气体流量 FI102 从 1065kg/h 降至 0kg/h;十二烷基苯进料流量 FI101 从 3275kg/h 降至 0kg/h;磺化产物出料流量 FI104 从 4325kg/h 降至 0kg/h。 ⑩ 主操将反应出料调节阀 FV104 设手动,开度 0%。 ⑪ 主操将 SO_3 进气调节阀 FV102 设手动,开度 0%。 ⑫ 主操将十二烷基苯进料调节阀 FV101 设手动,开度 0%。 ⑬ 外操关闭反应器冷却器管程进料阀 HV205。

序号	处置案例	处置原理与操作步骤
5	磺化循环泵出口阀法兰泄漏应急预案（远程急停）	⑭ 外操关闭磺化循环泵进口阀 HV1010。 ⑮ 外操向班长汇报"反应器停车执行完毕"。 ⑯ 班长向调试室汇报"事故处理完毕，请协调检修处理漏点"。 ⑰ 班长广播宣布"解除事故应急状态"
6	磺化反应器入口法兰泄漏着火应急预案	事故现象：现场报警器报警，磺化反应器入口法兰泄漏着火（烟雾发生器喷雾，灯带发出红色光芒）。 ① 外操巡检发现事故，"反应器入口法兰泄漏着火，着火位置太高无法扑灭"，向班长汇报。（泄漏雾状十二烷基苯磺酸） ② 班长接到汇报后，启动着火应急响应。命令主操拨打"119 火警"电话。 ③ 班长命令安全员"请组织人员到 1 号门口拉警戒绳，引导消防车"。 ④ 班长向调试室汇报"反应器入口法兰泄漏着火，着火位置太高无法扑灭"。 ⑤ 主操接到"应急响应启动"后，拨打"119 火警"电话。 ⑥ 安全员接到"应急响应启动"后，到 1 号门口拉警戒绳，引导消防车。 ⑦ 外操佩戴正压式呼吸器，携带 F 形扳手，现场处置。 ⑧ 班长命令主操和外操"执行紧急停车操作"。 ⑨ 主操将十二烷基苯进料调节阀 FV101 设手动，开度 0%，停止向磺化反应器进料，流量 FI101 从 3275kg/h 降至 0kg/h。 ⑩ 主操将 SO_3 进气调节阀 FV102 设手动，开度 0%，停止向磺化反应器进料，流量 FI102 从 1065kg/h 降至 0kg/h。 ⑪ 外操关闭反应器冷却器管程进料阀 HV205。 ⑫ 观察磺化反应器液位 LI101 降至 0%，外操关闭磺化循环泵出口阀 HV1013，停止磺化循环泵 P101，关闭泵进口阀 HV1010。 ⑬ 外操使用灭火器灭火，火被扑灭。 ⑭ 外操向班长汇报"现场停车完毕，火已扑灭"。 ⑮ 班长向调试室汇报"事故处理完毕，请协调检修处理漏点"。 ⑯ 班长广播宣布"解除事故应急状态"

5.14　聚合工艺实训

5.14.1　聚合工艺基础知识

聚合是一种或几种小分子化合物变成大分子化合物（也称高分子化合物或聚合物，通常分子量为 $1×10^4 ～ 1×10^7$）的反应，涉及聚合反应的工艺过程为聚合工艺。聚合工艺的种类很多，按聚合方法可分为本体聚合、悬浮聚合、乳液聚合、溶液聚合等。工艺危险特点如下：聚合原料具有自聚和燃爆危险性；如果反应过程中热量不能及时移出，随物料温度上升，发生裂解和暴聚，所产生的热量使裂解和暴聚过程进一步加剧，进而引发反应器爆炸；部分聚合助剂危险性较大。

典型工艺如下：

（1）聚烯烃生产

聚乙烯生产；聚氯乙烯生产；聚丙烯生产；聚苯乙烯生产；等等。

（2）合成纤维生产

涤纶生产；锦纶生产；维纶生产；腈纶生产；尼龙生产；等等。

（3）橡胶生产

丁苯橡胶生产；顺丁橡胶生产；丁腈橡胶生产；等等。

（4）乳液生产

醋酸乙烯乳液生产；丙烯酸乳液生产；等等。

（5）涂料黏合剂生产

醇酸油漆生产；聚酯涂料生产；环氧涂料黏合剂生产；丙烯酸涂料黏合剂生产；等等。

（6）氟化物聚合

四氟乙烯悬浮法、分散法生产聚四氟乙烯；四氟乙烯（TFE）和偏氟乙烯（VDF）聚合生产氟橡胶和偏氟乙烯-全氟丙烯共聚弹性体（俗称 26 型氟橡胶或氟橡胶-26）等。

5.14.2 重点监控工艺参数

聚合反应釜、粉体聚合物料仓；聚合反应釜内温度、压力；聚合反应釜内搅拌速率；引发剂流量；冷却水流量；料仓静电；可燃气体监控；等等。

5.14.3 聚合工艺装置实训

本装置模拟的化工工艺为：氯乙烯间歇釜式制取聚氯乙烯工艺。聚合工艺聚合工段与汽提工段实训 PID 图分别见图 5-19 和图 5-20。

精制氯乙烯单体（VC 单体）及配制好的助剂通过管道密闭入料方式，加入聚合反应釜 R101，在引发剂等助剂作用下，于 50～57℃的温度条件下聚合成聚氯乙烯浆料。反应冷凝器 E101 将未反应物料回收。反应釜配置事故终止剂压料槽 V101，发生紧急状况时，使用氮气将终止剂压入聚合反应釜。

粗聚氯乙烯浆料经反应釜出料泵 P102 泵至汽提预热器 E102 壳程，与汽提塔出料换热后，进入汽提塔 C101，经蒸汽汽提除去残留的氯乙烯单体。氯乙烯单体经汽提冷凝器 E103 壳程冷却后，送去吸收。冷凝液在汽提冷凝槽 V103 中收集，被汽提循环泵 P104 送回汽提塔或送往外界。

汽提后浆料被汽提出料泵 P103 泵至汽提预热器 E102 管程，再经离心机分离母液、旋风干燥、气力输送至包装料仓，包装料仓的聚氯乙烯（PVC）粉料经包装机包装、码垛机码垛、叉车下线入库。

化学反应方程式如下：

$$nCH_2=CHCl \xrightarrow{\text{助剂}} [-CH_2-CHCl-]_n-$$

5.14.4 聚合工艺控制回路与工艺指标

聚合装置控制回路与工艺指标分别见表 5-41 和表 5-42。聚合安全仪表系统（SIS）联锁详细信息见表 5-43。

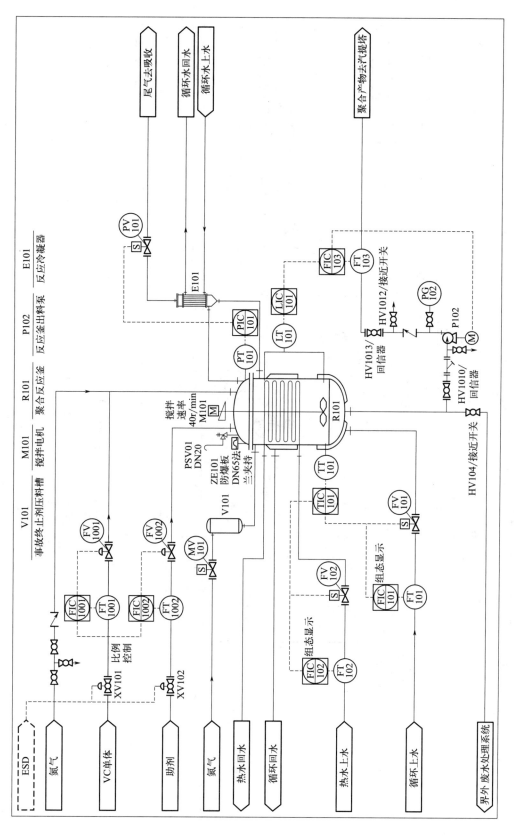

图 5-19　聚合工艺聚合工段实训 PID

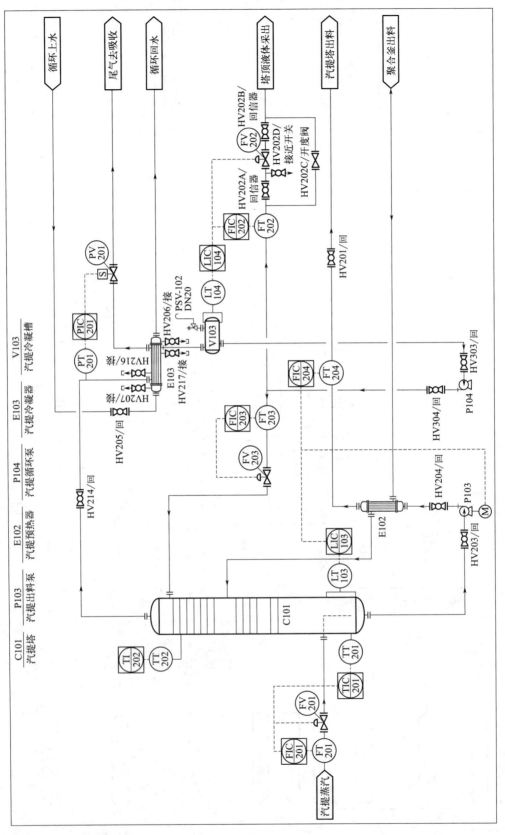

图 5-20 聚合工艺汽提工段实训 PID

表 5-41　聚合装置控制回路一览表

位号	注解	联锁位号	联锁注解
FV1001	调节 VC 单体进料流量	FIC1001	远传显示控制进入聚合反应釜单体流量
		FIC1002	比例联锁助剂流量
FV1002	调节助剂进料流量	FIC1002	远传显示控制进入聚合反应釜助剂流量
		FIC1001	比例联锁单体流量
FV101	调节循环水流量	FIC101	远传显示控制进入夹套循环水流量
		TIC101	串级联锁远传控制聚合反应釜温度
FV102	调节热水流量	FIC102	远传显示控制进入夹套热水流量
		TIC101	串级联锁远传控制聚合反应釜温度
FV201	调节汽提蒸汽流量	FIC201	远传显示控制进入汽提塔蒸汽流量
		TIC201	串级联锁远传控制汽提塔温度
FV202	调节塔顶采出流量	FIC202	远传显示控制出料流量
		LIC104	串级联锁远传控制汽提冷凝槽液位
FV203	调节塔顶回流流量	FIC203	远传显示控制汽提塔回流流量
PV101	调节聚合反应釜尾气流量	PIC101	远传显示控制聚合反应釜压力
PV201	调节汽提塔塔顶尾气流量	PIC201	远传显示控制汽提塔塔顶压力

表 5-42　聚合装置工艺指标一览表

序号	位号	名称	正常值	指标范围	SIS 联锁值
1	TI101	聚合反应釜温度	57℃	50~63℃	高高限 70℃
2	TI201	汽提塔釜温度	112℃	100~120℃	—
3	TI202	汽提塔顶温度	105℃	100~110℃	—
4	PI101	聚合反应釜压力	0.7MPa	≤0.9MPa	高高限 1.0MPa
5	PI201	汽提塔压力	60kPa	≤100KPa	—
6	PG102	反应釜出料泵出口压力表	0.5MPa	≤0.8MPa	—
7	FI1002	助剂进料流量	0.1kg/h	≤0.2kg/h	高高限 0.4kg/h
8	FI1001	VC 单体进料流量	4.5t/h	≤5.0t/h	高高限 5.5t/h
9	FI101	循环水流量	2.8t/h	2.5~3.0t/h	—
10	FI102	热水流量	0t/h(1.2t/h)	1.0~1.5t/h	—
11	FI103	聚合出料流量	55t/h	≤58t/h	—
12	FI201	汽提蒸汽流量	2.8t/h	≤3.0t/h	—
13	FI203	塔顶回流流量	3t/h	≤3.2t/h	—
14	FI202	塔顶采出流量	8t/h	≤8.5t/h	—
15	FI204	塔釜采出流量	42t/h	≤45t/h	—
16	LI101	聚合反应釜液位	70%	50%~80%	—
17	LI103	汽提塔液位	60%	50%~70%	—
18	LI104	汽提冷凝槽液位	50%	30%~70%	—

表 5-43　聚合 SIS 安全仪表系统联锁一览表

联锁位号	位号	注解	正常值	范围	联锁值	位号	联锁动作	联锁作用
S1	TI101	聚合反应釜温度	57℃	50～63℃	高高限70℃	XV101	关	切断 VC 单体
						XV102	关	切断助剂进料
S2	PI101	聚合反应釜压力	0.7MPa	≤0.9MPa	高高限1.0MPa	XV101	关	切断 VC 单体
						XV102	关	切断助剂进料
S3	FI1002	助剂进料流量	0.1kg/h	≤0.2kg/h	高高限0.4kg/h	XV101	关	切断 VC 单体
						XV102	关	切断助剂进料
S4	FI1001	VC 单体进料流量	4.5t/h	≤5.0t/h	高高限5.5t/h	XV101	关	切断 VC 单体
						XV102	关	切断助剂进料
S5	PB101	紧急停车按钮	关闭	—	打开	XV101	关	切断 VC 单体
						XV102	关	切断助剂进料

5.14.5　聚合装置开车操作（DCS 结合装置实际操作）

① 来自外界的精制氯乙烯检测合格。（不用操作）

② 使用氮气，对聚合反应釜打压试漏和置换。（不用操作）

③ 将终止剂储存在事故终止剂压料槽 V101 中待用。（不用操作）

④ 通入蒸汽阀和涂釜液，雾化涂釜液，对聚合反应釜进行涂壁操作。（不用操作）

⑤ 启动循环水系统，投用聚合反应釜尾气反应冷凝器 E101。（不用操作）

⑥ 将适量的脱盐水加入聚合反应釜。（不用操作）

⑦ 主操启动聚合反应釜搅拌器 M101，运行正常。

⑧ 主操将热水流量调节阀 FV102 设手动，开度 50%，向聚合反应釜夹套通入热水。

⑨ 主操将 VC 单体进料流量调节阀 FV1001 设手动，开度 50%，VC 单体进料流量 FI1001 升至 4.5t/h，将回收和新鲜的氯乙烯经计量后通入聚合反应釜。

⑩ 主操将助剂进料流量调节阀 FV1002 设手动，开度 10%，助剂进料流量 FI1002 升至 0.1kg/h，将计量的助剂加入聚合反应釜。

⑪ 观察聚合反应釜温度 TI101 升至 50℃后，主操将循环水流量调节阀 FV101 设手动，开度 50%，循环水流量 FI101 升至 2.8t/h，向釜夹套通入循环水。

⑫ 主操将热水流量调节阀 FV102 设手动，开度 0%。

⑬ 主操将反应釜尾气压力调节阀 PV101 设自动，联锁值为 1.0MPa，氯乙烯在引发剂的作用下发生聚合反应，生成聚氯乙烯。

⑭ 观察反应釜压降 0.05～0.1MPa，主操打开氮气电磁阀 MV101，用氮气将计量的终止剂压入聚合反应釜，完毕后关闭。继续搅拌约 5min，即可出料。

⑮ 外操打开反应釜出料泵进口阀 HV1010，启动反应釜出料泵 P102，打开泵出口阀 HV1013，将浆料输送至汽提塔（可以向出料管道加入消泡剂）。反应釜出料泵出口压力 PG102 升至 0.5MPa，聚合出料流量 FI103 升至 55t/h。

⑯ 浆料出完后，外操关闭反应釜出料泵出口阀 HV1013，停止反应釜出料泵 P102，

关闭泵进口阀 HV1010。反应釜出料泵出口压力 PG102 降至 0，聚合出料流量 FI103 降至 0。

⑰ 主操将反应釜尾气压力调节阀 PV101 设手动，开度 50%，未反应的氯乙烯气体经聚合反应釜尾气反应冷凝器 E101，被高压回收、低压回收（压缩机抽）和槽回收（可以向氯乙烯回收管道加入阻聚剂）。

⑱ 观察反应釜压力 PI101 从 0.7MPa 降至 0.05MPa，主操将反应釜尾气压力调节阀 PV101 开度设 0%，结束回收。（压力下降到 0.05MPa，可以进行下一釜的入料操作）

⑲ 外操打开冷凝器管程进水阀 HV205，投用汽提塔顶冷凝器 E103。

⑳ 随着粗聚氯乙烯浆料进入汽提塔，观察其液位 LI103 升至 60%，主操将汽提蒸汽流量调节阀 FV201 设手动，开度 50%，中压蒸汽从汽提塔底塔盘通入，提温并保持塔内温度稳定。

㉑ 外操打开塔顶去换热器壳程阀 HV214。饱和水蒸气和氯乙烯蒸气，从汽提塔顶溢出，进入到汽提塔顶部冷凝器 E103，水蒸气被冷凝，回流到汽提塔冷凝槽 V103。

㉒ 汽提冷凝槽液位 LI104 升至 60% 时，外操打开汽提循环泵入口阀 HV303，启动汽提循环泵 P104，打开泵出口阀 HV304。

㉓ 主操将塔顶回流流量调节阀 FV203 设自动，联锁值 3t/h。

㉔ 主操将塔顶采出流量调节阀 FV202 设自动，联锁值 60%，塔顶采出流量升至 8t/h，一部分冷凝水送去废水汽提，再次回收氯乙烯（汽提塔冷凝槽收集的冷凝液超过液位设定值部分自动排放去废水槽）。

㉕ 主操将汽提塔塔顶压力调节阀 PV201 设自动，联锁值 0.8MPa，保持塔压力稳定，氯乙烯从冷凝器和冷凝槽顶部排去尾气回收。

㉖ 外操打开汽提出料泵入口阀 HV203，启动汽提出料泵 P103，打开泵出口阀 HV204。

㉗ 外操打开汽提塔出料阀 HV201，汽提后的浆料经汽提塔进料预热器 E102 冷却，去往下一工序。

5.14.6　聚合装置现场应急处置

序号	处置案例	处置原理与操作步骤
1	聚合反应釜超温	事故现象：聚合反应釜温度 TI101 从 57℃ 升至 65℃，此时循环上水水量正常，DCS 界面 TI101 红字＋闪烁报警。 ① 主操将 VC 单体进料流量调节阀 FV1001 设手动，开度 0%，VC 单体进料流量 FI1001 降至 0，停止将氯乙烯通入聚合反应釜。 ② 主操将助剂进料流量调节阀 FV1002 设手动，开度 0%，助剂进料流量 FI1002 降至 0，停止将助剂加入聚合反应釜。 ③ 主操将循环水流量调节阀 FV101 设手动，开度 100%，最大量向釜夹套通入循环水，循环水流量 FI101 从 2.8t/h 升至 5.0t/h，聚合反应釜温度 TI101 从 65℃ 降至 55℃。 ④ 主操将 VC 单体进料流量调节阀 FV1001 开度设 45%，减量后重新将氯乙烯通入聚合反应釜，VC 单体进料流量 FI1001 升至 4.1t/h。 ⑤ 主操将助剂进料流量调节阀 FV1002 开度设 10%，重新将引发剂加入聚合反应釜，助剂进料流量 FI1002 升至 0.1kg/h。 ⑥ 主操将循环水流量调节阀 FV101 开度设 70%，循环水流量 FI101 从 5.0t/h 降至 3.4t/h，聚合反应釜温度 TI101 保持 57℃

序号	处置案例	处置原理与操作步骤
2	聚合反应釜超压	事故现象:聚合反应釜压力 PI101 从 0.7MPa 升至 0.85MPa,此时聚合反应釜温度指标正常,循环上水水量正常,DCS 界面 PI101 红字+闪烁报警。 ① 主操将 VC 单体进料流量调节阀 FV1001 设手动,开度 0%,VC 单体进料流量 FI1001 降至 0,停止将氯乙烯通入聚合反应釜。 ② 主操将助剂进料流量调节阀 FV1002 设手动,开度 0%,助剂进料流量 FI1002 降至 0,停止将助剂加入聚合反应釜。 ③ 主操打开氮气电磁阀 MV101,用氮气将终止剂压入聚合反应釜,完毕后关闭。 ④ 主操将聚合反应釜尾气压力调节阀 PV101 设手动开度 100%,聚合反应釜压力 PI101 从 0.85MPa 降至 0.05MPa,釜底可以排料
3	聚合反应釜冷却水中断	事故现象:循环水流量 FI101 从 2.8t/h 降至 0t/h,聚合反应釜温度 TI101 从 57℃升至 60℃,DCS 界面 FI101 红字+闪烁报警。 ① 主操将 VC 单体进料流量调节阀 FV1001 设手动,开度 0%,VC 单体进料流量 FI1001 降至 0,停止将氯乙烯通入聚合反应釜。 ② 主操将助剂进料流量调节阀 FV1002 设手动,开度 0%,助剂进料流量 FI1002 降至 0,停止将助剂加入聚合反应釜。 ③ 主操打开氮气电磁阀 MV101,用氮气将终止剂压入聚合反应釜,完毕后关闭
4	冷凝器进口法兰泄漏有人中毒应急预案	事故现象:现场报警器报警,冷凝器进口法兰泄漏(烟雾发生器喷雾)。 ① 外操巡检发现事故,"冷凝器进口法兰泄漏有人中毒",向班长汇报。(泄漏氯乙烯气体) ② 班长接到汇报后,启动中毒应急响应。命令主操拨打"120 急救"电话。 ③ 班长命令安全员,"请组织人员到 1 号门口拉警戒绳,引导救护车"。 ④ 班长向调试室汇报"冷凝器进口法兰泄漏有人中毒"。 ⑤ 主操接到"应急响应启动"后,拨打"120 急救"电话。 ⑥ 安全员接到"应急响应启动"后,到 1 号门口拉警戒绳,引导救护车。 ⑦ 班长和外操佩戴正压式呼吸器,携带 F 形扳手,现场处置。 ⑧ 班长和外操将中毒人员抬放至安全位置。 ⑨ 班长命令主操和外操"执行急停汽提塔操作"。 ⑩ 外操关闭反应釜出料泵出口阀 HV1013,停止反应釜出料泵 P102,关闭泵进口阀 HV1010。反应釜出料泵出口压力 PG102 降至 0,聚合出料流量 FI103 降至 0。 ⑪ 主操将汽提蒸汽流量调节阀 FV201 设手动,开度 0%,汽提蒸汽流量 FI201 从 2.8t/h 降到 0t/h,停止将中压蒸汽送入汽提塔。 ⑫ 观察汽提冷凝槽液位 LI104 降至 1%,外操关闭汽提循环泵出口阀 HV304,停止汽提循环泵 P104,关闭进口阀 HV303。 ⑬ 主操将塔顶采出流量调节阀 FV202 设手动,开度 0%。 ⑭ 观察汽提塔液位 LI103 降至 1%,外操关闭汽提出料泵出口阀 HV204,停止汽提出料泵 P103,关闭汽提出料泵进口阀 HV203。 ⑮ 外操关闭汽提塔出料阀 HV201。 ⑯ 主操将汽提塔塔顶压力调节阀 PV201 设手动,开度 0%,保压。(可以补充氮气) ⑰ 外操关闭塔顶去换热器壳程阀 HV214。 ⑱ 外操关闭冷凝器管程进水阀 HV205,停用汽提塔顶冷凝器 E103。 ⑲ 外操向班长汇报"急停汽提塔完毕"。 ⑳ 班长向调试室汇报"事故处理完毕,请联系检修处置漏点"。 ㉑ 班长广播宣布"解除事故应急状态"
5	聚合反应釜出料泵出口阀法兰泄漏应急预案	事故现象:现场报警器报警,聚合反应釜出料泵出口阀法兰泄漏(烟雾发生器喷雾)。 ① 外操巡检发现事故,"聚合反应釜出料泵出口阀法兰泄漏",向班长汇报。(泄漏聚氯乙烯浆料) ② 班长接到汇报后,启动泄漏应急响应。命令安全员"请组织人员到 1 号门口拉警戒绳"。 ③ 班长向调度室汇报"聚合反应釜出料泵出口阀法兰泄漏"。 ④ 安全员接到"应急响应启动"后,到 1 号门口拉警戒绳。 ⑤ 外操携带 F 形扳手,现场处置。 ⑥ 班长命令主操和外操"执行紧急停泵操作"。

序号	处置案例	处置原理与操作步骤
5	聚合反应釜出料泵出口阀法兰泄漏应急预案	⑦ 外操急停聚合反应釜出料泵 P102,反应釜出料泵出口压力 PG102 降至 0,聚合出料流量 FI103 降至 0。 ⑧ 外操关闭反应釜出料泵进口阀 HV1010。 ⑨ 外操打开反应釜出料泵排气阀 HV1012。 ⑩ 外操打开聚合废液排放阀 HV104。 ⑪ 全部树脂排出釜外后,外操关闭聚合废液排放阀 HV104。 ⑫ 外操向班长汇报"紧急停泵完毕"。 ⑬ 班长向调试室汇报"事故处理完毕,请协调检修处理漏点"。 ⑭ 班长广播宣布"解除事故应急状态"
6	聚合反应釜尾气法兰泄漏着火应急预案(远程急停)	事故现象:现场报警器报警,聚合反应釜尾气法兰泄漏着火(烟雾发生器喷雾,灯带发出红色光芒)。 ① 外操巡检发现事故,"聚合反应釜尾气法兰泄漏着火,火势较大",向班长汇报。(泄漏氯乙烯气体) ② 班长接到汇报后,启动着火应急响应。命令主操启用"远程急停",并拨打"119 火警"电话。 ③ 班长命令安全员"请组织人员到 1 号门口拉警戒绳,引导消防车"。 ④ 班长向调度室汇报"聚合反应釜尾气法兰泄漏着火,火势较大"。 ⑤ 主操接到"应急响应启动"后,按压"急停"按钮,拨打"119 火警"电话。 ⑥ 安全员接到"应急响应启动"后,到 1 号门口拉警戒绳,引导消防车。 ⑦ 外操佩戴正压式呼吸器,携带 F 形扳手,现场处置。 ⑧ 班长命令主操和外操"执行急停聚合反应釜操作"。 ⑨ 主操观察到 SIS 联锁启动,VC 单体切断阀 XV101 关闭,VC 单体进料流量 FI1001 降至 0;助剂切断阀 XV102 关闭,助剂进料流量 FI1002 降至 0。 ⑩ 主操打开氮气电磁阀 MV101,用氮气将终止剂压入聚合反应釜,完毕后关闭。搅拌 5min。 ⑪ 外操聚合废液排放阀 HV104,将全部树脂排出釜外后,关闭。 ⑫ 主操停止聚合反应釜搅拌器 M101。 ⑬ 主操将循环水流量调节阀 FV101 设手动,开度 0%,循环水流量 FI101 降至 0,停止向釜夹套通入循环水。 ⑭ 主操将反应釜尾气压力调节阀 PV101 设手动,开度 50%,未反应的氯乙烯气体经聚合反应釜尾气反应冷凝器 E101,被高压回收、低压回收(压缩机抽)和槽回收(可以向氯乙烯回收管道加入阻聚剂)。 ⑮ 聚合反应釜压力 PI101 从 0.7MPa 降至 0.02MPa,主操将反应釜尾气压力调节阀 PV101 开度设 0%。 ⑯ 主操打开氮气电磁阀 MV101,对聚合反应釜进行保压。 ⑰ 主操将 VC 单体进料流量调节阀 FV1001 设手动,开度 0%。 ⑱ 主操将助剂进料流量调节阀 FV1002 设手动,开度 0%。 ⑲ 外操使用灭火器灭火,火被扑灭。 ⑳ 外操向班长汇报"现场停釜完毕,火已扑灭"。 ㉑ 班长向调度室汇报"事故处理完毕,请协调检修处理漏点"。 ㉒ 班长广播宣布"解除事故应急状态"

5.15　烷基化工艺实训

5.15.1　烷基化工艺基础知识

把烷基引入有机化合物分子中的碳、氮、氧等原子上的反应称为烷基化反应。涉及烷基化反应的工艺过程为烷基化工艺，可分为 C-烷基化反应、N-烷基化反应、O-烷基化反应等。工艺危险特点如下：反应介质具有燃爆危险性；烷基化催化剂具有自燃危险性，遇水剧烈反应，放出大量热量，容易引起火灾甚至爆炸；烷基化反应都是在加热条件下进行，原料、催化剂、烷基化剂等加料次序颠倒、加料速度过快或者搅拌中断停止等异常现象容易引起局部剧烈反应，造成跑料，引发火灾或爆炸事故。

典型工艺如下：

(1) C-烷基化反应

乙烯、丙烯以及长链 α-烯烃，制备乙苯、异丙苯和高级烷基苯；苯系物与氯代高级烷烃在催化剂作用下制备高级烷基苯；用脂肪醛和芳烃衍生物制备对称的二芳基甲烷衍生物；苯酚与丙酮在酸催化下制备 2,2-双（对羟基苯基）丙烷（俗称双酚 A）；乙烯与苯发生烷基化反应生产乙苯等。

(2) N-烷基化反应

苯胺和甲醚烷基化生产苯甲胺；苯胺与氯乙酸生产苯基氨基乙酸；苯胺和甲醇制备 N,N-二甲基苯胺；苯胺和氯乙烷制备 N,N-二烷基芳胺；对甲苯胺与硫酸二甲酯制备 N,N-二甲基对甲苯胺；环氧乙烷与苯胺制备 N-(β-羟乙基) 苯胺；氨或脂肪胺和环氧乙烷制备乙醇胺类化合物；苯胺与丙烯腈反应制备 N-(β-氰乙基) 苯胺等。

(3) O-烷基化反应

对苯二酚、氢氧化钠水溶液和氯甲烷制备对苯二甲醚；硫酸二甲酯与苯酚制备苯甲醚；高级脂肪醇或烷基酚与环氧乙烷加成生成聚醚类产物等。

5.15.2 重点监控工艺参数

烷基化反应釜内温度和压力；烷基化反应釜内搅拌速率；反应物料的流量及配比等。

5.15.3 烷基化工艺装置实训

本装置模拟的化工工艺为：苯和乙烯液相法制乙苯的工艺。烷基化装置实训 PID 图如图 5-21 所示。

原料干燥苯、氯乙烷和二乙苯在催化剂配制槽 V101 中搅拌混合升温，混合物从烷基化反应器 R101 下部进入，经计量的乙烯也从烷基化反应器下部通入。苯与多烷基苯在三氯化铝催化剂作用下，发生烷基转移，活化剂氯乙烷使烷基化反应更有效进行。

从烷基化反应器顶部溢出的苯蒸气，经尾气冷凝器 E101 冷凝后，苯液被回收；而未冷凝的苯蒸气在二乙苯吸收槽 V102 中被二乙苯洗涤吸收，再次回收尾气中的苯。冷凝的苯和二乙苯混合液，由烷基化回流泵 P102 送回烷基化反应器循环参与反应。尾气作为废气放空或作燃料。为了减少乙烯损失，尾气中乙烯量应严加控制。

反应后烷基化液自反应器上部溢流，进入反应冷却器 E102 冷却后，在油水分离槽 V103 中分离，少量盐酸返回反应器继续参与反应。烷基化液被水洗进料泵 P103 送入水洗槽 V104，被脱盐水洗涤分解其中的催化配合物后，溢流去碱洗工序。洗涤废液排去回收。

化学反应方程式如下：

$$C_6H_6 + C_2H_4 \xrightarrow{\text{催化剂}} C_6H_5(CH_2)CH_3$$

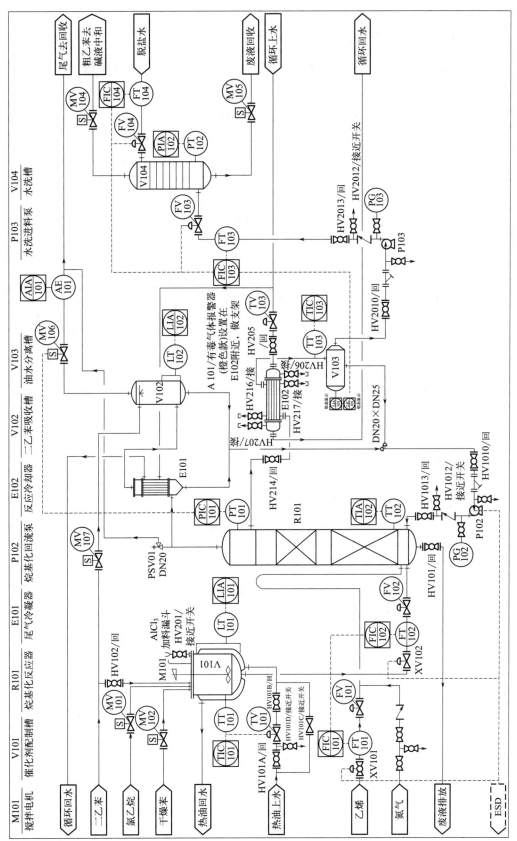

图 5-21　烷基化装置实训 PID

5.15.4　烷基化工艺控制回路与工艺指标

烷基化装置控制回路与工艺指标见表 5-44 和表 5-45。烷基化安全仪表系统（SIS）联锁详细信息见表 5-46。

表 5-44　烷基化装置控制回路一览表

位号	注解	联锁位号	联锁注解
TV101	调节热油进催化剂配制槽流量	TIC101	远传显示控制催化剂配制槽温度
TV103	调节反应冷却器上水流量	TIC103	远传显示控制反应冷却液温度
FV101	调节乙烯进料流量	FIC101	远传显示控制进入烷基化反应器乙烯进料流量
		FIC102	比例联锁远传显示控制进入烷基化反应器混合进料流量
FV102	调节混合进料流量	FIC102	远传显示控制进入烷基化反应器混合进料流量
		FIC101	比例联锁远传显示控制进入烷基化反应器乙烯进料流量
FV103	调节粗乙苯流量	FIC103	远传显示控制进入水洗槽粗乙苯流量
		LIC103	串级联锁远传控制油水分离槽液位
FV104	调节脱盐水水洗流量	FIC104	远传显示控制进入水洗槽脱盐水流量
		FIC103	串级联锁远传控制进入水洗槽粗乙苯流量

表 5-45　烷基化装置工艺指标一览表

序号	位号	名称	正常值	指标范围	SIS 联锁值
1	TI101	催化剂配制槽温度	220℃	210～240℃	—
2	TI102	烷基化反应器温度	240℃	230～255℃	高高限 89℃
3	TI103	冷却液温度	68℃	≤72℃	—
4	PI101	烷基化反应器顶压力	4.0MPa	≤4.8MPa	高高限 5.5MPa
5	PI102	水洗槽压力	1.2MPa	≤1.8MPa	—
6	PG102	烷基化回流泵出口压力	4.5MPa	≤5.5MPa	—
7	PG103	水洗进料泵出口压力	1.6MPa	≤2.0MPa	—
8	AE101	乙烯浓度	0.45%	≤0.8%	—
9	FI101	乙烯进料流量	9.0t/h	8.5～9.5t/h	—
10	FI102	苯混合进料流量	34.3t/h	30～36t/h	—
11	FI103	粗乙苯出料流量	44.2t/h	43.5～45.5t/h	—
12	FI104	脱盐水进水洗槽流量	98.8t/h	≤100t/h	—
13	LI101	催化剂配制槽液位	60%	20%～80%	—
14	LI102	二乙苯吸收槽液位	60%	20%～80%	—
15	LI103	油水分离器液位	60%	20%～80%	—

表 5-46　烷基化安全仪表系统（SIS）联锁一览表

联锁位号	位号	注解	正常值	范围	联锁值	位号	联锁动作	联锁作用
S1	TI102	烷基化反应器温度	240℃	230～255℃	高高限 89℃	P102	关	烷基化回流泵跳停
						XV101	关	乙烯进料切断
						XV102	关	混合进料切断

联锁位号	位号	注解	正常值	范围	联锁值	位号	联锁动作	联锁作用
S2	PI101	烷基化反应器顶压力	4.0MPa	≤4.8MPa	高高限5.5MPa	P102	关	烷基化回流泵跳停
						XV101	关	乙烯进料切断
						XV102	关	混合进料切断
S3	PB101	紧急停车按钮	关闭	—	打开	P102	关	烷基化回流泵跳停
						XV101	关	乙烯进料切断
						XV102	关	混合进料切断

5.15.5　烷基化装置开车操作（DCS 结合装置实际操作）

① 使用氮气对原料供应管道和反应装置置换，并保压。（不用操作）

② 循环水系统打通，反应尾气冷凝器 E101 投用。（不用操作）

③ 外操确认关闭烷基化反应器出料阀 HV214。

④ 主操打开干燥苯进料调节阀 MV102，向配制槽 V101 进料，配制槽液位 LI101 升至 60%。

⑤ 主操启动搅拌器 M101。

⑥ 外操打开热油调节前后阀 HV101A 和 HV101B。

⑦ 主操将热油调节阀 TV101 设手动，开度 50%，向配制槽 V101 供热，配制槽温度 TI101 升至 220℃。

⑧ 外操打开二乙苯去配制槽阀 HV102 补充二乙苯。

⑨ 主操打开氯乙烷进料调节阀 MV101。

⑩ 主操将苯混合进料流量调节阀 FV102 设手动，开度 50%，苯混合进料流量 FI102 为 34.3t/h，向烷基化反应器 R101 充液至适宜高度。

⑪ 主操将乙烯进料流量调节阀 FV101 设手动，设开度 50%，向烷基化反应器送入乙烯，乙烯进料流量 FI101 为 9.0t/h。

⑫ 主操打开二乙苯吸收进料调节阀 MV107，吸收未冷凝的苯蒸气。

⑬ 随着反应的进行，二乙苯吸收槽 V102 液位 LI102 升至 60%，外操打开烷基化回流泵进口阀 HV1010，启动烷基化回流泵 P102，打开泵出口阀 HV1013，出口压力 PG102 升至 4.5MPa。

⑭ 反应产生的尾气使烷基化反应器顶压力 PI101 逐步升至 4.0MPa，主操打开反应尾气放空阀 MV106，回收尾气。

⑮ 外操打开反应冷却器管程进料阀 HV205，向反应冷却器 E102 投用循环水。

⑯ 主操将反应冷却器上水调节阀 TV103 设手动，开度 50%。

⑰ 外操打开烷基化反应器出料阀 HV214。

⑱ 油水分离器液位 LI103 升至 60%，外操打开水洗进料泵进口阀 HV2010，启动水洗进料泵 P103，打开泵出口阀 HV2013，出口压力 PG103 升至 1.6MPa。

⑲ 主操将粗乙苯水洗流量调节阀 FV103 设手动，开度 50%，向水洗槽 V104 进料，粗

乙苯出料流量 FI103 升至 44.2t/h。

⑳ 主操将脱盐水水洗流量调节阀 FV104 设手动,开度 50%,向水洗槽 V104 送入脱盐水,脱盐水进水洗槽流量 FI104 升至 98.8t/h。

㉑ 主操打开粗乙苯水洗出料阀 MV104,水洗后粗乙苯溢流至碱洗工序。

㉒ 适时主操打开水洗槽底部排水阀 MV105,保持脱盐水进出量平衡。

5.15.6 烷基化装置现场应急处置

序号	处置案例	处置原理与操作步骤
1	进配制槽导热油温度偏低	事故现象:进配制槽导热油温度偏低,导致配制槽温度 TI101 从 220℃降到 180℃,混合物料预热效果不好,DCS 界面 TI101 红字+闪烁报警。 ① 主操将热油调节阀 TV101 设手动,开度值 100%。 ② 主操减负荷生产,将乙烯进料流量调节阀 FV101 设手动,开度值 25%,乙烯进料流量 FI101 降至 4.5t/h。 ③ 主操将苯混合进料流量调节阀 FV102 设手动,开度值 25%,苯混合进料流量 FI102 降至 17.2t/h
2	烷基化反应尾气中乙烯浓度偏高	事故现象:烷基化反应尾气中乙烯浓度 AE101 从 0.45%升到 0.8%,DCS 界面 AE101 红字+闪烁报警。 ① 主操将乙烯进料流量调节阀 FV101 设手动,开度 48%,乙烯进料流量 FI101 降至 8.6t/h,尾气中乙烯浓度 AE101 降至 0.55%。 ② 主操将乙烯进料流量调节阀 FV101 设开度 45%,乙烯进料流量 FI101 降至 8.1t/h,乙烯浓度 AE101 降至 0.45%。 ③ 主操将乙烯进料流量调节阀 FV101 设自动,联锁值 8.1t/h
3	原料苯中断	事故现象:配制槽液位 LI101 降到 10%,DCS 界面 LI101 红字+闪烁报警。 ① 主操采用"反应器自循环操作",将乙烯进料流量调节阀 FV101 设手动,开度值 0%,乙烯进料流量 FI101 降至 0。 ② 主操将热油调节阀 TV101 设手动,开度值 0%。 ③ 外操关闭二乙苯去配制槽阀 HV102 和烷基化反应器出料阀 HV214。 ④ 主操将苯混合进料流量调节阀 FV102 设手动,开度值 0%。 ⑤ 主操关闭二乙苯吸收进料调节阀 MV107
4	冷却器壳程进口法兰泄漏有人中毒应急预案	事故现象:现场报警器报警,冷却器壳程进口法兰泄漏(烟雾发生器喷雾)。 ① 外操巡检发现事故,"冷却器壳程进口法兰泄漏有人中毒",向班长汇报。(泄漏乙苯) ② 班长接到汇报后,启动中毒应急响应。命令主操拨打"120 急救"电话。 ③ 班长命令安全员"请组织人员到 1 号门口拉警戒绳,引导救护车"。 ④ 班长向调试室汇报"冷却器壳程进口法兰泄漏有人中毒"。 ⑤ 主操接到"应急响应启动"后,拨打"120 急救"电话。 ⑥ 安全员接到"应急响应启动"后,到 1 号门口拉警戒绳,引导救护车。 ⑦ 班长和外操佩戴正压式呼吸器,携带 F 形扳手,现场处置。 ⑧ 班长和外操将中毒人员抬放至安全位置。 ⑨ 班长命令主操和外操"执行紧急停车操作"。 ⑩ 主操将乙烯进料流量调节阀 FV101 设手动,开度 0%;乙烯进料流量 FI101 降至 0。 ⑪ 主操将热油调节阀 TV101 设手动,开度 0%。 ⑫ 主操关闭干燥苯进料调节阀 MV102,停止搅拌器 M101。 ⑬ 外操关闭二乙苯去配制槽阀 HV102 和烷基化反应器出料阀 HV214。 ⑭ 主操将苯混合进料流量调节阀 FV102 设手动,开度 0%;苯混合进料流量 FI102 降至 0;关闭二乙苯吸收进料调节阀 MV107。 ⑮ 外操打开烷基化反应器排料阀 HV101。 ⑯ 外操关闭烷基化回流泵出口阀 HV1013,停止烷基化回流泵 P102,关闭泵进口阀 HV1010;泵出口压力 PG102 降到 0。

序号	处置案例	处置原理与操作步骤
4	冷却器壳程进口法兰泄漏有人中毒应急预案	⑰ 外操关闭水洗进料泵出口阀 HV2013,停止水洗进料泵 P103,关闭泵进口阀 HV2010;泵出口压力 PG103 降到 0,粗乙苯出料流量 FI103 降至 0。 ⑱ 主操将反应冷却器上水调节阀 TV103 设手动,开度 0%,停止向反应冷却器送入循环水。 ⑲ 主操将粗乙苯水洗流量调节阀 FV103 设手动,开度 0%。 ⑳ 主操将脱盐水水洗流量调节阀 FV104 设手动,开度 0%,停止向水洗槽 V104 送入脱盐水,脱盐水进水洗槽流量 FI104 降至 0。 ㉑ 水洗槽排废完毕后,主操将关闭水洗槽底部排水阀 MV105 和粗乙苯水洗出料阀 MV104。 ㉒ 外操将烷基化反应器 R101 排空后,关闭 HV101。 ㉓ 主操观察烷基化反应器压力 PI101 不得低于 0.05MPa,适时关闭反应尾气放空阀 MV106,保压。(必要可以补充氮气) ㉔ 主操向班长汇报"紧急停车完毕"。 ㉕ 班长向调试室汇报"事故处理完毕,请联系检修处置漏点"。 ㉖ 班长广播宣布"解除事故应急状态"
5	水洗槽进料法兰泄漏应急预案	事故现象:现场报警器报警,水洗槽进料法兰泄漏(烟雾发生器喷雾)。 ① 外操巡检发现事故,"水洗槽进料法兰泄漏",向班长汇报。(泄漏乙苯) ② 班长接到汇报后,启动泄漏应急响应。命令安全员"请组织人员到 1 号门口拉警戒绳"。 ③ 班长向调试室汇报"水洗槽进料法兰泄漏"。 ④ 安全员接到"应急响应启动"后,到 1 号门口拉警戒绳。 ⑤ 外操佩戴正压式呼吸器,携带 F 形扳手,现场处置。 ⑥ 班长命令主操和外操"执行紧急停车操作"。 ⑦ 主操将乙烯进料流量调节阀 FV101 设手动,开度 0%;乙烯进料流量 FI101 降至 0。 ⑧ 主操将热油调节阀 TV101 设手动,开度 0%。 ⑨ 主操关闭干燥苯进料调节阀 MV102,停止搅拌器 M101。 ⑩ 外操关闭二乙苯去配制槽阀 HV102 和烷基化反应器出料阀 HV214。 ⑪ 主操将苯混合进料流量调节阀 FV102 设手动,开度 0%;苯混合进料流量 FI102 降至 0;关闭二乙苯吸收进料调节阀 MV107。 ⑫ 主操关闭反应尾气放空阀 MV106。 ⑬ 外操关闭烷基化回流泵出口阀 HV1013,停止烷基化回流泵 P102,关闭泵进口阀 HV1010;泵出口压力 PG102 降到 0。 ⑭ 外操关闭水洗进料泵出口阀 HV2013,停止水洗进料泵 P103,关闭泵进口阀 HV2010;泵出口压力 PG103 降到 0,粗乙苯出料流量 FI103 降至 0。 ⑮ 主操将反应冷却器上水调节阀 TV103 设手动,开度 0%,停止向反应冷却器送入循环水。 ⑯ 主操将粗乙苯水洗流量调节阀 FV103 设手动,开度 0%。 ⑰ 主操将脱盐水水洗流量调节阀 FV104 设手动,开度 0%,停止向水洗槽 V104 送入脱盐水,脱盐水进水洗槽流量 FI104 降至 0。 ⑱ 水洗槽排废完毕后,主操将关闭水洗槽底部排水阀 MV105 和粗乙苯水洗出料阀 MV104。 ⑲ 主操向班长汇报"紧急停车完毕"。 ⑳ 班长向调试室汇报"事故处理完毕,请协调检修处理漏点"。 ㉑ 班长广播宣布"解除事故应急状态"
6	烷基化反应器顶部法兰泄漏着火应急预案(远程急停)	事故现象:现场报警器报警,烷基化反应器顶部法兰泄漏着火(烟雾发生器喷雾,灯带发出红色光芒)。 ① 外操巡检发现事故,"烷基化反应器顶部法兰泄漏着火,火势较大",向班长汇报。(泄漏乙烯、苯) ② 班长接到汇报后,启动着火应急响应。命令主操启用"远程急停",并拨打"119 火警"电话。

序号	处置案例	处置原理与操作步骤
6	烷基化反应器顶部法兰泄漏着火应急预案（远程急停）	③ 班长命令安全员"请组织人员到1号门口拉警戒绳，引导消防车"。 ④ 班长向调试室汇报"烷基化反应器顶部法兰泄漏着火，火势较大"。 ⑤ 主操接到"应急响应启动"后，按压"急停"按钮，拨打"119火警"电话。 ⑥ 安全员接到"应急响应启动"后，到1号门口拉警戒绳，引导消防车。 ⑦ 外操佩戴正压式呼吸器，携带F形扳手，现场处置。 ⑧ 班长命令主操和外操"执行紧急停车操作"。 ⑨ 主操观察到SIS联锁启动，烷基化回流泵P102跳停；乙烯切断阀XV101关闭，乙烯进料流量FI101从9.0t/h降至0t/h；混合进料切断阀XV102关闭，苯混合进料流量FI102从34.3t/h降至0t/h。 ⑩ 主操将热油调节阀TV101设手动，开度0%。 ⑪ 主操关闭干燥苯进料调节阀MV102，停止搅拌器M101。 ⑫ 主操关闭反应尾气放空阀MV106。 ⑬ 外操关闭二乙苯去配制槽阀HV102和烷基化反应器出料阀HV214。 ⑭ 外操关闭烷基化回流泵出口阀HV1013，关闭泵进口阀HV1010。 ⑮ 外操关闭水洗进料泵出口阀HV2013，停止水洗进料泵P103，关闭泵进口阀HV2010；泵出口压力PG103降到0，粗乙苯出料流量FI103降至0。 ⑯ 主操将反应冷却器上水调节阀TV103设手动，开度0%，停止向反应冷却器送入循环水。 ⑰ 主操将粗乙苯水洗流量调节阀FV103设手动，开度0%。 ⑱ 主操将脱盐水水洗流量调节阀FV104设手动，开度0%，停止向水洗槽V104送入脱盐水，脱盐水进水洗槽流量FI104降至0。 ⑲ 主操将乙烯进料流量调节阀FV101设手动，开度0%。 ⑳ 主操将苯混合进料流量调节阀FV102设手动，开度0%。 ㉑ 外操使用灭火器灭火，火被扑灭。 ㉒ 外操向班长汇报"现场停车完毕，火已扑灭"。 ㉓ 班长向调试室汇报"事故处理完毕，请协调检修处理漏点"。 ㉔ 班长广播宣布"解除事故应急状态"

参 考 文 献

［1］ 中华人民共和国应急管理部.《"十四五"危险化学品安全生产规划方案》解读［EB/OL］.（2022-03-21）［2025-01-13］. https：//www. mem. gov. cn/gk/zcjd/202203/t20220321_410004. shtml.

［2］ 陈硕，胡苏. 典型化工装置安全完整性评估验证［J］. 现代化工，2020，40（5）：10-13.

［3］ 中华人民共和国应急管理部. 全国安全生产专项整治三年行动 11 个实施方案主要内容［EB/OL］.（2020-04-28）［2025-01-13］. https：//www. mem. gov. cn/gk/tzgg/qt/202004/t20200428_351957. shtml.

［4］ 国家安全监管总局. 国家安全监管总局关于公布首批重点监管的危险化工工艺目录的通知［EB/OL］.（2009-06-15）［2025-01-13］. https：//www. mem. gov. cn/gk/gwgg/agwzlfl/tz_01/200906/t20090615_408946. shtml.

［5］ 中国化学品安全协会. 一文读懂过氧化工艺［EB/OL］.（2024-03-19）［2025-01-13］. https：//zhuanlan. zhihu. com/p/687776500.